21 世纪高等教育环境工程系列规划教材

环境工程施工
技术与管理

主　编　于玲红
副主编　王晓彤　殷震育
参　编　李卫平　敬双怡　杨文焕
主　审　金国辉

机　械　工　业　出　版　社

本书由两篇组成。第一篇环境工程施工技术，较系统地介绍了市政管道、水处理构筑物、环保设备安装施工的理论与方法，第二篇环境工程项目管理介绍了与施工过程关系密切的施工组织、工程概预算、工程招投标等内容。本书结合环境工程的特点，详细阐述了施工的成熟、通用技术，介绍了正在推广使用的新技术，内容全面而不繁琐，并注重新规范的应用。

本书既可作为高校环境工程专业的本科、专科教材，也可作为给排水科学与工程、建筑环境与能源应用工程等专业教材，同时可作为环境工程、市政工程等工程技术人员培训教材。

本书配有电子课件，免费提供给选用本书的授课教师，需要者请根据书后的“信息反馈表”索取，或登录机械工业出版社教育服务网注册下载，网址：www.cmpedu.com。

图书在版编目（CIP）数据

环境工程施工技术与管理/于玲红主编. —北京：机械工业出版社，2014.9（2025.7重印）
21世纪高等教育环境工程系列规划教材
ISBN 978-7-111-48331-1

Ⅰ. ①环…　Ⅱ. ①于…　Ⅲ. ①环境工程-工程施工-施工管理-高等学校-教材　Ⅳ. ①X5

中国版本图书馆CIP数据核字（2014）第244541号

机械工业出版社（北京市百万庄大街22号　邮政编码100037）
策划编辑：刘　涛　责任编辑：刘　涛　臧程程　冯　铗
版式设计：赵颖喆　责任校对：刘怡丹
封面设计：张　静　责任印制：邓　博
北京中科印刷有限公司印刷
2025年7月第1版第11次印刷
184mm×260mm · 15.75印张 · 384千字
标准书号：ISBN 978-7-111-48331-1
定价：43.00元

电话服务	网络服务
客服电话：010-88361066	机 工 官 网：www.cmpbook.com
010-88379833	机 工 官 博：weibo.com/cmp1952
010-68326294	金 书 网：www.golden-book.com
封底无防伪标均为盗版	机工教育服务网：www.cmpedu.com

前　言

随着环境工程专业毕业生就业在施工单位增多的趋势，施工技术的学习和掌握就显得尤为重要。“施工技术”课程是一门涉及面广、实践性很强的专业课，在教学方式上，应理论联系实际，结合实习或现场教学。

本书是针对普通高等学校环境工程本科毕业生就业去向和工作的特点而编写的，书中突出实用性，将基本理论和工程应用紧密结合，注重学生工程意识和实践能力的培养。

本书分为两篇，第一篇环境工程施工技术，较系统地论述了市政管道、水处理构筑物、环保设备施工安装的理论与方法；第二篇环境工程项目管理，介绍了施工组织设计、工程招投标和施工管理等内容。在编写内容上，详细阐述了施工的通用技术，对正在推广使用的新技术也做了充分的反映，对专业性强的施工技术，则做了一般性介绍。

本书是高等学校环境工程专业“环境工程施工”课程的教学用书，本课程计划教学课时为32学时，也可根据实际情况适当调整。全书共分十一章，第一、二、七章由杨文焕编写，第三章（部分内容）由于玲红编写，第四、九、十一章由敬双怡编写，第五章由殷震育编写，第六章由李卫平编写，第三（部分内容）、八、十章由王晓彤编写。

本书由于玲红任主编，王晓彤、殷震育任副主编，内蒙古科技大学金国辉教授主审。本书在编写过程中参考了许多学者的专著，参阅了国内外近年来发表的文献和相关规范，在此，特向作者们表示感谢。

由于编者水平有限，书中缺点和不妥之处在所难免，敬请专家和读者批评指正。

本书得到了内蒙古科技大学2013年度教材建设项目立项的资助，在此表示感谢。

编　者

目　录

第二篇　环境工程项目管理

第一篇

环境工程施工技术

第一章

环境工程技术

环境工程是在人类与各种环境污染进行斗争和保护生态环境的过程中形成和发展起来的。随着人们治理污染技术水平和认识水平的提高，环境工程技术也得到了迅速发展。

第一节　环境工程技术基本内容

一、水污染控制工程

水污染控制工程的主要任务是从技术和工程上解决预防和控制水污染的问题，提供保护水环境质量、合理利用水资源的方法，以及满足不同用途和要求用水的工艺技术和工程措施。在确定治理工艺后，还必须对处理后废水的排放及回用作出妥善的安排。

对废水的处理，一般是根据当地纳污水体的功能与当地污染物总量控制下允许的排放量及浓度来确定处理程度。处理的程度从经济性、技术性及实用性考虑一般可分为三级：

（一）废水的一级处理

该方法主要采取的是物理处理，如格栅、沉淀、过滤、隔油、气浮等。主要去除废水中的漂浮物及部分悬浮物状污染物，以减轻水质的腐化程度和后续处理工艺负荷。经过一级处理的废水，一般达不到排放标准。

（二）废水的二级处理

该方法以生物处理为主要手段，如活性污泥法、生物膜法、生物稳定塘、土地处理系统等。主要去除废水中呈可溶态、胶态的有机污染物及部分氮、磷元素，其出水一般能达到排放标准。

（三）废水的三级处理

采用该方法的目的在于废水的回收利用。因此，应根据用户对水质的要求，建立不同的处理工艺组合。一般主要去除氮、磷、重金属、病原微生物及其他有毒物质。经常采用的方法主要有化学处理方法，如中和、化学沉淀、微滤、吸附、电渗析、离子交换、氧化还原等。对于工业废水的处理，由于其成分复杂，处理难度较大，必须采取综合防治措施。

二、大气污染控制工程

大气污染控制工程主要研究大气污染物的起因，并提供预防、控制和改善大气质量的工程技术措施。大气污染问题主要为人类活动所造成，主要的大气污染源有三种，即生活污染源、工业及农业生产污染源和交通污染源。对大气污染的防治，在宏观上应采取综合防治的策略，对于主要污染物可采取下列措施进行治理：

（一）颗粒污染物净化技术

这是将颗粒物从废气中分离出来的技术。常用的除尘器的除尘率在40%～99%，例如沉降室、惯性除尘器、旋风除尘器、冲击式除尘器、文丘里除尘器、过滤式除尘器和电除尘器等。

（二）气态污染物净化技术

气态污染物种类较多，性质各异，排放量较大的有二氧化硫（SO_2）、氮氧化物（NO_x）、汽车尾气、碳氢化合物、碳氧化物等。排放量较少的还有化工及各种生产过程中排放出的废气等。

常用的净化方法有：吸收法、吸附法、催化转化法、燃烧法等。其中吸收法是最常用的基本方法。该法是用适当的吸收剂，从废气中吸收除去气态污染物以消除污染。主要特点是处理量大、处理效果好。目前，普遍采用的烟气脱除 SO_2 的技术（石灰/石膏法），就是吸收原理的应用成果。多数情况下，吸收过程是将污染物由气相转入液相，因此，还需对吸收液作进一步的处理，以免产生二次污染。

三、固体废物处理与处置工程

固体废物处理与处置工程的主要任务是从工程的角度，解决城市垃圾、工业废渣、有毒有害固体废物的处理处置和回收利用的问题。由于固体废物来源广、量大，若管理不当，必将对水体、大气和土壤带来严重污染。其中的有毒、有害废物和病原体，还会通过生物和环境介质的传播，危害人体健康。因此，对固体废物的处理和处置，是一个十分重要的问题。

对固体废物的处理方法，从观念上讲，首先应将固体废物视作资源，固体废物中的每一种物质都是具有再利用价值的。对固体废物的处理首先应考虑综合利用，尽可能实现固体废物的资源化。从中回收金属、玻璃、塑料、纸张、能源、肥料等，也可考虑将量大的固体废物用来生产建筑材料，大城市采用清洁的垃圾发电是今后的发展方向。中、小城市及县城采用垃圾的资源化也是比较可行的。填埋一般作为固体废物的最终处理方式，这有两层意义：无害固体废物，如垃圾发电后的残渣、建筑垃圾、少量的炉渣等，这是一种回归性的填埋，没有什么潜在危害；另一种是危险固体废物的最终填埋。这种填埋的意义在于：目前的技术水平还不能及时、有效地回收利用这些废物，填埋的目的是安全地将其封存起来，等科技水平提高后，有了合适的利用方法，再将其挖出来，变废为宝。生活垃圾最好不要采用直接填埋的处理方式，因为这些垃圾迟早要污染地下水和周围的大气。

四、噪声及放射性污染控制工程

自然环境中除了大气、水、植被等环境要素以外，在我们的生存空间里，还充满着各种声波、电磁波、光辐射等。随着核能技术及放射性元素的广泛应用，天然石材制品进入室内装饰领域，放射性污染也在走近我们。电磁、放射性、噪声、热、光污染的防治已成为众所瞩目的环境保护课题。据有关部门统计，北京、上海居民向环保部门反映的噪声污染问题占所有污染事件的40%以上，说明我国的噪声污染很严重。

声音的形成有三个要素：声源、介质和接受者。所以噪声的控制也必须从这三个环节入手，即从声源上降低噪声，在噪声传播途径上加以控制，在接受点上进行防护。一般来说，从声源到接受体之间可采用隔振、消声、吸声、隔声的措施来治理噪声污染。

产生电磁污染的污染源有：各种微波通信、电台、电视台、工业用及家用电器等产生的电磁辐射，使人们生活在电磁波的海洋里，对人类的危害不可小视。防护的主要方法是采用金属材料作屏蔽体，将电磁辐射能量传入大地。

核废物造成的放射性污染的治理方法基本与水、气、渣的治理方法相同。基本原理是将放射性元素浓缩后回收或固化，再作最终处理。

五、污染的综合防治技术

环境工程学具有庞大而复杂的技术体系。所研究和要解决的问题，不仅限于防治环境污染的技术措施，还包括保护和合理利用自然资源、探讨和开发废物的资源化技术、改革生产工艺以及按区域环境质量的要求合理地布局与管理，以求得社会、经济和环境三个效益的统一。以这种考虑为基础，即形成了环境污染综合防治的概念。我们应从资源、生态、经济、社会全方位来考虑，以获得最佳的治理效果。例如，一个污水处理厂的建立，给周围居民带来了废水、气溶胶及噪声的污染；治理烟气污染时，却又产生了水污染；填埋垃圾又造成地下及地面水污染；而落后的、污染严重的生产工艺产生了大量的污染物，又需要进行艰难的治理等。这些不合理现象的出现，说明我们的发展思路还没有从末端治理的观念中转变过来，并未从综合防治的角度出发，而是就事论事地进行治理，结果还是留下了污染环境的后遗症。

第二节 环境工程的设备

一、环境工程的设备分类

按设备的功能，可将环境工程设备分为水污染控制设备、大气污染控制及除尘设备、固体废物处理设备、噪声控制设备、环境监测及分析设备、采暖通风设备、热交换设备等。

上述各类设备又可分为若干小类，如水污染控制设备可分为物理法、化学法、生物化学法等设备类型，其中每类还可细分成若干小类。

（一）按设备构成分类

按设备的构成，可将环境工程设备分为以下三类：

（1）单体设备　这是环境工程设备的主体，例如，大气污染治理中各种除尘器，包括袋式除尘器、旋风除尘器，而单体水处理设备包括离子交换器、各种污泥脱水设备等。单体设备可以是机械加工件，也可以是混凝土或其他材料（如玻璃钢）建造的构筑物。

（2）成套设备　以单体设备为主，含各种附属设备（如风机、电动机等）组成的整体，例如电镀废水一体化处理设备、有机废气催化燃烧系统等。

（3）生产线　指由一台或多台单体设备、各种附属设备及其管线所构成的整体，如固体废物处理生产线等。

（二）按设备性质分类

按设备的性质，可将环境工程设备分为以下三类：

（1）机械设备　指各种用于治理污染和改善环境质量的机械加工产品，如除尘器、风机、机械式水处理设备、机械式固体废物处理设备等。机械设备是目前环境工程设备中种类最广、型号最多、应用最普遍、使用最方便的设备。

(2) 构筑物　构筑物一般指钢筋混凝土构件，如各种形式的沉淀池、过滤池、浓缩池等，但也有许多采用玻璃钢或钢结构本体建设的。

(3) 仪器设备　指各种用于环境监测及环境工程实验的仪器，如各种电化学分析、光学分析、色谱分析仪器，各种采样器，各种自动监测仪器及工程施工装备等。

二、环境工程中的主要设备

（一）建筑物和构筑物

环境工程的工程设施主要包括了土建工程中的建筑物、构筑物（如厂房、泵房、各种工艺用水池等）和环境工程专门的设备。这些建筑物、构筑物和设备在污染的控制和治理中发挥着重要的作用。

（二）水处理装备

在城市水污染治理工程中，主要的是各种传统物理法中的过滤、隔油、沉砂设备，生物方法中的活性污泥法或生物滤池法中的氧化池、沉淀池以及鼓风机、曝气机、污泥泵、潜水泵、脱水机械等水处理配套设备。在工业污水的净化处理中，还有大量的各种小型组合式成套处理设备等。

（三）大气污染控制装备

在空气污染治理设备中，主要产品包括多管旋风除尘器，中小型湿式脱硫除尘器，静电除尘器和袋式除尘器，汽油车排气净化设备和有害工业废气净化设备。

（四）噪声污染控制装备

在噪声污染治理设备中，主要产品包括各种规格的消声器、吸声材料、隔声和隔振设备等。

（五）固体废物处理设备

国家鼓励发展的处理设备目录参见相关书籍。

环境工程施工中涉及的环保设备和施工技术方法种类繁多，只有通过有效的施工组织，从基础工程开始，循序渐进，认真按照施工技术指南精心施工，才能保质保量完成任务，达到工程设计预期的环境目标，同时取得良好的经济效益。

第二章

施工准备

第一节　施工前期准备

施工准备工作是指在施工前，为保证施工正常进行而事先必须做好的各项工作，其根本任务是为正式施工创造必要的技术、物质、人力、组织等条件，以使施工得以好、快、省、安全地进行。

不管是整个建设项目或单项工程，也不管是其中任何一个单位工程，甚至是单位工程中的分部、分项工程，在开工之前，都必须进行必要的施工准备。施工准备是施工阶段必须经历的一个重要环节，是组织工程施工的客观规律的要求，其根本任务是为正式施工创造良好的条件。没有做好必要的准备就贸然施工，必然会导致施工现场混乱、物资浪费、停工待料、工程质量不符合要求、工期延长等现象的发生，甚至出现安全事故。因此，开工前必须做好必要的施工准备工作，研究和掌握工程特点及工程施工的进度要求，摸清施工的客观条件，合理部署施工力量，从技术、组织、人力、物力等各方面为施工创造必要条件。认真细致地做好准备工作，对加快施工速度、保证工程质量与施工安全、合理使用材料、增加工程效益等方面起着重要的作用。

认真细致地做好施工准备工作，能充分发挥各方面的积极因素，合理组织各种资源；能有效加快施工进度、提高工程质量、降低工程成本、实现文明施工、保证施工安全，从而提高必要的经济效益，赢得企业的社会信誉。

建筑工程产品的生产，有其科学的技术规律和市场经济规律。基本建设工程项目分为规划、设计和施工等几个阶段，施工阶段又分为施工准备、土建施工、设备安装和竣工验收阶段。由此可见，施工准备是基本建设程序中的一项重要内容。

由于建筑产品及其生产的特点，施工准备工作的好坏将直接影响建筑产品生产的全过程。实践证明，重视施工准备工作，积极为拟建工程创造一切良好的施工条件，工程的施工就会顺利地进行；不重视施工准备工作，将会处处被动，给工程施工带来麻烦和重大损失。

一、施工准备工作的任务

施工准备工作的基本任务是：掌握工程特点、施工关键和进度要求，摸清施工的客观条件，合理部署施工力量，进行施工现场场地准备，从物质、人力、技术和组织等方面为工程施工创造条件。

施工准备工作不仅在开工前准备阶段要进行，它还贯穿在整个施工活动过程中。施工准备工作按其工作范围可分为：全工地性施工准备、单位工程施工准备、分部（项）工程作业条件准备。

二、施工准备工作的内容

施工准备工作涉及的范围广、内容多，应视该工程本身及其具备条件的不同而不同，一般可归纳为六个方面：①原始资料的收集；②技术资料的准备；③施工现场准备；④生产资料准备；⑤施工现场人员准备；⑥冬雨季施工准备。

工程项目施工准备工作按其性质及内容通常包括技术准备、物资准备、劳动组织准备、施工现场准备和施工场外准备。

（一）技术准备

1. 熟悉、审查施工图和有关设计资料

（1）熟悉、审查施工图的依据

1）建设单位和设计单位提供的初步设计或扩大初步设计（技术设计）、施工图设计、建筑总平面设计、土方竖向设计和城市规划等资料文件。

2）调查、搜集的原始资料。

3）设计、施工验收规范和有关技术规定。

（2）熟悉、审查设计图的目的

1）能够按照设计图的要求顺利地进行施工，生产出符合设计要求的最终建筑产品（建筑物或构筑物）。

2）在拟建工程开工之前，便于从事建筑施工技术和经营管理的工程技术人员充分地了解和掌握设计图的设计意图、结构与构造特点和技术要求。

3）通过审查发现设计图中存在的问题和错误，使其在施工开始之前改正，为拟建工程的施工提供一份准确、齐全的设计图。

（3）熟悉、审查设计图的内容

1）审查拟建工程的地点、建筑总平面图同国家、城市或地区规划是否一致，以及建筑物或构筑物的设计功能和使用要求是否符合卫生、防火及美化城市等方面的要求。

2）审查设计图是否完整、齐全，以及设计图和资料是否符合国家有关工程建设的设计、施工方面的方针和政策。

3）审查设计图与说明书在内容上是否一致，以及设计图与其各组成部分之间有无矛盾和错误。

4）审查建筑总平面图与其他结构图在几何尺寸、坐标、标高、说明等方面是否一致，技术要求是否正确。

5）审查工业项目的生产工艺流程和技术要求，掌握配套投产的先后次序和相互关系，以及设备安装图与其相配合的土建施工图在坐标、标高上是否一致，掌握土建施工质量是否满足设备安装的要求。

6）审查地基处理与基础设计同拟建工程地点的工程水文、地质等条件是否一致，以及建筑物或构筑物与地下建筑物或构筑物、管线之间的关系。

7）明确拟建工程的结构形式和特点，复核主要承重结构的强度、刚度和稳定性是否满足要求，审查设计图中的工程复杂、施工难度大和技术要求高的分部分项工程或新结构、新材料、新工艺，检查现有施工技术水平和管理水平能否满足工期和质量要求并采取可行的技术措施加以保证。

8）明确建设期限、分期分批投产或交付使用的顺序和时间，以及工程所用的主要材料、设备的数量、规格、来源和供货日期；明确建设、设计和施工等单位之间的协作、配合关系，以及建设单位可以提供的施工条件。

（4）熟悉、审查设计图的程序　熟悉、审查设计图的程序通常分为自审阶段、会审阶段和现场签证三个阶段。

1）设计图的自审阶段。施工单位收到拟建工程的设计图和有关技术文件后，应尽快地组织有关的工程技术人员熟悉和自审图样，写出自审图样的记录。自审图样的记录应包括对设计图的疑问和对设计图的有关建议。

2）设计图的会审阶段。一般由建设单位主持，由设计单位和施工单位参加，三方进行设计图的会审。图样会审时，首先由设计单位的工程主持人向与会者说明拟建工程的设计依据、意图和功能要求，并对特殊结构、新材料、新工艺和新技术提出设计要求，然后施工单位根据自审记录以及对设计意图的了解，提出对设计图的疑问和建议；最后在统一认识的基础上，对所探讨的问题逐一做好记录，形成“图样会审纪要”，由建设单位正式行文，参加单位共同会签、盖章，作为与设计文件同时使用的技术文件和指导施工的依据，以及建设单位与施工单位进行工程结算的依据。

3）设计图的现场签证阶段。在拟建工程施工的过程中，如果发现施工的条件与设计图的条件不符，或者发现图样中仍然有错误，或者因为材料的规格、质量不能满足设计要求，或者因为施工单位提出了合理化建议，需要对设计图进行及时修订时，应遵循技术核定和设计变更的签证制度，进行图样的施工现场签证。如果设计变更的内容对拟建工程的规模、投资影响较大时，要报请项目的原批准单位批准。在施工现场的图样修改、技术核定和设计资料变更，都要有正式的文字记录，归入拟建工程施工档案，作为指导施工、竣工验收和工程结算的依据。

2. 原始资料的调查分析

为了做好施工准备工作，除了要掌握有关拟建工程的书面资料外，还应该进行拟建工程的实地勘测和调查，获得有关数据的第一手资料，这对于拟定一个先进合理、切合实际的施工组织设计是非常必要的，因此应该做好以下几个方面的调查分析：

（1）自然条件的调查分析　建设地区自然条件的调查分析的主要内容有地区水准点和绝对标高等情况；地质构造、土的性质和类别、地基土的承载力、地震级别和裂度等情况；河流流量和水质、最高洪水和枯水期的水位等情况；地下水位的高低变化情况；含水层的厚度、流向、流量和水质等情况；气温、雨、雪、风和雷电等情况；土的冻结深度和冬雨季的期限等情况。

（2）技术经济条件的调查分析　建设地区技术经济条件的调查分析的主要内容有：地方建筑施工企业的状况；施工现场的动迁状况；当地可利用的地方材料状况；材料供应状况；地方能源和交通运输状况；地方劳动力和技术水平状况；当地生活供应、教育和医疗卫生状况；当地消防、治安状况和参加施工单位的力量状况。

3. 编制施工图预算和施工预算

（1）编制施工图预算　施工图预算是技术准备工作的主要组成部分之一，这是按照施工图确定的工程量，施工组织设计所拟定的施工方法、建筑工程预算定额及其取费标准，由施工单位编制的确定工程造价的经济文件，它是施工企业签订工程承包合同、工程结算、建设银行拨付工程价款、进行成本核算、加强经营管理等方面工作的重要依据。

(2) 编制施工预算 施工预算是根据施工图预算、施工图、施工组织设计或施工方案、施工定额等文件进行编制的，它直接受施工图预算的控制。它是施工企业内部控制各项成本支出、考核用工、“两算”对比、签发施工任务单、限额领料、基层进行经济核算的依据。

4. 编制施工组织设计

施工组织设计是施工准备工作的重要组成部分，也是指导施工现场全部生产活动的技术经济文件。建筑施工生产活动的全过程是非常复杂的物质财富再创造的过程，为了正确处理人与物、主体与辅助、工艺与设备、专业与协作、供应与消耗、生产与储存、使用与维修以及它们在空间布置、时间排列之间的关系，必须根据拟建工程的规模、结构特点和建设单位的要求，在原始资料调查分析的基础上，编制出一份能切实指导该工程全部施工活动的科学方案（施工组织设计）。

（二）物资准备

材料、构（配）件、制品、机具和设备是保证施工顺利进行的物资基础，这些物资的准备工作必须在工程开工之前完成。根据各种物资的需要量计划，分别落实货源，安排运输和储备，使其满足连续施工的要求。

(1) 物资准备工作的内容 物资准备工作主要包括建筑材料的准备；构（配）件和制品的加工准备；建筑安装机具的准备和生产工艺设备的准备。

1）建筑材料的准备。建筑材料的准备主要是根据施工预算进行分析，按照施工进度计划要求，按材料名称、规格、使用情况、材料储备定额和消耗定额进行汇总，编制出材料需要量计划，为组织备料，确定仓库、场地堆放所需的面积和组织运输等提供依据。

2）构（配）件和制品的加工准备。根据施工预算提供的构（配）件和制品的名称、规格、质量和消耗量，确定加工方案和供应渠道以及进场后的储存地点和方式，编制出其需要量计划，为组织运输、确定堆场面积等提供依据。

3）建筑安装机具的准备。根据采用的施工方案，安排施工进度，确定施工机械的类型、数量和进场时间，确定施工机具的供应办法和进场后的存放地点和方式，编制建筑安装机具的需要量计划，为组织运输、确定堆场面积等提供依据。

4）生产工艺设备的准备。按照拟建工程生产工艺流程及工艺设备的布置图，提出工艺设备的名称、型号、生产能力和需要量，确定分期分批进场时间和保管方式，编制工艺设备需要量计划，为组织运输、确定堆场面积提供依据。

(2) 物资准备工作的程序 物资准备工作通常按如下程序进行：

1）根据施工预算、分部（项）工程施工方法和施工进度的安排，拟定材料、构（配）件及制品、施工机具和工艺设备等物资的需要量计划。

2）根据各种物资的需要量计划，组织货源，确定加工、供应地点和供应方式，签订物资供应合同。

3）根据各种物资的需要量计划和合同，拟定运输计划和运输方案。

4）按照施工总平面图的要求，组织物资按计划时间进场，在指定地点、按规定方式进行储存或堆放。

（三）劳动组织准备

劳动组织准备的范围既有整个建筑施工企业的劳动组织准备，又有大型综合的拟建建设项目的劳动组织准备，也有小型简单的拟建单位工程的劳动组织准备。这里仅以一个拟建工程项目为例，说明其劳动组织准备工作的内容。

(1) 建立拟建工程项目的领导机构　施工组织机构的建立应遵循以下原则：根据拟建工程项目的规模、结构特点和复杂程度，确定拟建工程项目施工的领导机构人选和名额；坚持合理分工与密切协作相结合；把有施工经验、有创新精神、有工作效率的人选入领导机构；认真执行因事设职、因职选人的原则。

(2) 建立精干的施工队组　施工队组的建立要认真考虑专业、工种的合理配合，技工、普工的比例要满足合理的劳动组织的要求；要符合流水施工组织方式的要求；确定建立施工队组，或是混合施工队组，要坚持合理、精干的原则；同时制定出该工程的劳动力需要量计划。

(3) 集结施工力量、组织劳动力进场　工地的领导机构确定之后，按照开工日期和劳动力需要量计划，组织劳动力进场。同时要进行安全、防火和文明施工等方面的教育，并安排好职工的生活。

(4) 向施工队组、工人进行施工组织设计、计划和技术交底　施工组织设计、计划和技术交底的目的是把拟建工程的设计内容、施工计划和施工技术等要求，详尽地向施工队组和工人讲解交代。这是落实计划和技术责任制的好办法。

施工组织设计、计划和技术交底的时间在单位工程或分部分项工程开工前及时进行，以保证工程严格地按照设计图、施工组织设计、安全操作规程和施工验收规范等要求进行施工。

施工组织设计、计划和技术交底的内容有工程的施工进度计划、月（旬）作业计划；施工组织设计，尤其是施工工艺；质量标准、安全技术措施、降低成本措施和施工验收规范的要求；新结构、新材料、新技术和新工艺的实施方案和保证措施；图样会审中所确定的有关部位的设计变更和技术核定等事项。交底工作应该按照管理系统逐级进行，由上而下直到工人队组。交底的方式有书面形式、口头形式和现场示范形式等。

队组、工人接受施工组织设计、计划和技术交底后，要组织其成员进行认真的分析研究，弄清关键部位、质量标准、安全措施和操作要领。必要时应该进行示范，并明确任务及做好分工协作，同时建立健全岗位责任制和保证措施。

(5) 建立健全各项管理制度　工地的各项管理制度是否建立健全，直接影响其各项施工活动的顺利进行。有章不循的后果是严重的，而无章可循更是危险的。为此必须建立健全工地的各项管理制度。通常内容如下：

工程质量检查与验收制度；工程技术档案管理制度；建筑材料（构件、配件、制品）的检查验收制度；技术责任制度；施工图学习与会审制度；技术交底制度；职工考勤、考核制度；工地及班组经济核算制度；材料出入库制度；安全操作制度；机具使用保养制度。

（四）施工现场准备

施工现场是施工的全体参加者为夺取优质、高速、低消耗的目标，而有节奏、均衡连续地进行战术决战的活动空间。施工现场的准备工作，主要是为了给拟建工程的施工创造有利的施工条件和提供物资保证。其具体内容如下：

(1) 做好施工场地的控制网测量 按照设计单位提供的建筑总平面图及给定的永久性经纬坐标控制网和水准控制基桩，进行厂区施工测量，设置厂区的永久性经纬坐标桩、水准基桩和建立厂区工程测量控制网。

(2) 搞好“三通一平”(指路通、水通、电通和平整场地)

1) 路通。施工现场的道路是组织物资运输的动脉。拟建工程开工前，必须按照施工总平面图的要求，修好施工现场的永久性道路（包括厂区铁路、厂区公路）以及必要的临时性道路，形成完整畅通的运输网络，为建筑材料进场、堆放创造有利条件。

2) 水通。水是施工现场的生产和生活不可缺少的。拟建工程开工之前，必须按照施工总平面图的要求，接通施工用水和生活用水的管线，使其尽可能与永久性的给水系统结合起来，做好地面排水系统，为施工创造良好的环境。

3) 电通。电是施工现场的主要动力来源。拟建工程开工前，要按照施工组织设计的要求，接通电力和电信设施，做好其他能源（如蒸汽、压缩空气）的供应，确保施工现场动力设备和通信设备的正常运行。

4) 平整场地。按照建筑施工总平面图的要求，首先拆除场地上妨碍施工的建筑物或构筑物，然后根据建筑总平面图规定的标高和土方竖向设计图，进行挖（填）土方的工程量计算，确定平整场地的施工方案，进行平整场地的工作。

(3) 做好施工现场的补充勘探 对施工现场做补充勘探是为了进一步寻找枯井、防空洞、古墓、地下管道、暗沟和枯树根等隐蔽物，以便及时拟定处理隐蔽物的方案并实施，为基础工程施工创造有利条件。

(4) 建造临时设施 按照施工总平面图的布置，建造临时设施，为正式开工准备好生产、办公、生活、居住和储存等临时用房。

(5) 安装、调试施工机具 按照施工机具需要量计划，组织施工机具进场，根据施工总平面图将施工机具安置在规定的地点或仓库。对于固定的机具，要进行就位、搭棚、接电源、保养和调试等工作。对所有施工机具，都必须在开工之前进行检查和试运转。

(6) 做好建筑构（配）件、制品和材料的储存和堆放 按照建筑材料、构（配）件和制品的需要量计划组织进场，根据施工总平面图规定的地点和指定的方式进行储存和堆放。

(7) 及时提供建筑材料的试验申请计划 按照建筑材料的需要量计划，及时提供建筑材料的试验申请计划。如钢材的力学性能和化学成分等试验；混凝土或砂浆的配合比和强度等试验。

(8) 做好冬雨季施工安排 按照施工组织设计的要求，落实冬雨季施工的临时设施和技术措施。

(9) 进行新技术项目的试制和试验 按照设计图和施工组织设计的要求，认真进行新技术项目的试制和试验。

(10) 设置消防、保安设施 按照施工组织设计的要求，根据施工总平面图的布置，建立消防、保安等组织机构和有关的规章制度，布置安排好消防、保安等措施。

(五) 施工的场外准备

施工准备除了施工现场内部的准备工作外，还有施工现场外部的准备工作。其具体内容如下：

(1) 材料的加工和订货　建筑材料、构（配）件和建筑制品大部分均必须外购，工艺设备更是如此。所以如何与加工部门、生产单位联系，签订供货合同，搞好及时供应，对于施工企业的正常生产是非常重要的。对于协作项目也是这样，除了要签订议定书之外，还必须做大量有关方面的工作。

(2) 做好分包工作和签订分包合同　由于施工单位本身的力量所限，有些专业工程的施工、安装和运输等均需要向外单位委托。根据工程量、完成日期、工程质量和工程造价等内容，与其他单位签订分包合同，保证按时实施。

(3) 向上级提交开工申请报告　当做好材料的加工和订货及分包工作和签订分包合同等施工场外的准备工作后，应该及时地填写开工申请报告，报上级批准。

三、建立施工管理机构

施工是把建设项目的蓝图建造成具有实用价值的建筑产品的关键阶段。

施工组织与管理的任务是依据工程实际与特点，按照施工生产的客观规律，运用先进的生产管理理论、方法和当代科技成果，科学地计划与组织大量的人、财、物、机械与技术诸要素，合理地利用时间与空间，保证工程施工达到优质、低耗、高效和安全的目标。

通常施工项目的组织和管理包括：投标签约阶段、施工准备阶段、现场施工阶段、竣工交验与结算阶段、用后服务阶段。施工项目的管理主体是承包单位，并为实现其经营目标而进行工作。

第二节　施工测设

施工测量是把设计构（建）筑物的平面位置和标高正确地标志到施工现场，它贯穿于场区各构（建）筑物施工阶段的全过程。施工测量包括施工控制测量、测设、沉降观测及竣工总平面图绘制等内容。

当构（建）筑物的四角点位测设到地面以后，应向外设放射方向桩，确定构（建）筑物的方向、位置，大型构（建）筑物的边线上每隔10m左右应加设方向或位置点。根据纵、横轴线，用极坐标法交汇构（建）筑物的中心点，其相对误差应控制在5mm之内。

圆形的构（建）筑物，如初沉池、二沉池、消化池，应用极坐标法测设中心点，并用中心点进行外围控制。必要时可在基础上埋设塔架，随构筑物施工升高而逐步起升塔架圆心点高度，以控制池体半径及池壁尺寸。

方形或矩形构（建）筑物，应用轴线控制位置，再用五点十字法测设外边线。

一、测量前的准备工作

工程开工之前，测量人员应进行必要的施工测量准备。施工测量准备工作是保证施工测量全过程顺利开展的重要环节，包括仪器的配备、校核，熟悉、审核图样，校核起始依据，编制施工测量方案四部分。

（一）仪器的配备、校核

测量人员要根据工程性质、规模、难易程度，以满足测量要求和降低成本为原则，申请购买或准备与工程相适应的测量仪器。

开工之前，应将全站仪、经纬仪、水准仪、钢卷尺等送到授权计量检测单位进行检定。

（二）熟悉、审核图样

收到图样之后，要组织测量人员按施工顺序学习、熟悉图样，并对图样中有关尺寸进行审核。

（1）总平面图的审核　对用地红线桩、定位依据及定位条件、构（建）筑物群的几何关系进行坐标、尺寸、距离校核，检验是否正确、合理。检查首层室内地坪设计标高、室外设计标高及有关坡度是否对应、合理。

（2）建筑施工图的审核　检查建筑物各轴线的间距、角度、几何关系是否正确，建筑物的平、立、剖面及节点图的轴线、几何尺寸是否正确，各层相对标高与平面图有关部分是否对应。

（3）结构施工图的审核　核对层高、结构尺寸，包括板、墙厚度，梁、柱断面及跨度。以轴线图为准，核对基础、非标准层及标准层之间的轴线关系。对照建筑图，核对两者相关部位的轴线、尺寸、标高是否对应。

（三）校核起始依据

校核业主提供的平面、标高控制桩的坐标、距离、夹角、标高等是否无误，能否与设计图对应。

（四）编制施工测量方案

根据设计图、相关规范和经批准的施工组织设计，编制切实可行的施工测量方案。施工测量是指导工程顺利进行的先导性工作，施工测量方案对测量工作起全面指导作用，因此，工程开工之前编制完整的施工测量方案是非常必要的。施工测量方案应包括以下几方面内容：

（1）工程概况　对场地位置、面积、地形，工程总体布局、建筑面积、层数与高度，结构、装饰类型，工期与施工方案要点，工程特点及特殊施工要求等，作简要的、概括性的说明。

（2）施工测量的基本要求　说明建筑物与红线的关系，阐明定位条件，对施工测量的精度提出具体要求。

（3）场地准备测量　根据设计总平面图与施工现场平面布置图，确定拆迁范围。标出需要保留的地下管线、地下构（建）筑物与名贵树木树冠的范围。测设出临时设施的位置与场地标高。

（4）测设场区控制网　根据场区情况、设计要求、施工特点，本着便于施工、控制全面、长期保留的原则，确定并测设场区平面控制网和标高控制网。

（5）定位与基础施工测量　制定构（建）筑物的主要轴线控制桩、护坡桩的测设与监测方法，说明基础开挖与 ±0.000m 以下各层的施工测量方法。

（6）±0.000m 以上的施工测量　确定首层、非标准层与标准层的轴线控制方法和标高传递方法。

（7）装饰与安装测量　根据会议室、大厅、外饰面、玻璃幕墙等室内外装饰及各种管线、电梯、旋转餐厅的特点，确定装饰与安装工程的测量方法。

（8）竣工测量与变形观测　制定竣工图的绘制步骤、手段和竣工测量的计划、方法。根据设计与施工要求，确定与本工程相适应的变形观测内容、方法与精度。

(9) 验线制度　明确各分项工程的测量验线内容、验线方法，并制定验线制度。

施工测量方案编制完成后，应及时报监理单位和建设单位审批。

二、管道施工测量

(一) 熟悉管道图

管道平面图又称条形图、带形图，它是管线附近地形的平面图。

图 2-1 为某给水管道平面图，图 2-2 是这段管道的纵剖面图。为了明显表示出地形起伏状况和管道坡度，标高的比例尺要比水平距离比例尺大 10 ~ 20 倍，粗横线以上是管道的纵剖面图，粗横线以下是管道的各项数据，图中包括的主要内容如下：

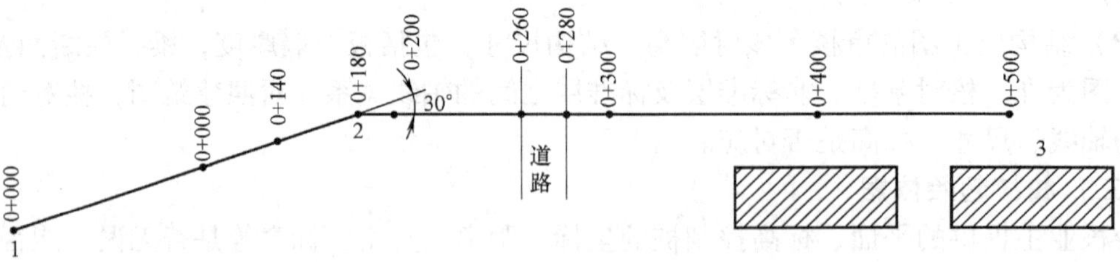

图 2-1　给水管道平面图

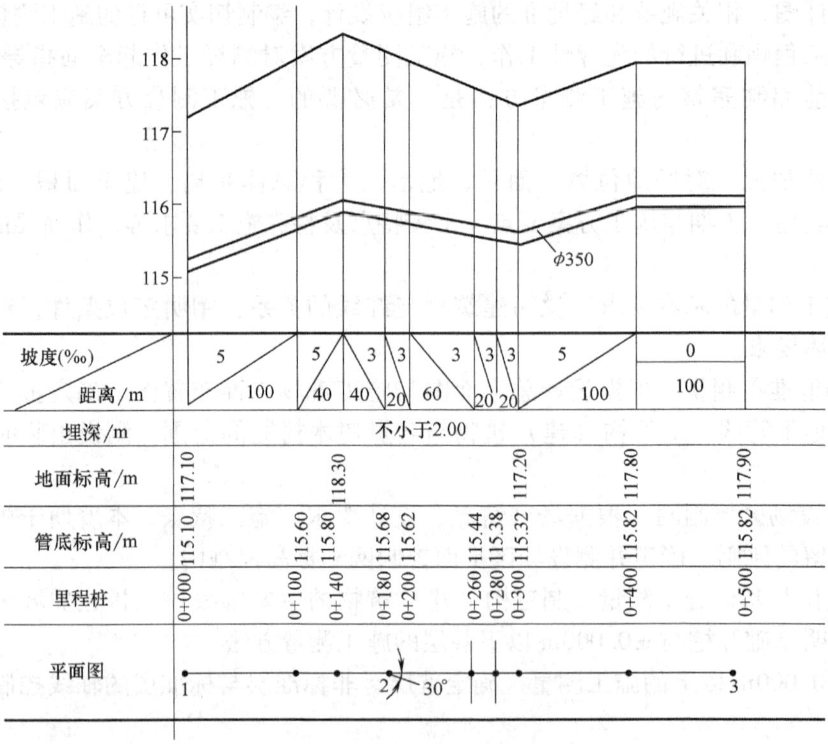

图 2-2　管道的纵剖面图

1) 表示管线位置长度的起、止点和折转点。这些点称为管线的主点，如图 2-1 中 1 点为起点，2 点为折转点，3 点为终点。

2）对于规模较大的管线要从起点开始，标里程桩。起点桩为0 +000（ +号前面的数值表示公里数， +号后面的数值为米数），以后每100m钉一桩，编号分别为0 +100，0 +200，…，如果百米桩之间有重要地物（如穿越道路或地形变化较大处），应增加标桩，称为加桩。加桩的编号按该桩所在位置表示，如1 +140 表示该桩距起点为1140m。

3）表示两相邻点间的水平距离，该点处的管底设计标高、地面标高、管径、埋置深度和管线衔接关系。

4）表明管道设计坡度。纵剖面图上表示坡度的方法是：“/”表示上坡，“\”表示下坡，“—”表示水平。斜线上方数字是坡度系数，以千分数表示；斜线下方是两桩之间的距离。

5）表明构筑物（检查井、阀门井）的平面位置、标高及构筑物的编号。

6）场区控制点，管线主要点位的坐标及标高。

7）地面横向坡度较大时主要特征点的横剖面图。

（二）管线定位测量

要深入现场，了解场地环境，按管道平面图找出管道在地面上的位置，检查设计阶段测设的各种定位标志是否齐全，能否满足施工放线的需要。如果点位太少或被毁，应了解场区控制点分布情况，进行补测。

图2-3是污水管道平面及纵剖面图。图2-3a是某污水管道平面图，图2-3b是这段管道的纵剖面图。现以图2-3为例，介绍地下管道施工过程的测量方法。

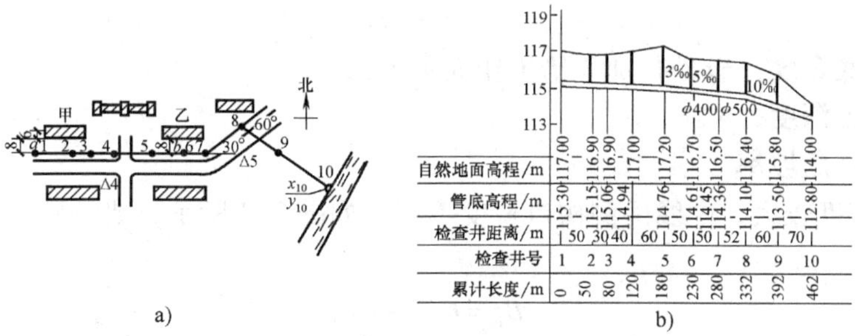

图2-3　管道平面及纵剖面图

（1）根据建筑物定位　图2-3a中定1点时，先作建筑物南墙的延长线，从建筑物量6m定出 a 点，再过 a 点，作延长线的垂线，从 a 点量8m，定出1点。

（2）平行线法定位　从建筑物南墙量出8m，定 b 点。将仪器置于1点，照准 b 点，在视线方向从1点起依次量取各点间距离，便可定出2～7点。

（3）导线法定位　将经纬仪置于7点后视1点，顺时针测角150°，在视线方向从7点量距定出8点。同法将仪器置于8点，后视7点测角可定9、10点。

（4）极坐标法定位　为校核10点位置是否准确，根据管线终点10点的坐标和控制点4、5点的坐标计算出测量数据，将仪器置于控制点5，后视控制点4，用极坐标法校核10点位置。管线主点定位测量，新建管道与原有管道衔接时，以原有管道为准。厂外管道与厂内管道衔接时，以厂内管道为准。厂房外管道与厂房内管道衔接时，以厂房内管道为准。管道定位测量，其测角误差不大于30″，量距精度误差不大于1/5000，无压力管道标高测量精度不得低于四等水准测量，以保证坡度要求。

（三）管道中线放线

因为挖方时管道中线上各桩将被挖掉，所以挖方前要引测中线控制桩和井位控制桩。

（1）引测控制桩　引测控制桩的方法如图 2-4 所示。即在中线端点作中线的延长线，定出中线控制桩。在每个井位垂直于中线引测出井位控制桩。控制桩应设在不受施工干扰、引测方便、易于保存的地方。控制桩至中线的距离应为整米数，以便利用控制桩恢复点位。为防止控制栏毁坏，一般要设双桩。

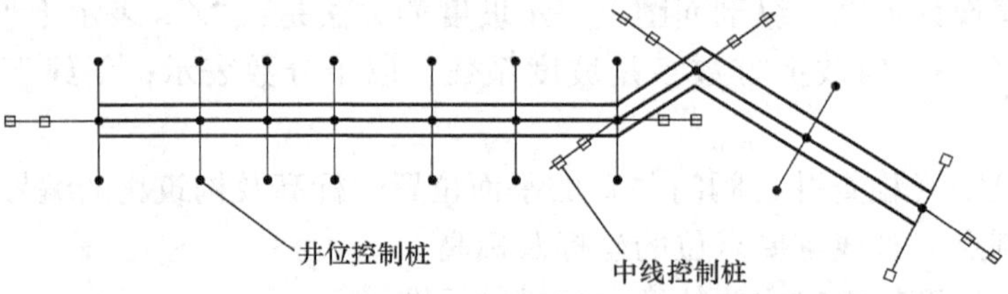

图 2-4　管道控制桩布置图

（2）设置龙门板　挖方前沿中线每隔 20～30m，或在构筑物附近设置一道龙门板，根据中线控制桩（主点桩）把中线投测到龙门板上，并钉上中线钉，如图 2-5 所示。在挖方和管道铺设过程中，利用中线钉吊垂线的方法向下投点，便可控制中线位置。

（3）确定沟槽开挖边线　为避免塌方，挖土时需要放边坡，如图 2-6 所示。坡度按下式计算：

$$B = b + 2mh$$

式中　b——沟底宽度（管外径加 2 倍工作面宽度）；

h——挖方深度；

m——边坡放坡率。

若横剖面坡度较大，中线两侧槽口宽度不同，如图 2-7 所示，要分别计算出中线两侧的开挖宽度：

$$B_1 = b/2 + mh_1$$
$$B_2 = b/2 + 9mh_2$$

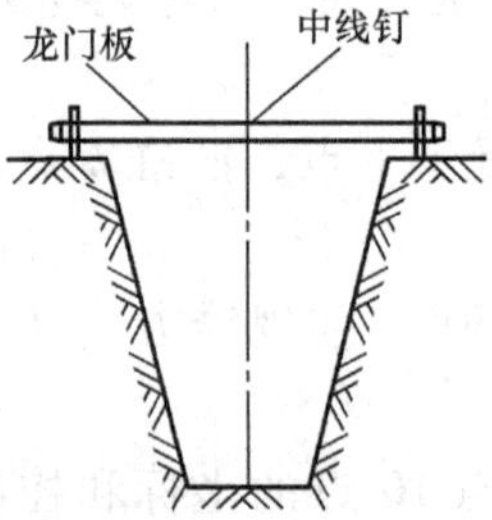

图 2-5　龙门板

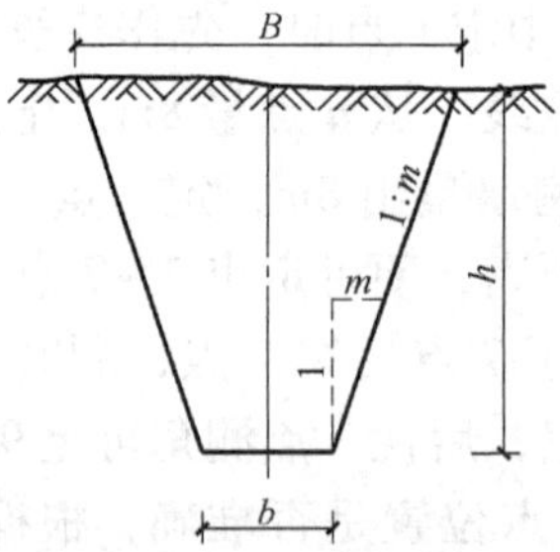

图 2-6　挖方宽度示意图

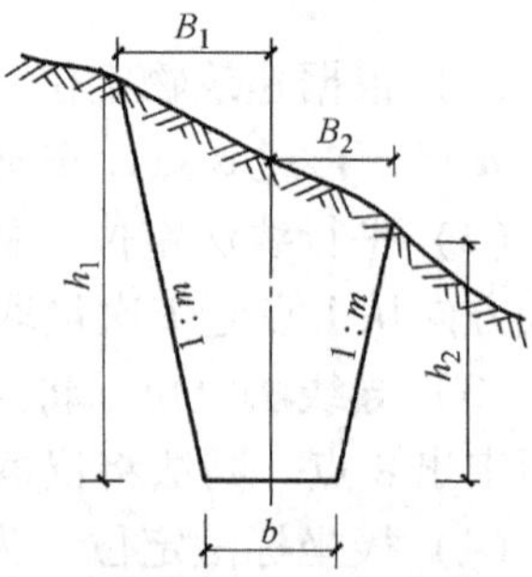

图 2-7　挖方宽度计算示意图

确定放坡率是一项慎重的工作，尤其沟槽较深时放坡率过大会增加挖填方量，放坡率过小又容易塌方（特别是松散土质、春季解冻后及雨季），测量人员要按施工方案规定的放坡系数来确定开挖宽度。

（四）测设龙门板标高

（1）各点标高的计算方法　如在图 2-3b 中，已知 1 点管底设计标高为 115.30m，1 ~ 6 点的坡度为 3‰，求各点管底标高，计算方法如下：

2 点管底标高 =(115.30 − 50 × 0.003)m = 115.15m

3 点管底标高 =(115.30 − 80 × 0.003)m = 115.06m

4 点管底标高 =(115.30 − 120 × 0.003)m = 114.94m

管底标高系指管底内径标高，沟底挖方标高如图 2-8a 所示。

沟底标高 = 管底标高 −(管壁厚 + 垫层厚)

龙门板顶面高与管底标高之差称为下返数，实际挖方深度应等于下返数 + 管壁厚 + 垫层厚。

如果龙门板顶面连线与管道坡度相同（即各龙门板下返数为一个常数），如图 2-8b 所示，则利用龙门板控制挖方深度、敷设管道就方便多了。因此，龙门板顶面标高宜随管道标高而变化，即和管道坡度相同。

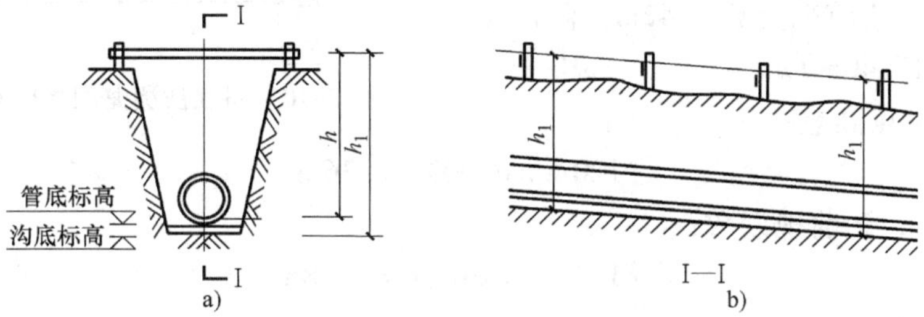

图 2-8　龙门板与管底标高的关系

（2）高差法测龙门板标高　高差法测龙门板标高下返数的大小要根据自然地面标高来选择。下返数确定后，则计算方法为：

龙门板顶面标高 = 管底标高 + 下返数

图 2-3b 中，1 点管底设计标高是 115.30m，设下返数为 2.10m，则：

1 点龙门板标高 =(115.30 + 2.10)m = 117.40m

2 点与 1 点高差 = 50m × 0.003 = 0.15m

2 点龙门板标高 =(117.40 − 0.15)m = 117.25m

3 点与 1 点高差 = 80m × 0.003 = 0.24m

3 点龙门板标高 =(117.40 − 0.24)m = 117.16m

4 点与 1 点高差 = 120m × 0.003 = 0.36m

4 点龙门板标高 =(117.40 − 0.36)m = 117.04m

依此类推，如果水准点的标高为 117.60m，后视读数为 1.22m，视线高为 118.82m，则：

1 点龙门板应读读数 =(118.82 − 117.40)m = 1.42m

2 点龙门板应读读数 =(1.42 + 0.15)m = 1.57m

3 点龙门板应读读数 =(1.42 + 0.24)m = 1.66m

4 点龙门板应读读数 =(1.42 + 0.36)m = 1.78m

测设方法如图 2-9 所示。

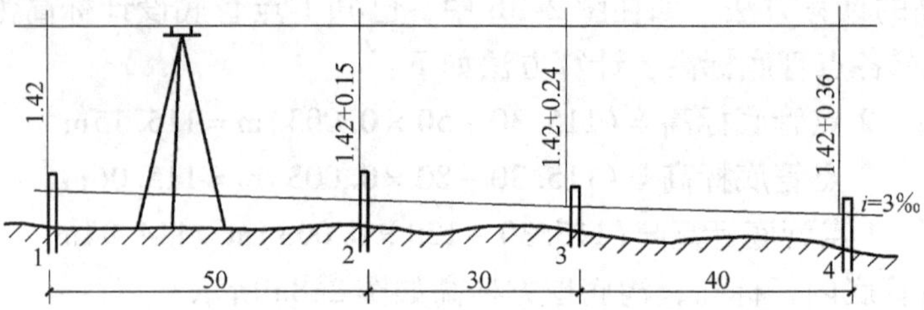

图 2-9 高差法测龙门板标高（单位：m）

（3）斜线法测龙门板标高 仍按图 2-3 中有关数据，测设方法如图 2-10 所示。

1）在距 1 点 3m 处安置仪器，让仪器的一个调平螺旋在中线连线上，另两个调平螺旋的连线垂直于中线。仪器置平，后视水准点（视线高 118.82m），读前视读数 1.42m，测出 1 点龙门板标高（117.40m）。

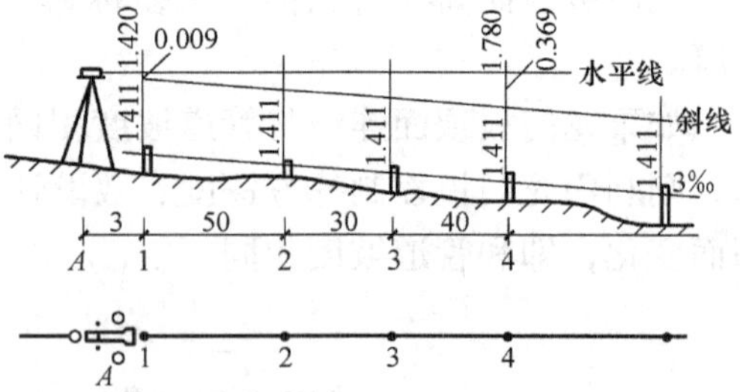

图 2-10 斜线法测龙门板标高（单位：m）

2）4 点与 1 点高差：

$$120\text{m} \times 0.003 = 0.36\text{m}$$

立尺于 4 点，读前视读数：

$$(1.42 + 0.36)\text{m} = 1.78\text{m}$$

测出 4 点龙门板标高。

3）计算 4 点与 A 点高差：

$$123\text{m} \times 0.003 = 0.369\text{m}$$

水准尺立在 4 点，龙门板标高不动，调整位于中线上的仪器调平螺旋，使视线倾斜，照准尺面读数为：

$$(1.78 - 0.369)\text{m} = 1.411\text{m}$$

这时视线的坡度与管道坡度相同。

4）在视线方向任意距离立尺，只要前视读数为 1.411m，其龙门板的标高都符合设计要求（下返数 2.10m）。

（4）水平线法测龙门板标高 图 2-11a 所示为某室外排水管道平面图。图 2-11b 中龙门板标高都在 −0.500m 的水平线上，施工时各点要用不同的下返数来控制挖方和管底标高。

$$1\text{ 点下返数} = (-0.50)\text{m} - (-2.00)\text{m} = 1.50\text{m}$$

$$2\text{ 点与 1 点高差} = 30\text{m} \times 0.005 = 0.15\text{m}$$

$$2\text{ 点下返数} = (1.50 + 0.15)\text{m} = 1.65\text{m}$$

$$3\text{ 点与 1 点高差} = 60\text{m} \times 0.005 = 0.30\text{m}$$

$$3\text{ 点下返数} = (1.50 + 0.30)\text{m} = 1.80\text{m}$$

$$4\text{ 点与 1 点高差} = 90\text{m} \times 0.005 = 0.45\text{m}$$

$$4\text{ 点下返数} = (1.50 + 0.45)\text{m} = 1.95\text{m}$$

由于地形条件限制，各龙门板标高可以采用任意标高，只控制中心位置。然后在龙门板上另设坡度钉，施工过程中利用坡度钉来控制管底标高（图 2-12）。

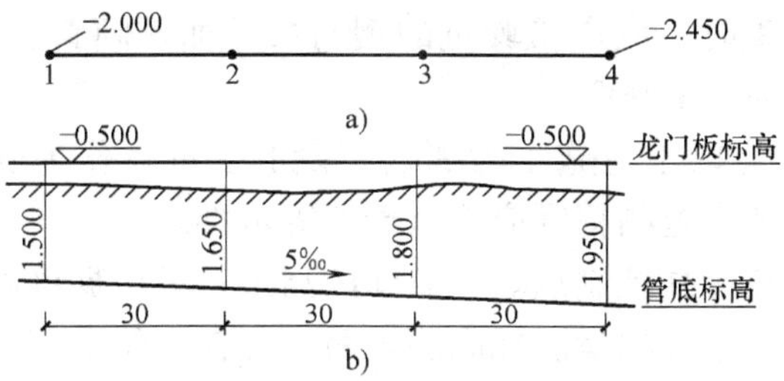

图 2-11 水平线法测管底标高（单位：m）

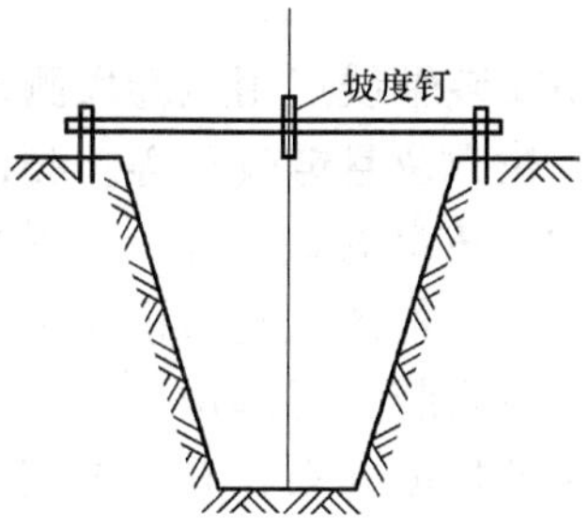

图 2-12 坡度钉的测设方法

还可以选用不同的下返数分段测设龙门板，如图 2-13 所示。

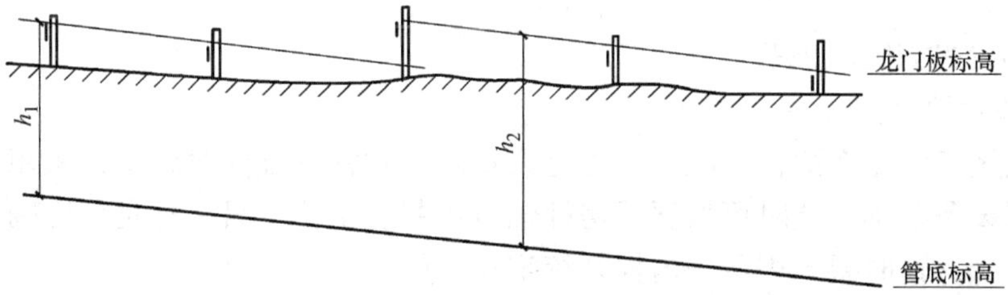

图 2-13 分段测设龙门板

当沟槽挖到一定深度时，在沟槽侧壁每隔 10～15m 测设一个坡度桩，坡度桩至沟底标高应为分米的整数倍，然后便可利用这些坡度桩随时检查沟底标高。

三、设备安装测量

（一）安装测量的基本工作

在水处理等主要水工构筑物的土建施工时，有些预埋金属构件要进行安装测量；当土建施工结束后，还要进行闸门、管道、机组的安装测量。为使各种结构物的安装测量顺利进行，保证测量的精度，应做好下列基本工作：布置安装轴线与标高基点，进行安装点的测设和铅垂投点工作等。

金属结构与机电设备安装轴线和标高基点一经确定，在整个施工过程中不宜变动。

安装测量的精度要求较高，所以应采用特制的仪器和严密的方法，才能满足高精度安装测量的要求。安装测量是在场地狭窄、几个工种交叉作业、精度要求高、测量工作难度较大的情况下进行的。安装测量的精度多数是相对于某轴线或某点高度的，它时常高于绝对精度。现将安装测量的基本工作介绍如下。

（1）安装轴线及安装点的测设 安装轴线应利用该部位土建施工时的轴线。若原有土建施工轴线遭到破坏，则应由邻近的等级或加密的控制点重新测设。安装轴线的测设方法有单三角形法、两点前方交会法和三边测距交会法等。

在安装过程中，如原固定安装轴线点全部被破坏，应以安装好的构件轮廓线为准，恢复安装轴线。但是恢复安装轴线的测量中误差应为安装测量中误差的$\sqrt{2}$倍。

由安装轴线点测设安装点时，一般用 J_2 经纬仪测设方向线。为了保证方向线的精度，应采用正倒镜分中法。照准时，后视距离应大于前视距离，并用细铅笔尖或垂球线作为照准目标。

由安装轴线点用钢卷尺测设安装点的距离时，应用检验过的钢卷尺，加入倾斜、尺长、温度、拉力及悬链改正等。测设的相对误差为1/10000。

（2）安装标高测量　安装的工程部位，应以土建施工时邻近布设的水准点作为安装标高控制点。若需重新布设安装标高控制点，则其施测精度应不低于四等水准。

每一安装工程部位，至少应设置两个安装标高控制点。各点间的高差，可根据该部位标高安装的精度要求，分别选用二、三等水准测量法测量。标高测定后，应在点位上刻记标志或用红油漆画一符号。

（3）铅垂投点　在垂直构件安装中，同一铅垂线上安装点的纵、横向偏差值，因不同的工程项目和构件而定。铅垂投点的方法有重锤投点法、经纬仪投点法、天顶仪投点法与激光仪投点法等。

（二）设备安装施工测设

1. 设备基础的定位程序

设备基础施工程序有两种情况：一种是设备基础和柱基础同时施工，采用这种施工方案的多数为大型设备基础，这时可根据厂房柱轴线控制桩定位；另一种是厂房围护墙体完成后才施工设备基础，这时要采用厂房内控系统定位放线。

设备基础有独立基础和联动生产线两种。联动生产线的定位，不仅要按厂房轴线定位，同时必须建立统一的主轴线或控制网，以保证设备安装时能吻合衔接。

有的设备有很多条螺栓组轴线，但决定设备基础在厂房中平面位置的只有纵、横各一条主轴线，它是定位的依据，其他轴线只能根据设备主轴线来测设，不能脱离设备主轴线而按厂房中的其他轴线定位。

在扩建厂房中，若扩建部分的设备和原厂房设备有联动关系，定位时应尽量找出原有设备轴线，作为扩建部分设备定位的依据，以保证新旧设备安装时能吻合衔接。

2. 厂房内控系统的设置

（1）以柱身轴线为内控系统　对于一般中小型设备，可根据柱身轴线（中线）来测设设备基础的平面位置。预制柱吊装时都存在位移偏差，对于平面位置精度要求较高的设备基础，要把杯形基础顶面的中线引测到柱立面上，作为设备基础定位的依据。图2-14a是设备基础平面图，图2-14b是定位平面图。定位步骤如下：

1）先找出柱子轴线（中线），设定位桩距基础边线为50cm。

2）在④轴及B轴柱间拉小线。在B轴沿小线从④轴柱外皮量300mm（轴线500mm）钉木桩a，标出十字线。再继续量4400mm钉木桩b，标出十字线；在④轴沿小线从B轴柱外皮量700mm（轴线1500mm）钉木桩c，标出十字线。继续量2600mm，钉木桩d，标出十字线。

3）从a点起用作B轴垂线的方法量2600mm（轴线3000mm）定1点，从b点量2600mm定2点，从c点起用作④轴垂线的方法量1800mm定出3点，从d点量1800mm定出4点。

4）检查1点距④轴距离应为500mm，1、2点间距离应为4400mm，3、4点间距离应为2600mm，3点距B轴距离应为1100mm。

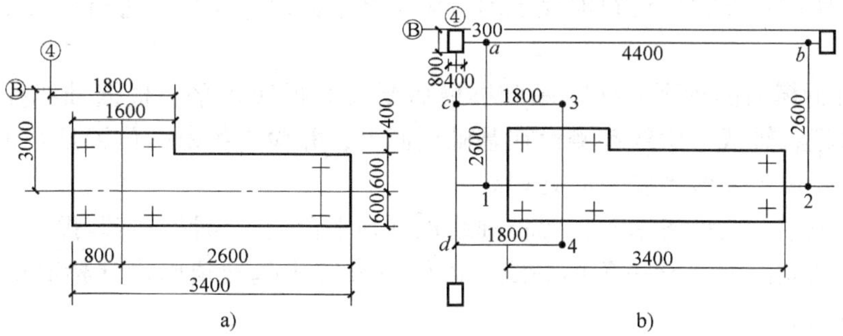

图 2-14　设备基础定位

（2）建立内部控制网　大型设备基础如电站汽轮机基础、选矿车间生产流水线等不仅占地面积大，且结构复杂，为满足施工的需要，设备基础的定位要像建筑物那样，测设出控制网并建立标高控制点。控制桩要选在土质坚实、不妨碍施工、易于保护的地方，并加以保护。

（3）建立基础轴线点　在厂房施工过程中，内部地形环境往往不适合建立控制网，可将设备基础的主轴线引测到柱间设置的横梁上，如图 2-15 所示。方法是在两柱间水平焊一角（槽）钢，厂房砌筑前将设备基础主要轴线投测在角钢的横梁上。如果是混凝土柱，要在设备横梁处预先埋设铁件。横梁高度要适宜，中间产生挠度处可加设支撑。

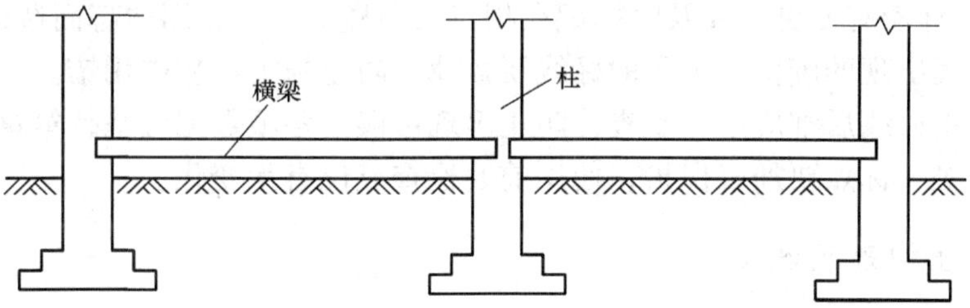

图 2-15　设横梁引测基础轴线

3. 设备基础的抄平放线

（1）基础放线　设备基础的放线与柱基础的放线方法基本相同。小的设备基础相当于独立柱基础，大的设备基础相当于一栋建筑物，要测设出各轴线控制桩，有的还要设置龙门板，螺栓组较多的要设螺栓中线桩，以满足支模、安装螺栓、安放铁件的需要。

（2）基础上层放线设备　基础上层放线指的是支模过程中利用各轴线桩来确定基础顶面螺栓、孔洞、隔墙、沟道的位置。基础主轴线确定以后，其他各中线都应以主要轴线为依据来划分细部尺寸。

（3）龙门板的设置　如果基础顶面高于定位桩，利用定位桩不便支模投线，或螺栓中线较多，可设置龙门板。

（4）模板及螺栓抄平　混凝土设备基础拆模后的允许偏差：坐标（纵横轴线）为 ±20mm，平面标高为（+0，-20mm）；预埋地脚螺栓标高为（+20mm，-0）；中心距为 ±2mm；预埋地脚螺栓孔中心线位置为 ±10mm；深度尺寸为（+20mm，-0）；孔铅直度为 10mm。螺栓平面位置的布置及标高测量是一项细致的工作，因螺栓错位造成设备无法安装者不乏其例。所以在支模后浇筑混凝土前，对基础平面尺寸及标高进行检查是一道很必要的工序。

（5）基础拆模后的抄平放线　基础拆模后要及时投线抄平。根据轴线控制桩用经纬仪或拉线的方法把各轴线、中线都测设在基础顶面上，并检查各螺栓位置是否正确，发现超过允许偏差而影响设备安装者要及时处理。

对框架式或平台式设备基础，要将轴线投测到平台上，为设备安装提供依据。

在基础四角立面上测设一条标高线，该标高线宜比基础顶面设计标高低5cm或10cm，并标注标高数值。

对于重要的设备基础，为了在施工过程中能保存好中线标志，应在中线位置埋设标板，然后投线。如联动生产线的基础轴线，重要设备的纵横轴线，结构复杂的工业炉基础，环形设备基础的中心点等轴线位置，都应埋设钢质标板。标板形式可参考图2-16，投线后在标板上用钢冲凿出明显标记。

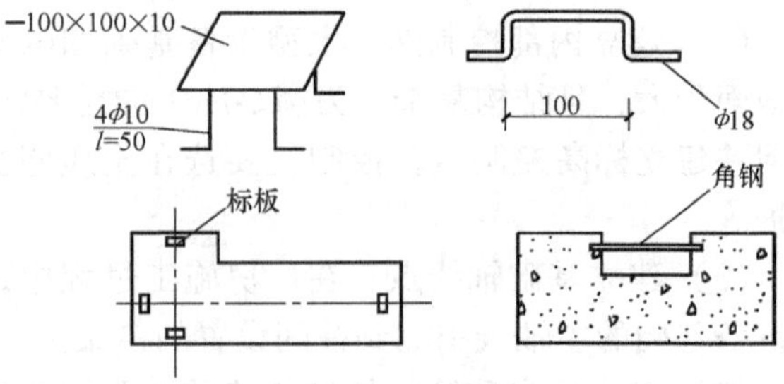

图2-16　预埋板形式

4. 抄平放线工作中的注意事项

1）认真熟悉图样，坚持按图施工。如已完成的工序出现偏差，仍以图示尺寸进行放线。设计若有变更，要及时标记在相应的图样上，防止因遗忘而造成错误。

2）定位过程出现的废桩、无用的标线要毁掉，防止施工过程中用错。

3）每次抄平放线后都应进行复查，防止出现错误。各项数据应坚持笔算，避免心算。

4）各种标桩、标点要加以保护，使用前要检查点位有无变化。

四、水处理构筑物测量

（一）进水构筑物施工测量

（1）开槽　一般情况下，进水部分是污水处理厂最深的构筑物。进水构筑物一般由进水井、粗格栅、进水泵房、细格栅、沉砂池、出水井等几个部分组成，内部布满渠道、管道和设备，结构十分复杂。

放线之前，测量人员应熟悉施工组织设计或基坑开挖及支护方案，根据方案要求算出开槽线。进水构筑物的各部分轴线十分复杂，测量人员应仔细研究图样，找出主要轴线，认真计算各轴线之间的关系，然后根据已知控制桩用极坐标法测设轴线和开槽线。

挖至槽底时，应向槽底引测两个以上水准点，每个水准点应至少观测三次，三次的标高差不应大于3mm，并取平均值使用。为保证标高桩稳固，严禁将标高桩埋设在边坡上，而应埋在槽底的空位上，深度至少在500mm以上，并用混凝土浇筑固定，桩顶应略低于槽底，并采取一定保护措施。当基坑降水时，应加大对标高桩的复测频率。

为保证施工安全，必须对基坑进行变形观测。

（2）基础　将构筑物主轴线投测到槽底，并根据主轴线放出垫层边线。沿边线每隔5～10m测设一个标高桩，供模板安装使用。

空层浇筑完成后，用正倒镜分中法将主轴线投测到垫层上，并对轴线进行几何关系检验，合格后弹出轴线和基础模板边线。

左轴线上每隔 5 ~ 10m 测设一个标高点，在标高点上标出模板顶面的上返数。由于污水处理构筑物有抗渗要求，墙体与筏板分界处不能留施工缝，筏板模板完成后，还应测设出墙体吊模轴线和边线。

（3）墙体　用经纬仪将墙体主轴线投测到筏板上，并根据主轴线放出其他次轴线位置，再根据轴线弹出模板边线。

构筑物内复杂的轴线是根据主轴线测设出来的，因此必须保证主轴线的测设精度。其他次轴线测设时，应直接从主轴线引测，严禁用其他次轴线引测，以防止误差积累。

筏板以上墙体有大量预留洞、预埋管以及预埋件，结构非常复杂。测设前，测量人员要认真熟悉图样，找出各预埋、预留位置与轴线的关系，核对与之对接的管道标高，并根据这些关系，将其测设于设计位置，保证标高偏差在 ±3mm 以内，中线偏差不大于 5mm。

进水构筑物中有大量预留闸槽，槽中有预埋钢板。为保证顺利安装闸门，两闸槽之间的距离和闸槽宽度应比闸板相应尺寸稍大。闸槽的轴线偏差不应大于 5mm，标高偏差应在 ±3mm以内，垂直度应控制在 $H/1000$ 之内，且不大于 20mm。

绝大部分构筑物混凝土是清水混凝土，混凝土外观十分重要，尤其是地表以上部分更应严格控制墙体垂直度、平整度。高度小于 5m 的墙体，垂直度偏差应在 8mm 以内；5 ~ 20m 之间的墙体，垂直度偏差不应大于 $1.5H/1000$（H 为池壁高度）。一般墙体表面平整度不应大于 8mm，轨道面平整度不大于 5mm。

（4）旋流沉砂池　旋流沉砂池靠重力集砂，锥形池底是集砂的关键。混凝土浇筑前，应在外墙模板和芯模上测设出高度标志。浇筑时，操作工人可根据标志挂线找坡。

（二）沉淀构筑物施工测量

污水处理厂的沉淀构筑物有初沉池和二沉池两种类型，二者除功能不同之外，施工工艺基本相同。沉淀构筑物多为圆形，中心进水，周边出水，有平底式和锥底式两种。平底式沉淀池施工比较简单，锥底式沉淀池施工相对复杂。

用极坐标法测设出池中心后，应向外设方向桩，以方便测设池内结构的方向。

（1）锥形池底　放线前，应将锥底按经线和纬圆分成梯形方格，随着纬圆半径的减小，可适当减少网格数量。施工人员可在方格交点之间挂线进行标高和坡度控制。

沉淀池用刮泥机或刮吸泥机清理池底污泥，对池底标高和平整度要求较高。测设沉淀池底板标高时，应将池底精确分格，严格进行标高控制。

（2）池底管道　沉淀池通过地下管道将水送入中心导流洞，再通过导流洞将水送入沉淀池。池底管道放线前，应先计算出管道中线方向桩之间的夹角 α，将经纬仪置于池体中心，拨角度 α 或（$360° - \alpha$），测设出管道中线。根据管底标高、设计坡度，每隔 10m 在管槽线两侧测设成对标高桩，以控制管道开槽深度和坡度。

当管道浇筑混凝土包封时，测量人员应跟踪监测管道标高变化情况，发现漂浮应立即采取措施。

（3）杯口　杯口是浇筑水池底板时为墙体预留的凹槽，以安装预制墙板或现浇墙体。沉淀池墙体杯口平面呈环形，应重点控制杯口底面标高和中线。应用上返数的方法在垫层或已浇筑好的底板上测设出杯口模板顶面标高，模板安装完成后，还应复核模板标高，尤其是内模底边标高，其误差应控制在0～-5mm。杯口圆顺程度对墙体施工有一定影响，必须认真测设，保证轴线偏差不大于8mm。

(4) 墙体　沉淀池的墙体有预应力整体墙体和设变形缝的分块墙体两种。整体墙体必须保证墙体直径和垂直度，分块墙体除必须保证直径和垂直度外，还要保证变形缝竖直方向垂直和水平方向向心。沉淀池的半径通常较大，加上有些池体呈锥形，用钢卷尺量取池体半径时须加入高差、温度及尺长改正，量距十分麻烦，且精度较低，因此应使用测距仪或全站仪测设池体半径。池壁直径误差必须控制在±20mm之内，高度小于等于5m的墙体，垂直度应控制在8mm以内，大于5m且小于等于20m的墙体垂直度应控制在1.5H/1000以内。

如中心处有障碍或池体中心与池壁高低悬殊，测设池壁位置有困难时，可选距离池壁较近的控制桩，用三角函数原理测设池壁上的点。

如图2-17所示，A、B为控制桩，O为池体中心，C为池壁上的待测设点，四点坐标已知。用坐标反算法分别计算出α_{AB}、α_{AO}、D_{AO}、D_{AC}，$\alpha=|\alpha_{AO}-\alpha_{AB}|$，$\beta=\arccos[(D_{AO}^2+D_{AC}^2-R^2)/(2D_{AO}D_{AC})]$。

将仪器置于控制桩A，后视控制桩B，拨角度$\alpha\pm\beta$，量距D_{AC}，即得到池壁上的C点。若用全站仪测设，只需输入测站点、后视点、待测设点的坐标即可开始观测，而不需手工计算。

沉淀池的集水槽挑梁与池壁相连，轴线指向池体中心。将经纬仪置于沉淀池中心，根据挑梁的起始方向，按挑梁间的夹角逐个测设出挑梁轴线，每拨一个挑梁轴线后应重新后视一次。

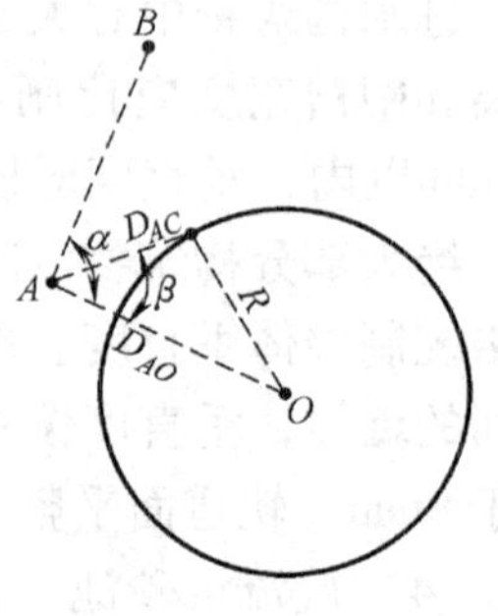

图2-17　池壁测设

轨道平面标高要求较高，应加大该处标高桩的密度，并提高精度。

（三）生物处理构筑物施工测量

(1) 开槽　生物池或曝气池的平面尺寸和深度较大，用钢卷尺量距十分困难，应采用全站仪进行测设。根据已知控制桩和构筑物轴线坐标，用极坐标法测设出池体的主要轴线，延长轴线并设置临时控制桩。生物池槽底面积很大，为准确控制槽底标高，应将槽底划分为10m方格网，并在网格交点上打桩，在桩上测设出等高度线或等下返数线，供挂线清理使用。

(2) 底板　生物处理构筑物一般分若干个单元，各单元之间设变形缝，通常采用跳单元施工的方法，必须控制好各独立施工单元的底板、墙体及曝气管槽的轴线，以使它们能准确、直顺地衔接。

应在每个变形缝和导流墙轴线的两端设临时控制点，以便对这些轴线进行有效控制。由于面积太大，应根据需要将若干标高点引测至槽底，每个标高点至少应观测3次，之间差值不得大于3mm，并取平均值使用。底板混凝土浇筑完成后，应及时将标高点引测至底板上。

生物池混凝土有抗渗要求，墙体与底板分界处也不能设施工缝，应在浇筑底板的同时浇筑不小于200～300mm高的墙体，其吊模放线方法与进水构筑物相同。

(3) 通道板和曝气管槽　为保证分单元施工的通道板、曝气管槽等最终直顺衔接，每单元的通道板和曝气管槽都应严格进行轴线和边线的测设。侧模安装前用临时控制桩将通道板、曝气管槽的边线精确地测设出来，模板安装完毕后，用经纬仪校核，误差应控制在5mm之内。测设同一轴线各单元上的通道板和曝气管槽时，应使用同一对控制桩。模板外侧边缘每隔5～10m应测设一个顶面标高点，供混凝土浇筑和抹面使用。浇筑过程中应进行必要的监控测量，发现超差应及时纠正，并防止边缘呈波浪形，影响美观。

沉淀池、生物池运行过程中加载数万吨水，基础荷载很大，有必要进行沉降观测，了解其变形过程。除日常的变形观测外，在构筑物加水、泄水后也应进行观测。

第三章

土石方工程与地基处理

土石方工程是环境工程土建施工的主要工程之一，它包括土石方的开挖、回填、运输、平整等施工过程。工程所需的劳动量和机械动力消耗很大，是影响施工进度、成本及工程量的主要因素。

土石方工程的特点：

1）影响因素多且施工条件复杂。土是天然物质，种类多，成分复杂，性质各异。组织施工直接受到所在地区的地形、地物、水文地质以及气候诸多条件的影响，在繁华的城市中施工，还会受到施工环境的影响。

2）施工量大，施工面积广且劳动繁重。如管道施工属线型工程，长度常达数十千米，某些大型污水处理工程，在场地平整和大型基坑开挖中，土石方施工工程量可达数十万到百万立方米。

3）质量要求高，与相关施工过程配合紧密。土石方施工，不仅要求标高和断面准确，也要求土体有足够的强度和稳定性，常需施工排水、沟槽支撑和基坑护壁、坚硬岩土的爆破开挖等施工过程密切配合。

第一节　土的分类与性质

地球表面 30 ~ 80km 厚的范围是地壳。地壳中原来整体坚硬的岩石，经风化、剥蚀、搬运、沉积，形成固体矿物、水和气体的集合体称为土。

不同的风化作用，形成不同性质的土。风化作用有下列三种：

1）物理风化。岩石受风、霜、雨、雪的侵蚀，温度、湿度变化，不均匀膨胀与收缩，使岩石产生裂缝，裂解为碎块，这种风化作用，只改变颗粒的大小与形状，不改变矿物成分，称为物理风化作用。由物理风化生成的土为粗颗粒土，如碎石、卵石、砾石、砂土等，呈松散状态，总称为无黏性土。

2）化学风化。岩石碎屑与水、氧气和二氧化碳等物质接触，使岩石碎屑发生化学变化，改变了原来组成矿物的成分，产生一种新的成分——次生矿物，土的颗粒变得很细，如黏土、粉质黏土，总称为黏性土。

3）生物风化。由动植物和人类活动对岩体造成的破坏，称为生物风化。例如开山、打隧道等活动形成的土，其矿物成分没有变化。

一、土的组成

土是由颗粒（固相）、水（液相）和气（气相）所组成的三相体系。各种土的颗粒大小和矿物成分差别很大，各组成部分的数量比例也不相同，土粒与其周围的水又发生复杂的作用。因此，要研究土的工程性质就必须了解土的组成。

（一）土的固体颗粒

（1）土的颗粒级配 天然土由无数大小不同的土粒所组成，通常把大小相近的土粒合并为一组，称为粒组。不同的粒组具有不同的性质。工程上采用的粒组为六大粒组，即漂石、卵石、圆砾、砂粒、粉粒及黏粒，各粒组进一步细分的粒径范围见表 3-1。

表 3-1 土粒粒组的划分

粒组名称	粒径范围/mm	一般特性
漂石或块石颗粒	>200	透水性大，无黏性，无毛细水
卵石或碎石颗粒	200～20	透水性大，无黏性，无毛细水
圆砾或角砾颗粒	20～2	透水性大，无黏性，毛细水上升高度不超过粒径大小
砂粒	2～0.05	易透水，当混入云母等杂物时透水性减小，而压缩性增加；无黏性，遇水不膨胀，干燥时松散；毛细水上升高度不大，随粒径变小而增大
粉粒	0.05～0.005	透水性小；湿时稍有黏性，遇水膨胀小，干时稍有收缩；毛细水上升高度较大，且速度较快，极易出现冻胀现象
黏粒	<0.005	透水性很小；湿时有黏性、可塑性，遇水膨胀大，干时收缩显著；毛细水上升高度大，且速度较慢

土粒大小及其组成，通常以各粒组中土粒质量占干土总质量的百分数表示，称为土的颗粒级配。

为了确定土的级配，可用筛分法和比重计法测定，前者适用于粒径大于 0.075mm 的土，后者适用于粒径小于 0.075mm 的土。

根据土粒分析试验结果，在半对数坐标纸上，以纵坐标表示小于某粒径的土粒含量百分比，横坐标表示粒径（用对数坐标），绘出如图 3-1 所示的颗粒级配曲线。如果曲线较陡，则表示粒径大小相差不大，土粒较均匀；反之，曲线平缓，则表示粒径大小相差悬殊，土粒不均匀，级配良好。

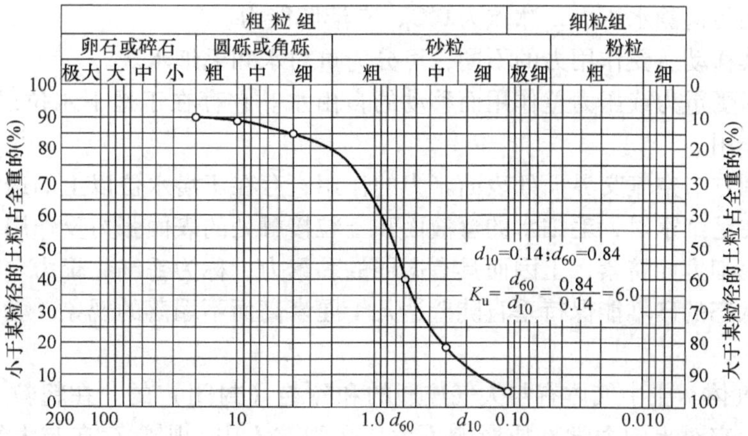

图 3-1 颗粒级配累积曲线示意图

对于级配良好的土，粗颗粒间的空隙被细颗粒所填充，土的密实度较好，相应的地基土的强度和稳定性也较好，透水性和压缩性也较小。

（2）土粒的矿物成分　土的固体颗粒是由矿物所组成的，它构成土的骨架。组成固体颗粒的矿物有原生矿物、次生矿物和有机化合物。

碎石土和砂土颗粒由原生矿物所组成，即由石英、长石和云母等组成。

粉粒的矿物成分是多样的，主要是石英和难溶的盐类 $CaCO_3$、$MgCO_3$ 等颗粒。

黏粒的矿物成分主要有黏土矿物、氧化物、氢氧化物和各种难溶盐类。它的颗粒很小，在电子显微镜下观察到的形状为鳞片状或片状。黏土矿物依据晶片结合情况不同，有蒙脱石、伊利石和高岭石三类。

黏粒组除上述矿物外，还有腐殖质等胶态物质，它的颗粒很微小，能吸附大量水分子。由于土中胶态腐殖质的存在，使土具有高塑性、膨胀性和黏性，这对于工程建设是不利的。

（二）土中水和气体

（1）土中水　土中水可以处于液态、固态和气态。当土中温度在0℃以下时，土中水冻结成冰，形成冻土，其强度增大。但冻土融化后，强度急剧降低。至于土中气态水，对土的性质影响不大。

土中液态水可分为结合水和自由水。

1）结合水。结合水是指受分子吸引力吸附于土粒表面的土中水。由于黏粒表面一般带有负电荷，使土粒周围形成电场，在电场范围内的水分子和水溶液中的阳离子（如 Na^+、Ca^{2+}、Al^{3+}等）一起被吸附在土粒表面。

结合水又可分为强结合水和弱结合水。

强结合水指紧靠土粒表面的结合水。它没有溶解能力，不能传递静水压力，只有在105℃时才蒸发。这种水性质接近固体，重力密度约为 $12 \sim 24kN/m^3$，冰点为 $-78℃$，具有极大的黏滞度、弹性和抗剪强度。

弱结合水指存在于强结合水外围的一层结合水。它仍不能传递静水压力，但水膜较厚的弱结合水能向邻近较薄水膜缓慢转移。黏性土中含有较多的弱结合水时，使土具有一定的可塑性。

2）自由水。自由水是存在于土粒表面电场范围以外的水。它的性质与普通水一样，服从重力定律，能传递静水压力，冰点为0℃，有溶解能力。

自由水按其移动所受作用力的不同，可分为重力水和毛细水。

重力水是指受重力或压力差作用而移动的自由水。它存在于地下水位以下的透水层中，对土粒有浮力作用。

毛细水受到它与空气交界面处表面张力的作用，存在于潜水位以上的透水土层中。当土孔隙中局部存在毛细水时，毛细水的弯液面和土粒接触处的表面张力反作用于土粒，使土粒之间由于这种毛细力而挤紧，土因而具有微弱的黏聚力，称为毛细黏聚力。在施工现场常常可以看到稍湿状态的砂堆能保持垂直陡壁达几十厘米高而不塌落的现象，就是因为具有毛细黏聚力的缘故。

（2）土中气体　土中气体有与大气连通的和隔绝（封闭）的。在粗粒土中常见到与大气连通的空气，它对土的力学性质影响不大。在细粒土中，则常存在与大气隔绝的封闭气泡，它在外力作用下具有弹性，并使土的透水性减小。

二、土的分类

(一) 地基土的分类

GB 50007—2011《建筑地基基础设计规范》规定：粗粒地基土按颗粒级配分类，细粒地基土按塑性指数分类。

(1) 岩石 岩石是指颗粒间牢固联结，呈整体或具有节理、裂缝的岩体。

1) 按坚固程度分为：硬质岩石；软质岩石。

2) 按风化程度分为：微风化；中等风化；强风化。

工程性质：微风化的硬质岩石为最优良的地基土；强风化的软质岩石工程性质较差。

(2) 碎石土 粒径 $d>2\text{mm}$ 的颗粒含量超过全重 50% 的地基土称碎石土。

碎石土粒径由大至小分漂石、块石、卵石、碎石、圆砾、角砾六种，见表 3-2。

表 3-2 碎石土种类

土的名称	颗粒形状	粒组含量
漂石	圆形及亚圆形为主	粒径大于 200mm 的颗粒超过全重 50%
块石	棱角形为主	
卵石	圆形及亚圆形为主	粒径大于 20mm 的颗粒超过全重 50%
碎石	棱角形为主	
圆砾	圆形及亚圆形为主	粒径大于 2mm 的颗粒超过全重 50%
角砾	棱角形为主	

工程性质：碎石土根据骨架颗粒含量占总重的百分比、颗粒的排列、可挖性与可钻性，分为密实、中密和稍密三等。常见的碎石土强度大、压缩性小、渗透性大，为良好的地基土。

(3) 砂土 粒径 $d>2\text{mm}$ 的颗粒含量最多不超过全重 50%，且 $d>0.075\text{mm}$ 的颗粒超过全重 50% 的地基土，称砂土。

砂土粒径由大到小分为砾砂、粗砂、中砂、细砂、粉砂五种，见表 3-3。

表 3-3 砂土种类

土的名称	粒组含量
砾砂	粒径大于 2mm 的颗粒占全重 25% ~50%
粗砂	粒径大于 0.5mm 的颗粒占全重 50%
中砂	粒径大于 0.25mm 的颗粒占全重 50%
细砂	粒径大于 0.075mm 的颗粒占全重 85%
粉砂	粒径大于 0.075mm 的颗粒占全重 50%

工程性质：常见的砾砂、粗砂、中砂为良好地基土；粉细砂要具体分析，若为饱和疏松状态，则为不良地基土。

(4) 粉土 粒径 $d>0.075\text{mm}$ 的颗粒含量不超过全重 50%，且塑性指数 $I_p \leqslant 10$ 的地基土，称为粉土。粉土的性质介于黏性土与砂土之间。根据 $d<0.005\text{mm}$ 的颗粒含量是否超过全重 10%，分为黏质粉土与砂质粉土。

密实度：根据天然孔隙比的大小，粉土的密实度可分为密实、中密、稍密三等。

湿度：粉土的湿度根据饱和度分为稍湿、很湿、饱和三等。

工程性质：密实粉土性质好；饱和稍密的粉土地震时易产生液化，为不良地基土。

（5）黏性土　塑性指数 $I_p>10$ 的地基土，称为黏性土。其中塑性指数 $I_p>17$ 的为黏土；$10<I_p\leqslant17$ 的为粉质黏土（即亚黏土）。

工程性质：黏性土随其含水量的大小，处于不同的状态。密实硬塑状态的黏性土为良好地基土；疏松流塑状态的黏性土为软弱地基土。

（6）人工填土　由人类活动堆填形成的各类土称为人工填土。

1）按组成物质可分为以下三种：

素填土：由碎石、砂土、粉土、黏性土等组成的填土。经分层压实的统称为压实填土，这种人工填土不含杂物。

杂填土：含有建筑垃圾、工业废料、生活垃圾等杂物的填土。

冲填土：由水力冲填泥沙形成的沉积土。

2）按堆积年代可分为以下两种：

老填土：黏性土填筑年代超过 10 年，粉土超过 5 年。

新填土：黏性土填筑年代小于 10 年，粉土小于 5 年。

工程性质：人工填土因堆积年代很新，通常工程性质为不良，其中压实填土相对稍好。杂填土因成分杂，分布很不均匀，工程性质最差。

（二）土的工程分类

土方工程施工和工程预算定额中，按土开挖的难易程度将其分为松软土、普通土、坚土、砂砾坚土、软石、次坚石、坚石、特坚硬石 8 类 16 级。土的工程分类见表 3-4。

表 3-4　土的工程分类

土的分类	土的级别	土的名称	坚实系数 f	密度/(kg/m³)	开挖方法及工具
一类土（松软土）	Ⅰ	砂土、粉土；冲积砂土层；疏松的种植土；淤泥（泥炭）	0.5～0.6	600～1500	用锹、锄头挖掘
二类土（普通土）	Ⅱ	粉质黏土；潮湿的黄土；夹有碎石、卵石的砂；粉土混卵（碎）石；种植土，填土	0.6～0.8	1100～1600	用锹、锄头挖掘，少许用镐翻松
三类土（坚土）	Ⅲ	软及中等密实黏土；重粉质黏土；砾石土；干黄土；含有碎石、卵石的黄土；粉质黏土；压实的填土	0.8～1.0	1750～1900	主要用镐，少许用锹、锄头挖掘，部分用撬棍
四类土（砂砾坚土）	Ⅳ	坚硬密实的黏性土或黄土；含碎石、卵石的中等密实的黏性土或黄土；粗卵石；天然级配砂石；软泥灰岩	1.0～1.5	1900	整个先用镐、撬棍，后用锹挖掘，部分用楔子及大锤
五类土（软石）	Ⅴ～Ⅵ	硬质黏土；中密的页岩、泥灰岩、白垩土；胶结不紧的砾岩；软石灰岩及贝壳石灰岩	1.4～4.0	1100～2700	用镐或撬棍、大锤挖掘，部分使用爆破方法

（续）

土的分类	土的级别	土 的 名 称	坚实系数 f	密度/(kg/m³)	开挖方法及工具
六类土（次坚石）	Ⅶ ~ Ⅸ	泥岩；砂岩；砾岩；坚实的页岩；泥灰岩；密实的石灰岩；微风化安山岩；片麻岩及正常岩	4.0 ~ 10.0	2200 ~ 2700	用爆破方法开挖，部分用风镐
七类土（坚石）	Ⅹ ~ Ⅻ	大理岩；辉绿岩；粉岩；粗、中粒花岗岩；坚实的白云岩、砂岩、砾岩、片麻岩、石灰岩；微风化安山岩；玄武岩	10.0 ~ 18.0	2500 ~ 3100	用爆破方法开挖
八类土（特坚石）	ⅩⅢ ~ ⅩⅥ	安山岩、玄武岩；花岗片麻岩；坚实的细粒花岗岩、闪长岩、石英岩、辉长岩、辉绿岩、玢岩、角闪岩	18.0 以上	2700 ~ 3300	用爆破方法开挖

注：1. 土的级别相当于一般 16 级土石分类级别。
2. 坚实系数 f 相当于普氏岩石强度系数。

三、土的性质

（一）土的工程性质

（1）土的天然含水量　在天然状态下，土中水的质量与固体颗粒质量之比的百分率称为土的天然含水量。

含水量是标示土的湿度的一个重要物理指标。天然土层中的含水量变化范围很大，与土的种类、埋藏条件及其所处的自然地理环境等有关。一般来说，同一类土，当其含水量增大时，则其强度就降低。

（2）土的密度　土的密度有天然密度、干密度、饱和密度之分。

土的天然密度是指土在天然状态下单位体积的质量。

土的干密度是指土的固体颗粒质量与总体积的比值。

土的饱和密度是指土的孔隙中充满水时单位体积的质量。

（3）土的相对密度　土粒的质量与同体积的纯水的质量之比，称为土的相对密度。它取决于土中的矿物成分，它的数值一般为 2.6 ~ 2.8，有机质土为 2.4 ~ 2.5，泥炭土为 1.5 ~ 1.8。同一类土的相对密度变化幅度很小，例如砂土的相对密度为 2.65 ~ 2.69，粉土的相对密度为 2.70 ~ 2.71，粉质黏土的相对密度为 2.72 ~ 2.73，黏土的相对密度为 2.74 ~ 2.76。

（4）土的孔隙比和孔隙率　孔隙比是土的孔隙体积与固体的体积之比；孔隙率是土的孔隙体积占总体积的百分比，是反映土的密实程度的指标。孔隙比和孔隙率越小土越密实。一般孔隙比小于 0.6 的土是密实的低压缩性土，大于 1.0 的土是疏松的高压缩性土。

（5）土的可松性　土的可松性为土经挖掘以后，组织破坏，体积增加的性质。在自然状态下的土经开挖后体积因松散而增加，称为最初可松性；以后经压实，仍不能恢复原来的体积，称为最终可松性。松散土的体积与天然状态下原土的体积之比称为土的可松性系数。在土方工程中，最初可松性系数 K_p 是用于计算开挖土方装运车辆及挖土机械的重要参数；最终可松性系数 K'_p 是计算填方时所需挖土方量的重要参数。各类土的可松性系数见表 3-5。

表3-5 各种土的可松性系数

土的类别	可松性系数	
	K_p	K'_p
一（种植土除外）	1.08～1.17	1.01～1.03
一（植物性土、泥炭）	1.20～1.30	1.03～1.04
二	1.14～1.28	1.02～1.05
三	1.24～1.30	1.04～1.07
四（泥炭岩、蛋白石除外）	1.26～1.32	1.06～1.09
四（泥炭岩、蛋白石）	1.33～1.37	1.06～1.09
五～七	1.30～1.45	1.10～1.20
八	1.45～1.50	1.20～1.30

注：最初体积增加百分比 $=(V_2-V_1)/V_1\times100\%$；最后体积增加百分比 $=(V_3-V_1)/V_1\times100\%$；$K_p$ 为最初可松性系数，$K_p=V_2/V_1$；K'_p 为最终可松性系数，$K'_p=V_3/V_1$；V_1 为开挖前土的自然体积；V_2 为开发后土的松散体积；V_3 为运至填方处压实后的体积。

（6）土的压缩性　土的压缩性是指用挖掘的土回填，再经过压实之后，土体积被压缩的性质。一至三类土的压缩率见表3-6。

土的压缩性可用土的压缩系数 α（MPa^{-1}）表示。α 可用压缩试验来计算：

$$\alpha=\frac{e_1-e_2}{p_2-p_1} \tag{3-1}$$

式中　e_1——压力 p_1 下土的孔隙比；

e_2——压力 p_2 下土的孔隙比；

p_1——e_1 下土的压缩试验压力，为100kPa；

p_2——e_2 下土的压缩试验压力，为200kPa；

压缩系数 α 划分为低、中、高压缩性，并按以下规定进行评价：

1）当 $\alpha_{1-2}<0.1MPa^{-1}$ 时，为低压缩性土。

2）当 $0.1MPa^{-1}\leqslant\alpha_{1-2}\leqslant0.5MPa^{-1}$ 时，为中压缩性土。

3）$\alpha_{1-2}>0.5MPa^{-1}$ 时，为高压缩性土。

表3-6 各种土的可压缩性参考数值

土的类别		土壤压缩率（%）	每立方米松散土压实后的体积/m^3	土的类别		土壤压缩率（%）	每立方米松散土压实后的体积/m^3
一、二类土	种植土	20	0.80	三类土	天然湿度黄土	12～17	0.85
	一般土壤	10	0.90		一般土壤	5	0.95
	砂土	5	0.95		干燥坚实土壤	5～7	0.94

注：1. 土壤压实率 $=(\gamma_2-\gamma_1)/\gamma_1\times100\%$。式中，$\gamma_1$ 为原状土的干质量密度（g/cm^3）；γ_2 为压实后土的干质量密度（g/cm^3）。

2. 深层埋藏的潮湿胶土，开挖暴露后水分散失，碎裂成20～50mm的小块，不易压碎，填筑压实后有5%的胀余。

3. 胶结密实砂砾土及含石量接近30%的坚实亚黏土或粉质黏土有3%～5%的胀余。

(7) 土的休止角(安息角)　土的休止角是指在某一状态下的土体可以稳定的坡度，其坡度值如表3-7所列。

表3-7　土的休止角

土的名称	干的		湿润的		潮湿的	
	度数	高度与底宽比	度数	高度与底宽比	度数	高度与底宽比
砾石	40	1:1.25	40	1:1.25	35	1:1.50
卵石	35	1:1.50	45	1:1.00	25	1:2.75
粗砂	30	1:1.75	32	1:1.50	27	1:2.00
中砂	28	1:2.00	35	1:1.50	25	1:2.25
细砂	25	1:2.25	30	1:1.75	20	1:2.75
重粉质黏土	45	1:1.00	35	1:1.50	15	1:3.75
粉质黏土、轻黏土	50	1:1.75	40	1:1.25	30	1:1.75
黏质粉土	40	1:1.25	30	1:1.75	20	1:2.75
腐殖土	40	1:1.25	35	1:1.50	25	1:2.25
填方的土	35	1:1.50	45	1:1.00	27	1:2.00

(8) 土的渗透性　土的渗透性是指土体被水透过的性能。土的渗透性用土的渗透系数——单位时间内水穿透土层的能力，以m/d表示。根据土的渗透系数不同，可分为透水性土(如砂土)和不透水性土(如黏土)，它影响施工降水与排水的速度。土的渗透性取决于土的形成条件、颗粒级配、胶体颗粒含量和土的结构等因素。

法国学者达西根据砂土渗透试验，发现如下关系(达西定律)：

$$v = Ki \tag{3-2}$$

式中　v——渗透水流的速度，单位为m/d；

K——渗透系数，单位为m/d；

i——水力坡度。

(9) 土的抗剪强度　确定地基承载力、评价地基稳定性、分析边坡稳定性以及计算挡土墙的土压力，都需要研究土的抗剪强度。土的抗剪强度是土抵抗剪切破坏的能力，其大小可由剪切试验求得。

(10) 土的侧土压力　土的侧土压力又称挡土墙压力，简称土压力，是指各种用途的挡土墙、地下构筑物的墙壁和池壁、地下管沟的侧壁、工程施工中沟槽的支撑、顶管工作坑的后背等受到的土从侧向施加来的压力。

(二) 土的物理性质

土的基本物理性质指标见表3-8。

表 3-8 土的基本物理性质指标

指标名称	符号	单位	物理意义	表达式	附注
密度	ρ	t/m^3	单位体积土的质量，又称质量密度	$\rho = m/V$	由试验方法（一般用环刀法）直接测定
重度	γ	kN/m^3	单位体积土所受的重力，又称重力密度	$\gamma = W/V$ 或 $\gamma = \rho g$	由试验方法测定后计算求得
相对密度	d_s		土粒单位体积的质量与4℃时蒸馏水的密度之比	$d_s = m_s/V_s\rho_w$	由试验方法（用比重瓶法）测定
干密度	ρ_d	t/m^3	土的单位体积内颗粒的质量	$\rho_d = m_s/V$	由试验方法测定后计算求得
干重度	γ_d	kN/m^3	土的单位体积内颗粒的重力	$\gamma_d = W_s/V$	由试验方法直接测定
含水量	w	%	土中水的质量与颗粒质量之比	$w = m_w \times 100\% / m_s$	由试验方法（烘干法）测定
饱和密度	ρ_{sat}	t/m^3	土中孔隙完全被水充满时土的密度	$\rho_{sat} = m_s + V_v\rho_w/V$	由计算求得
饱和重度	γ_{sat}	kN/m^3	土中孔隙完全被水充满时土的重度	$\gamma_{sat} = \rho_{sat}g$	由计算求得
有效重度	γ'	kN/m^3	在地下水位以下，土体受到水的浮力作用时土的重度，又称浮重度	$\gamma' = \gamma_{sat} - \gamma_w$	由计算求得
孔隙比	e		土中孔隙体积与土粒体积之比	$e = V_v/V_s$	由计算求得
孔隙率	n	%	土中孔隙体积与土的体积之比	$n = V_v \times 100\% / V$	由计算求得
饱和度	S_r	%	土中水的体积与孔隙体积之比	$S_r = V_w \times 100\% / V_v$	由计算求得

注：表中 W 为土的总重力；W_s 为土的固体颗粒的重力；ρ_w 为蒸馏水的密度，一般取 $\rho_w = 1t/m^3$；γ_w 为水的重度，近似取 $\gamma_w = 10kN/m^3$；g = 重力加速度，取 $g = 10m/s^2$，其余符号意义见本表。

第二节 土石方平衡与调配

一、土石方工程的种类

土石方工程按其施工内容和方法的不同，常有以下几种：

（1）场地平整 场地平整是将天然地面改造成所要求的设计平面时所进行的土方工程施工全过程，往往具有工程量大、劳动繁重和施工条件复杂等特点。因此，在组织场地平整施工前，应详细分析、核对各项技术资料（如实测地形图，工程地质、水文地质勘察资料，原有地下管道、电缆和地下构筑物资料，土方施工图等)，进行现场调查并根据现场施工条件，制定出以经济分析为依据的施工设计。

(2) 浅基础开挖　开挖宽度在3m以内的沟槽或开挖底面积在$20m^2$以内的基坑土方工程。其特点是：要求开挖的标高、断面、轴线准确，土方量少。

(3) 地下工程大型土方开挖　为大型水处理工程、深基础施工等进行的地下大型土方开挖。它涉及降低地下水位、边坡稳定与支护、地面沉降与位移、邻近建筑物（构筑物、道路和各种管线）的安全与防护等一系列问题，因此在土方开挖前，应详细研究各项技术资料，进行专门的施工设计和评审。

(4) 土方填筑　土方填筑是对低洼处用土方分层填平。环境工程上有大型土方填筑和中小型场地基坑、管沟的回填。前者一般与场地平整施工同时进行，交叉施工，后者除小型场地回填外，一般在地下工程施工完毕后再进行，对填筑的土方，要求严格选择好土质，分层回填压实。

二、土方量计算

在土石方工程施工之前，必须计算土石方的工程量，以便选择和确定施工量。但各施工项目的土石方工程的形体有时很复杂，而且非常不规则。一般情况下，应将其划分为一定的几何形状，采用具有一定精度而又和实际情况近似的方法进行计算。

常用的计算主要有：基坑、沟槽土方量计算，场地平整土方量计算，边坡土方量计算与平衡调配等。

(一) 基坑土方量计算

如图3-2所示，基坑土方量的计算，可近似地按棱柱体体积公式计算：

$$V = H(A_1 + 4A_0 + A_2)/6 \tag{3-3}$$

式中　H——基坑深度，单位为m；

A_1、A_2——基坑上下两底面积，单位为m^2；

A_0——基坑中截面面积，单位为m^2。

(二) 沟槽土方量计算

如图3-3所示，沟槽土方量可沿长度方向分段计算。根据选定的断面及两相邻断面间距离，按其几何体积计算区段间沟槽土方量，将各区段计算结果汇总，求得沟槽开挖的总土方量。计算公式：

$$V_1 = L_1(A_1 + 4A_0 + A_2)/6 \tag{3-4}$$

式中　V_1——第一段土方量，单位为m^3；

L_1——第一段的长度，单位为m。

总土方量为各段土方量之和。计算公式：

$$V = V_1 + V_2 + \cdots + V_n \tag{3-5}$$

式中　V_1、V_2、…、V_n——各分段的土方量，单位为m^3；

V——总土方量，单位为m^3。

若该段内沟槽横截面形状、尺寸不变时，其土方量即为该段横截面的面积乘以该段沟槽长度。计算公式：

$$V = AL \tag{3-6}$$

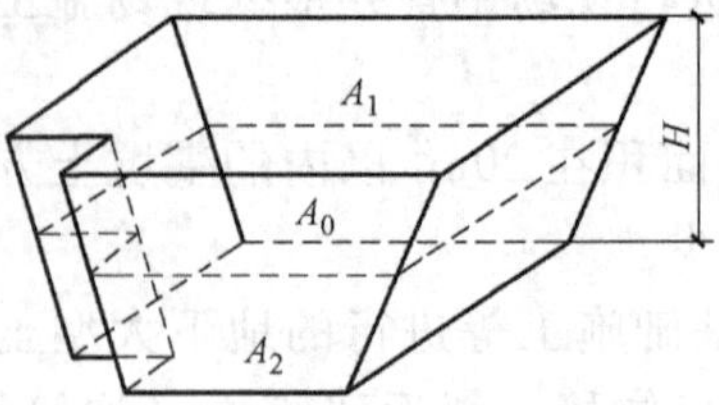

图 3-2 基坑土方量计算

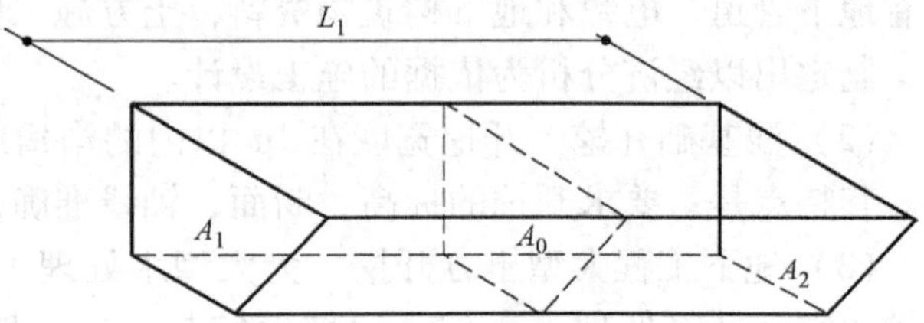

图 3-3 沟槽土方量计算

（三）场地平整土方量计算

场地平整土方量的计算方法，通常有方格网法和断面法。计算可使用专门的工程量计算表。

1. 方格网法

适用于地形平缓或台阶宽度较大的场地，计算精度较高，其计算步骤如下：

（1）划分方格网　根据已有地形图，将整个场地划分成若干个方格网，尽量与测量的纵、横坐标网对应。方格一般采用 20m×20m 或 40m×40m，将设计标高和自然地面标高分别标注在方格点的右上角和右下角。将自然地面标高与设计标高的差值及各角点的施工高度（挖或填）写在方格网的左上角，挖方为（-），填方为（+）。

（2）计算零点位置　在一个方格网内同时有填方或挖方时，要先算出方格网边的零点位置，并标注于方格网上，连接零点就得零线，它是填方区与挖方区的分界线（图 3-4）。

零点的位置按下式计算：

$$x_1 = ah_1/(h_1 + h_2) \quad x_2 = ah_2/(h_1 + h_2) \tag{3-7}$$

式中　x_1、x_2——角点至零点的距离，单位为 m；

a——方格网的边长，单位为 m；

h_1、h_2——相邻两角点的施工高度，单位为 m，均用绝对值。

在实际工作中，为省略计算，常采用图解法直接求出零点，如图 3-5 所示。方法是用尺在各角上标出相应的比例，用尺连接，与方格相交点即为零点。

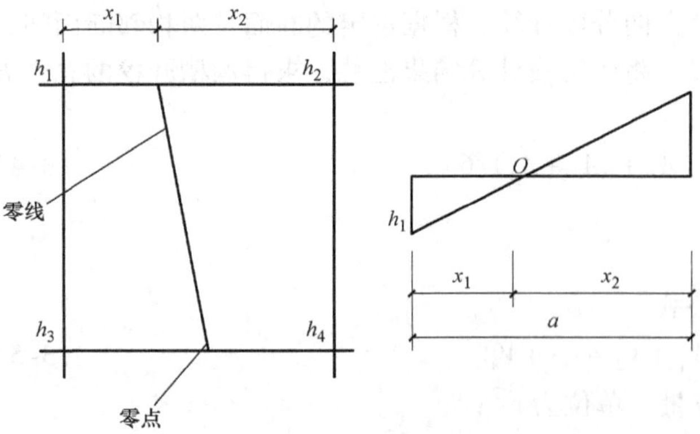

图 3-4 零点位置计算示意图

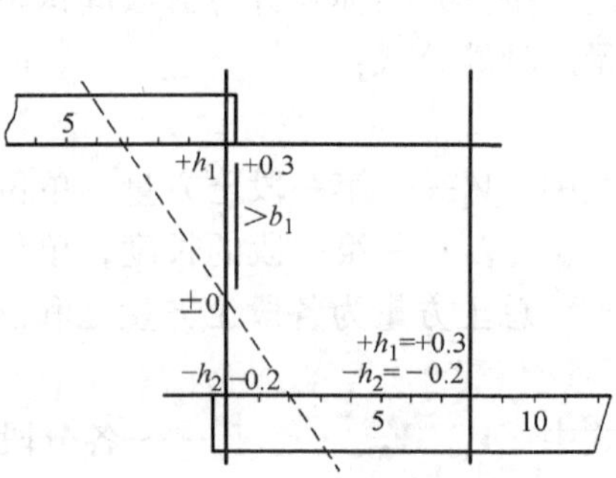

图 3-5 零点位置图解法

（3）计算土方工程量　划分的方格网中，一般有三种类型，应分别计算。

1）方格四个角点全部为挖或填方时（图 3-6），其挖方或填方体积为：

$$V = a^2(h_1 + h_2 + h_3 + h_4)/4 \tag{3-8}$$

式中　　　　a——方格边长，单位为 m；

h_1、h_2、h_3、h_4——方格四个角点挖或填的施工高度，以绝对值代入，单位为 m。

2）方格四个角点中，两个角点是挖方，两个角点是填方时（图 3-7），其挖方或填方体积分别为：

$$V_{挖} = \frac{a^2}{4}[h_1^2/(h_1 + h_4) + h_2^2/(h_2 + h_3)] \tag{3-9}$$

$$V_{填} = \frac{a^2}{4}[h_3^2/(h_2 + h_3) + h_4^2/(h_1 + h_4)] \tag{3-10}$$

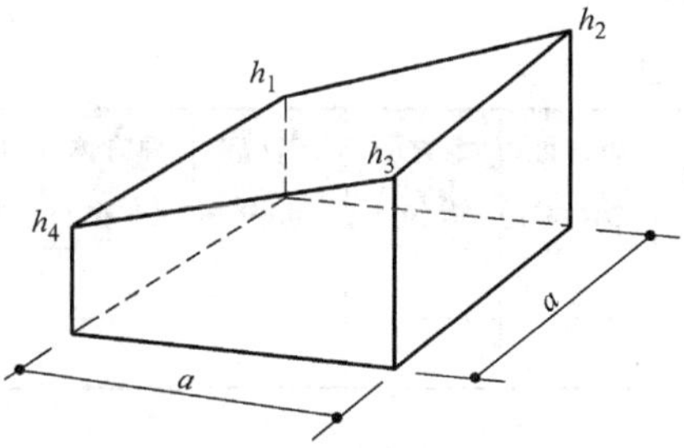

图 3-6　角点全填或全挖

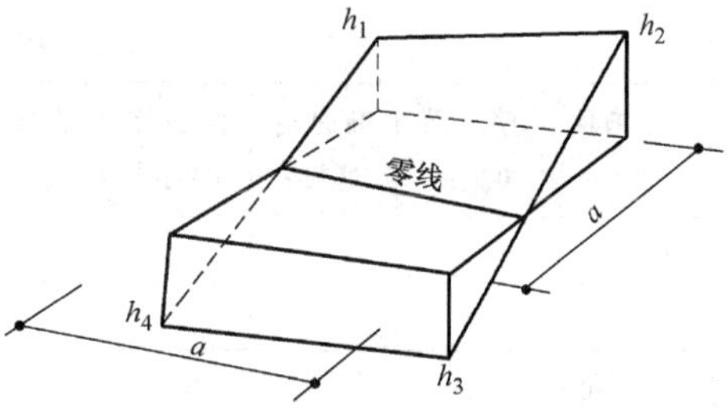

图 3-7　角点两填或两挖

3）方格三个角点为挖（填）方，另一个角点为填（挖）方时（图 3-8），其填方体积为：

$$V_4 = \frac{a^2 h_4^3}{6}(h_1 + h_4)(h_3 + h_4) \tag{3-11}$$

其挖方体积为：

$$V_{1,2,3} = a^2(2h_1 + h_2 + 2h_3 - h_4)/6 + V_4 \tag{3-12}$$

2. 断面法

适用于地形起伏变化较大的地区，或挖填深度较大又不规则的地区，对于长条形的挖方或填方更为方便。计算步骤如下：

（1）划分横断面　根据地形图、布置图，将要平整的场地划分为若干个平行的横断面，划分原则是垂直于等高线或垂直于主要建筑物的边长，各断面的间距可以不等，一般可用 10m 或 20m，在平坦地区可以大些。

（2）画横断面图形　按比例绘制每个横断面（包括边坡断面）的自然断面和设计地面的轮廓线。两轮廓线之间的面积，即为挖方或填方的断面，将所取的每个断面再划分为若干三角形和梯形，如图 3-9 所示。

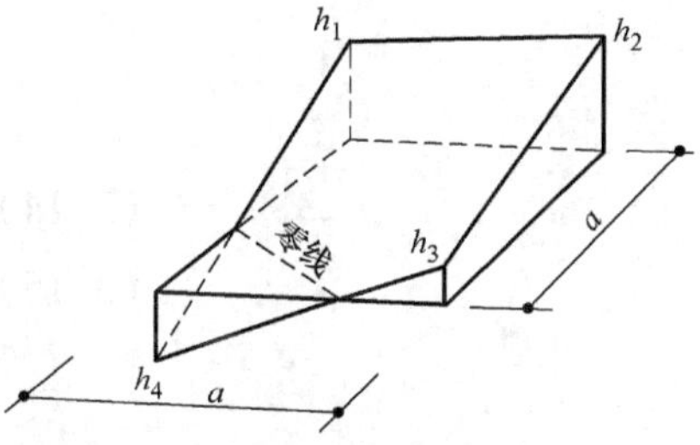

图 3-8　角点一填三挖

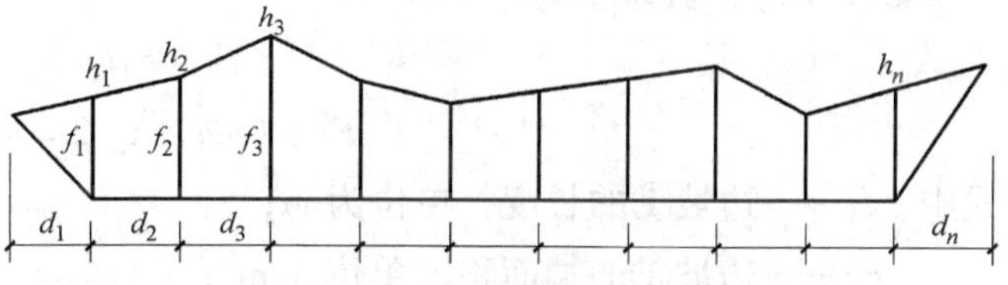

图 3-9　断面法

(3) 计算横断面面积　计算每个断面的挖方或填方断面面积：

$$f_1 = h_1 d_1/2;\ f_2 = (h_1 + h_2) d_2/2;\ f_3 = (h_2 + h_3) d_3/2;\ \cdots$$

某一断面面积为：

$$F_i = f_1 + f_2 + f_3 + \cdots + f_n$$

(4) 计算土方量　根据横断面面积计算土方量。断面面积求出后，即可计算土方体积，设各断面面积分别为 F_1，F_2，…，F_n，相邻两断面间的距离依次为 L_1，L_2，L_3，…，L_{n-1}，则所求土方体积为：

$$V = (F_1 + F_2)L_1/2 + (F_2 + F_3)L_2/2 + \cdots + (F_{n-1} + F_n)L_{n-1}/2 \quad (3\text{-}13)$$

(5) 计算土方总量　按表 3-9 的格式汇总土方量。

表 3-9　土方量汇总

断　面	填方面积/m^2	挖方面积/m^2	断面间距/m	填方体积/m^3	挖方体积/m^3	断　面	填方面积/m^2	挖方面积/m^2	断面间距/m	填方体积/m^3	挖方体积/m^3
Ⅰ—Ⅰ						Ⅲ—Ⅲ					
Ⅱ—Ⅱ						合计					

(四) 边坡土方量计算

图 3-10 所示为场地边坡的平面示意图。从图中可以看出，边坡的土方量可以划分为两种近似的几何体进行计算，一种为三角形棱锥体（如图中①~③，⑤~⑪）另一种为三角形棱柱体（如图中的④）。

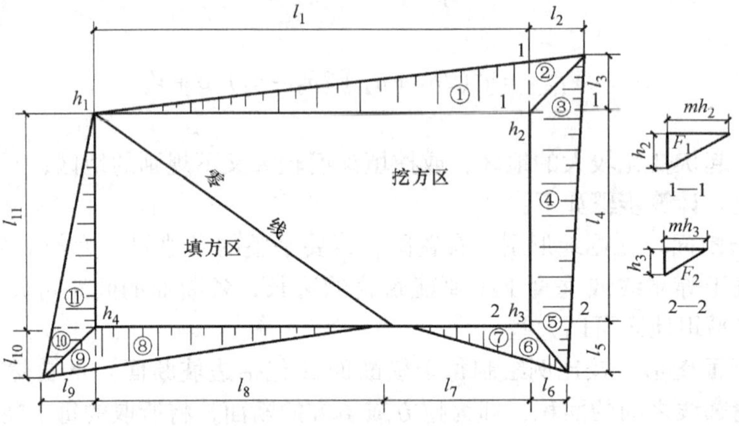

图 3-10　场地边坡的平面示意图

1. 三角形棱锥体边坡体积

如图中①，其体积为：

$$V = F_1 l_1/3 \quad (3\text{-}14)$$

$$F_1 = (mh_2)h_2/2 = mh_2^2/2 \quad (3\text{-}15)$$

式中　l_1——边坡①的长度，单位为 m；

F_1——边坡①的端面积，单位为 m^2；

h_2——角点的挖土高度，单位为 m；

m——边坡的坡度系数。

2. 三角形棱柱体边坡体积

如图中④，其体积为：

$$V_4 = (F_1 + F_2) l_4 / 2 \tag{3-16}$$

在两端横断面面积相差很大的情况下，则：

$$V_4 = (F_1 + 4F_0 + F_2) l_4 / 6 \tag{3-17}$$

式中　　l_4——边坡④的长度，单位为 m；

F_1、F_2、F_0——边坡④的两端及中部横断面面积，单位为 m^2。

三、土方的平衡调配

土方的平衡调配，是对挖土、填土、堆弃或移运之间的关系进行综合协调，以确定土方的调配数量及调配方向。它的目的是使土方运输量或土方运输成本最低，又能方便施工。

土方调配包括：划分调配区；计算土方调配区之间的平均运距；确定土方的最优调配方案；绘制土方调配图表。

（1）土方调配原则

1）力求达到挖、填平衡和运距最短，减少重复倒运。这样做可以降低土方工程成本。但实际工程中往往难以同时满足上述两个要求，因此还需要根据场地和周围地形条件综合考虑。取土或弃土，必须本着不占或少占农田与耕地，并有利于改地造田的原则进行妥善安排。

2）土方调配应考虑近期施工与后期利用相结合，尽可能与地下设施的施工相结合。当工程分批分期施工时，先期工程的土方余额应结合后期工程的需要而考虑其利用数量和堆放位置，以便就近调配，力求避免重复挖运。先期工程有土方欠额的，也可由后期工程地点挖取。

3）土方调配应采取分区与全场相结合原则。分区土方的余额或欠额的调配，必须配合全场性的土方调配。

4）好土要用在回填质量要求较高的地区，对有地下设施的填土，应留土后填。

5）选择恰当的调配方向、运输路线，使土方机械和运输车辆的功效能得到充分发挥。

总之，进行土方调配，必须根据现场的具体情况、有关技术资料、进度要求、土方施工方法与运输方法，综合考虑上述原则，并经计算比较，选择出经济合理的调配方案。

（2）土方调配图表的编制　场地土方调配，需编制相应的土方调配图表，以便施工使用。其编制方法如下：

1）划分调配区。在场地平面图上先划出挖、填区的分界线（即零线），根据地形、施工顺序及施工作业面等条件，将挖方区和填方区适当地分别划分出若干调配区（其大小应满足土方机械的操作要求），并计算出各调配区的土方量，在图上标明，如图 3-11 所示。

2）求出每对调配区之间的平均运距。平均运距即挖方区土方重心至填方区土方重心的距离。一般可用图解法求出形心位置代替重心位置。重心求出后，标于相应的调配区图上，然后用比例尺量出每对调配区之间的平均运距。

3）画出土方调配图。调配方向可拟定几个方案，比较各方案的总运输量（即各调配区土方量与运距乘积的总和），其最小值方案即为最优调配方案。将方案的调配方向、土方数量以及平均运距标在图上，如图 3-11 所示。

4）列出土方量平衡表。把土方调配计算结果列入土方量平衡表中。表 3-10 所示就是

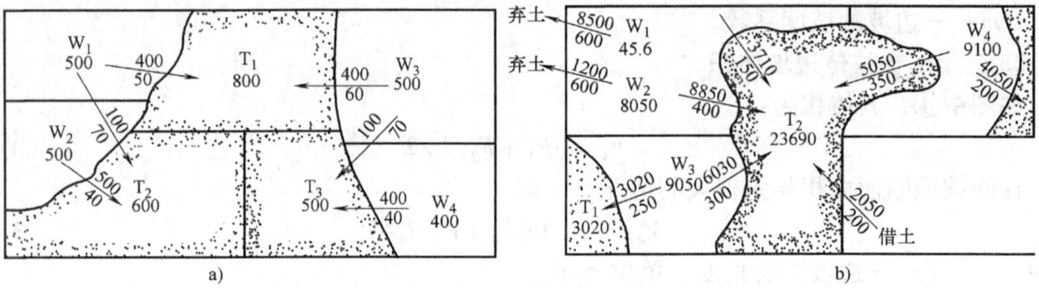

图 3-11 土方调配图

a）场地内挖、填平衡的调配图 b）有弃土和借土的调配图

注：箭头上面的数字表示土方量（m^3），箭头下面数字表示运距（m）。

图 3-11所示调配方案的土方量平衡表。

表 3-10 土方量平衡表

挖方区编号	挖方数量/m^3	填方区编号及填方数量/m^3			
		T_1	T_2	T_3	总计
		800	600	500	1900
W_1	500	400 [50]	100 [70]		
W_2	500		500 [40]		
W_3	500	400 [60]		100 [70]	
W_4	400			400 [40]	
总计	1900				

注：表中小方格内数据是平均运距（m）。也可填入单位运距。

第三节 土方开挖与机械

一、土方开挖

（1）准备工作　土方开挖前，应做好以下准备工作：

1）拆除或搬迁施工区域内有碍施工的障碍物。

2）设置排水防洪设施。在有地下水的区域，应有妥善的明沟排水或人工降低地下水位的设施。平整场地的表面一般应有不小于2‰的坡度坡向排水沟。

3）按确定好的弃土场地修建运输道路和土方机械的运行道路。

4）修建临时供水、供电、供气管线及设施，搭建必要的临时工棚、仓库等。

5）做好挖土、运输车辆及各种辅助设备的维修检查、试运转和进场工作。

6）雨期和冬期施工应遵守国家有关现行标准。

7）施工过程中应检查平面位置、水平标高、边坡坡度、压实度、排水、降低地下水位系统，并随时观察周围的环境变化。

（2）施工方案　基坑开挖与支护施工方案应包括以下主要内容：

1）施工平面布置图及开挖断面图。

2）挖、运土石方的机械型号、数量。

3）土石方开挖的施工方法。

4）围护与支撑的结构形式，支设、拆除方法及安全措施。

5）基坑边坡以外堆放土石方的位置及数量，弃运土石方运输路线及土石方挖运平衡表。

6）开挖机械、运输车辆的行驶线路及斜道设置。

7）支护结构、周围环境的监控量测措施。

（3）挖方的边坡坡度　土方边坡坡度以其挖方深度 h 与边坡底宽 a 之比来表示（$h:a$）。

土方开挖的边坡坡度通常以 $1:n$ 表示，如图 3-12 所示。边坡率 n 按下式计算：

$$n = a/h \tag{3-18}$$

式中　n——边坡率；

a——边坡水平长度，单位为 m；

h——边坡垂直高度，单位为 m。

显然，n 值愈小，边坡愈陡，土体下滑力就愈大。土方边坡的稳定，主要是由于土体内土颗粒间存在摩擦阻力和黏结力，从而使土体具有一定的抗剪强度，当下滑力超过土体的抗剪强度时，就会产生滑坡。

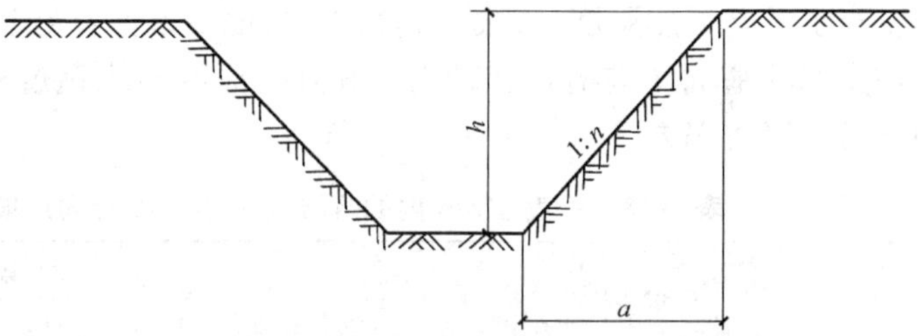

图 3-12　挖方边坡

土方边坡坡度一般在设计文件上有规定。若设计文件上无规定时，可按照 GB 50202—2002《建筑地基基础工程施工质量验收规范》的规定执行。

1）永久性的挖方边坡坡度应按设计要求放坡。在山坡整体稳定的条件下，土质边坡开挖时，边坡的允许值应根据当地经验，参照同类土层的稳定坡度确定。当土质良好且均匀、无不良地质现象、地下水不丰富时，可参照表 3-11 确定。

表 3-11　土质边坡坡度允许值

土的类别	密实度或状态	边坡坡度允许值（高宽比）	
		坡高在 5m 以内	坡高在 5～10m
碎石土	密实	(1:0.35)～(1:0.50)	(1:0.50)～(1:0.75)
	中密	(1:0.50)～(1:0.75)	(1:0.75)～(1:1.00)
	稍密	(1:0.75)～(1:1.00)	(1:1.00)～(1:1.25)
黏性土	坚硬	(1:0.75)～(1:1.00)	(1:1.00)～(1:1.25)
	硬塑	(1:1.00)～(1:1.25)	(1:1.25)～(1:1.50)

2）使用时间较长的临时性挖方（是指使用时间超过 1 年的临时性道路、临时工程的挖方）边坡坡度，应根据工程地质和边坡高度，结合当地同类土体的稳定坡度值确定。在山坡整体稳定的情况下，如果地质条件良好，土质较均匀，深度在 10m 以内的临时性挖方边坡坡度，可参照表 3-12 的规定。

表3-12 使用时间较长、深度在10m以内的临时性挖方边坡坡度

土的类别		边坡坡度（高:宽）
砂土（不包括细砂、粉砂）		(1:1.25)~(1:1.50)
一般性黏土	坚硬	(1:0.75)~(1:1.00)
	硬塑	(1:1.00)~(1:1.25)
	软	1:1.50或更缓
碎石类土	充填坚硬、硬塑黏土	(1:0.50)~(1:1.00)
	充填砂土	(1:1.00)~(1:1.50)

注：1. 设计有要求时，应符合设计标准。
2. 若采用降水或其他加固措施，可不受本表限制，但应计算复核。
3. 开挖深度，对软土不应超过4m，对硬土不应超过8m。

3）在地质条件良好，土质均匀，地下水低于基坑（沟槽）底面高程时，其最陡坡度应符合表3-13的规定。

当土具有天然湿度、构造均匀、水文地质条件良好且无地下水影响时，深度在5m以内不加支撑的基坑（沟槽）和管沟，其开挖深度不能超过表3-14规定的数值，且应做好支撑的准备，以防塌方。

表3-13 深度在5m内的基坑（沟槽）和管沟边坡的最陡坡度（不加支撑）

土的类别	边坡坡度（高:宽）		
	坡顶无荷载	坡顶有静载	坡顶有动载
中密的砂土	1:1.00	1:1.25	1:1.50
中密的碎石类土（填充物为砂土）	1:0.75	1:1.00	1:1.25
硬塑的粉土	1:0.67	1:0.75	1:1.00
中密的碎石类土（填充物为黏性土）	1:0.50	1:0.67	1:0.75
硬塑的粉质黏土、黏土	1:0.33	1:0.50	1:0.67
老黄土	1:0.10	1:0.25	1:0.33
软土（经井点降水后）	1:1.00	—	—

注：1. 静载指堆土或材料等，动载指机械挖土或汽车运输作业等。静载或动载距挖方边缘的距离应不小于0.8m，高度不超过1.5m。
2. 当有成熟施工经验时，可不受本表限制。

表3-14 基坑（沟槽）和管沟挖成直立壁不加支撑的容许深度

项次	土的类别	容许挖方深度/m
1	密实、中密的砂土和碎石类土（填充物为砂土）	≤1.00
2	硬塑、可塑的粉质黏土及粉土	≤1.25
3	硬塑、可塑的黏土和碎石类土（填充物为黏性土）	≤1.50
4	坚硬的黏土	≤2.00

二、开挖方法

（一）土方施工机械的选择

环境工程施工中，除小型基坑、沟槽或少量零星土方采用人工开挖外，大量土方一般采

用机械开挖。机械开挖使用的机械主要有推土机、单斗挖土机（包括正铲、反铲、拉铲、抓铲等）、多斗挖土机、铲运机、装载机等。

（1）推土机　推土机是土石方工程施工中的主要机械之一，如图3-13所示，它由拖拉机与推土工作装置两部分组成。按铲刀的操纵方法分液压操纵与机械传动两种。

推土机能单独进行挖土、运土和卸土工作，具有操作灵活、运转方便、所需工作面较小、行驶速度较快等特点。适于开挖一至三类土，可用于平整场地，既可挖土又可短距离运土；可开挖深度1.5m以内的基坑（沟槽）及回填土方。

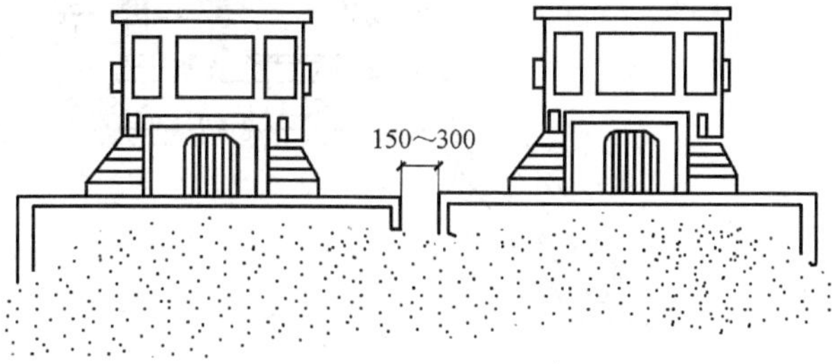

图3-13　推土机

（2）铲运机　铲运机的工作装置是铲斗，铲斗前设有切土刀片。铲运机按其行走方式分为拖式铲运机和自行式铲运机两种；按铲斗的操纵方式区分，有机械操纵（钢丝绳操纵）和液压操纵两种，如图3-14所示。

铲运机在土方工程中主要用来进行铲土、运土、铺土、平整和卸土等工作。铲运机对运行的道路要求较低，适应性强，具有操纵灵活、转移方便与行驶速度较快等优点。

适于开挖一至三类土，常用于地形起伏不大、坡度在20°以内的大面积场地平整，开挖大型基坑、沟槽，以及填筑路基、堤坝等工程。不适用于砾石层和冻土地带以及土壤含水量超过27%的土和沼泽区。

（3）挖土机　挖土机按行走方式分履带式和轮胎式两种；按传动方式分机械传动和液压传动两种。根据工作装置不同，有正铲和反铲，机械传动挖土机还有拉铲和抓铲；使用较多的为正铲，其次为反铲，拉铲和抓铲仅在特殊情况下使用；按铲斗数量又分为单斗和多斗挖土机，如图3-15和图3-16所示。

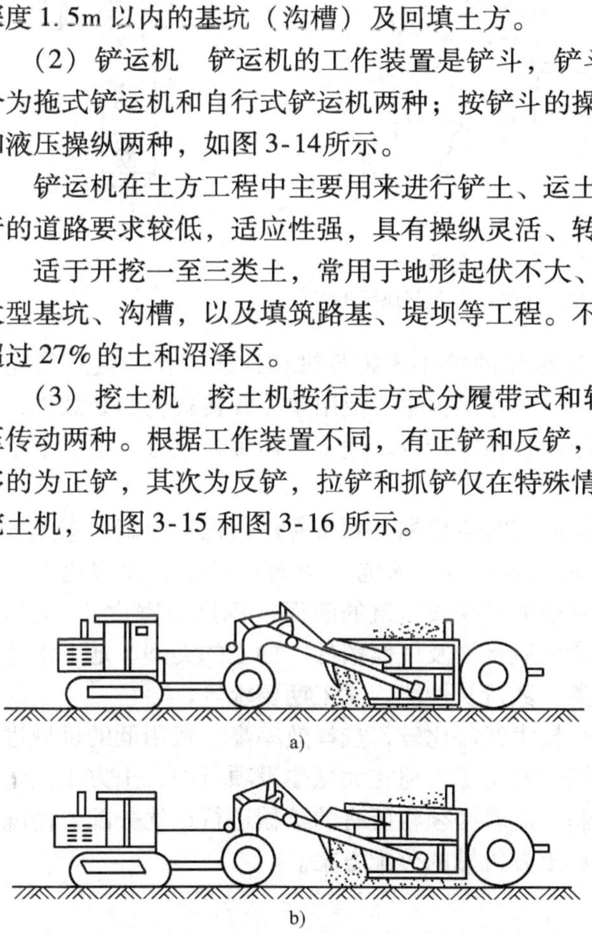

图3-14　铲运机

a）铲土将结束　b）卸土开始

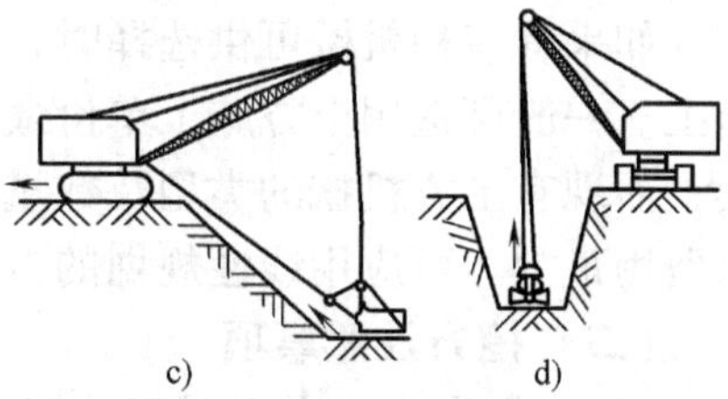

图3-15　单斗挖土机

a）正铲挖土机　b）反铲挖土机

c）拉铲挖土机　d）抓铲挖土机

挖土机适于开挖场地为一至四类、含水量小于27%的丘陵地带土壤及经爆破后的岩石和冻土，挖土深度一般在3m以上，运输距离超过1km，且土方量大而集中的工程。

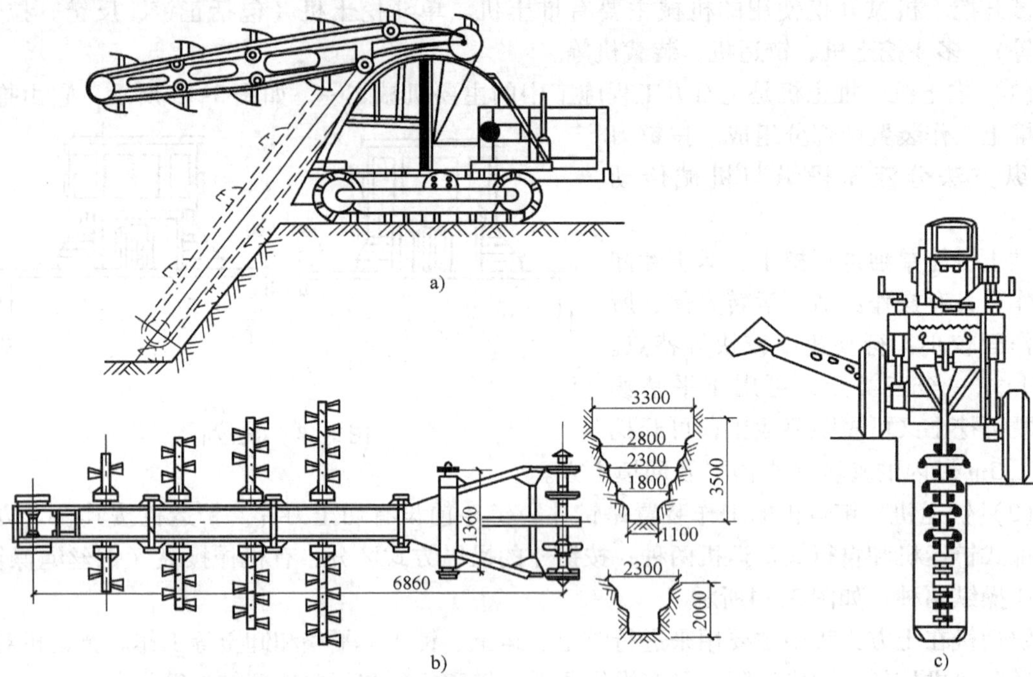

图 3-16 多斗挖土机

a）挖沟机 b）阶梯形开挖 c）倾斜地面开挖

（4）装载机 装载机按工作方式有周期工作的单斗式装载机和连续工作的链式与轮斗式装载机。有的单斗装载机背端还带有反铲。土方工程主要使用单斗铰接式轮胎装载机，它具有操作轻便、灵活，转运方便、快速，维修较易等特点。适于外运多余土方、地面平整和场地清理及回填土方。

依据挖土机械的性能和适用范围，实际应用时应根据下列条件进行比选确定：①土方工程的类型及规模。不同类型的土方工程，如场地平整、基坑（沟槽）开挖、大型地下室土方开挖、构筑物填土等施工各有其特点，应根据开挖或填筑的断面（深度及宽度）、工程范围的大小、工程量多少来选择土方机械。②地质水文及气候条件。如土的类型、地下水等条件。③机械设备条件。现有土方机械的种类、数量及性能。④工期要求等。

如果有多种机械可供选择时，应当进行技术经济比较，选择效率高、费用低的机械进行施工。一般可选用土方施工单价最小的机械进行施工。但在大型建设项目中，土方工程量很大，而现有土方机械的类型及数量常受限制，此时必须将所有的机械进行最优分配，使施工总费用最少。可应用线性规划的方法来确定土方机械的分配方案。

（二）挖方注意事项

1）应根据土方平衡调配计算，挖填配合，减少重复挖运。

2）开挖时，应注意观测附近构筑物、道路、管线等的下沉和变形，必要时采取防护措施。

3）施工中，应经常测量和复核平面位置、标高和边坡坡度是否与设计相符。

4）开挖应从上到下分层分段依次进行，随时保持一定的坡势，以利泄水，要有防止地面水流入挖方场地或基坑（沟槽）的措施。人工开挖基坑（沟槽）的深度超过 3m 时，分层开挖的每层深度不宜超过 2m；机械开挖基坑（沟槽）时，分层深度应按机械的性能确定。

5）人工开挖多层基坑（沟槽）的层间留台宽度，放坡开槽时不应小于 0.8m，开挖时不应小于 0.5m，安装井点设备时不应小于 1.5m。

6）弃土堆坡脚至挖方上缘应有一定距离，以保持边坡的稳定。挖方下侧弃土时，应将弃土堆表面整平，低于挖方场地标高并向外倾斜或在弃土堆与挖方场地之间设置排水沟，防止地面水流入挖方场地。人工开挖基坑（沟槽）时，堆土高度不宜超过 1.5m，且距槽口边缘不宜小于 0.8m。

7）临时弃土、堆土不得影响建筑物、各种管线和其他设施的安全；不得掩埋消火栓管道闸门、雨水口、测量标志以及各种地下管道的井盖，且不得妨碍其正常使用。

8）采用机械开挖基坑（沟槽）时，为不破坏基底土的结构，应在基底设计标高以上预留一层用人工清理。使用推土机、铲运机或多斗挖土机施工时，应保留 20cm 厚土层不挖；使用单斗挖土机施工时，应保留 30cm 厚土层不挖。如人工挖土后不能立即砌筑基础或敷设管道时，应保留 15～30cm 厚土层不挖，待下一工序开始前挖除。

9）在软土地区开挖基坑（沟槽）时，施工前必须做好地面排水和降低地下水位，地下水位降至基底以下 0.5～1.0m 后，方可开挖。降水工作应持续至回填完毕。

10）在基坑和沟槽开挖过程中，应经常对土质情况、地下水位和标高等的变化进行检查，做好原始记录及绘出断面图。如发现基底土质与设计不符时，需经有关人员研究处理，并做好工程记录。

11）开挖过程中，发现已建成的地下各类设施或文物时，应采取保护措施，并及时通知有关单位处理。

（三）场地平整施工

场地平整是将自然地面按预定的高程、坡度进行平整，以方便交通、运输，利于排水。场地平整的施工过程包括：土方开挖、运输、填筑与压实等。当遇有坚硬土层、岩石或障碍物时，还常需爆破。

（1）准备工作　在场地平整施工前，应作好必要的准备工作，主要内容包括以下几点：

1）清理场地。在施工区域内，对原有地上地下房屋、构筑物、管线、河渠等进行拆除、疏通或改建，对耕植土及淤泥等进行清理。

2）排除地面积水。在排除地面积水的同时，尽量利用自然地形设置排水沟，防止雨季雨水积存，使场地保持干燥，以利于土方施工。

3）修筑临时道路，以供机械进场和土方运输等。

（2）平整方案　平整场地之前应根据情况布设 20m × 20m 的方格网，当地面起伏较大时，可用 10m × 10m 的方格网。用全站仪、经纬仪或钢卷尺实地测设出方格网，在方格网交点打上木桩或撒灰点，并将交点按行、列编号。测量方格节点的原地面高程，将测量结果记录在网格的交点上，记录方法如图 3-17 所示。

图 3-17　网络交点处的数据填写

场地平整分两种：一种是已知设计高程（图 3-18），根据原地面高程和设计高程计算现场的填土量或挖土量；另一种是未知场地设计高程，通过实测场地高程，用加权平均的方法确定场地平均高程，再根据预定坡度确定设计高程的方法，目的是平衡场内土方，避免大量土方运输，降低工程成本。

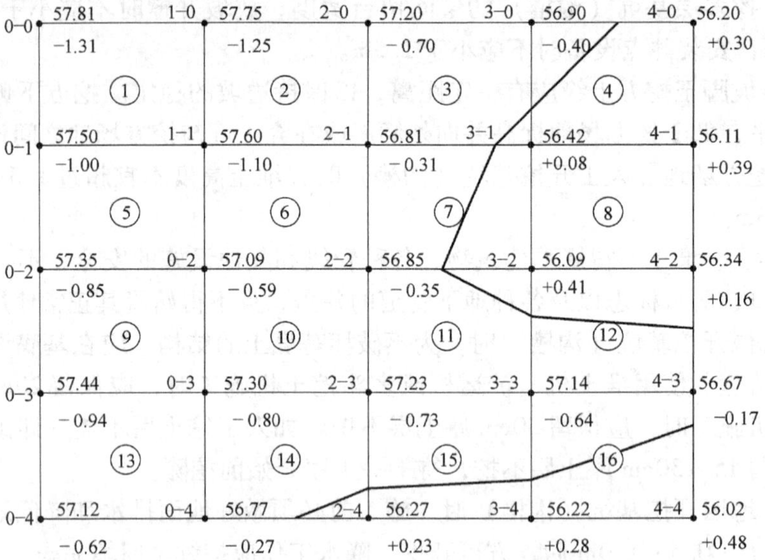

图 3-18 场地平整数据的计算和填写

环境工程的场地标高是场区竖向规划设计的内容，通常由设计文件规定。确定标高，应在满足建筑规划和生产工艺的要求下，尽量考虑填挖土方平衡，使总的土方工程量最小。

（3）场地平整的顺序 确定场地平整的施工顺序，应按照工程建设的部署，结合基坑、沟槽开挖的要求加以选择。一般有三种情况：

1）先平整后开挖。先进行整个场地的平整，然后开挖构筑物及地下管线基坑和管沟等。这种方案，可为土方机械施工提供较大的工作面，充分发挥其工作效率，但工期较长，多适用于场区高低不平，填挖土方量较大的施工现场。

2）先开挖后平整。先开挖建筑物、构筑物等的基坑（沟槽），后进行场地平整。这种方案多适用于地形平坦的施工现场，可以加快土建工程的施工进度，减少重复填挖土方数量。

3）先划区段后平整开挖。划分施工区段，平整与开挖结合，这种方案是根据工程特点和现场具体条件，将场地划分为若干施工区，分别进行平整和开挖。

（四）沟槽开挖

1. 沟槽断面的形式

在了解开挖地段的土壤性质及地下水位情况后，可结合管径大小、埋管深度、施工季节、地下构筑物等情况，以及施工现场及沟槽附近地上、地下构筑物的位置因素来选择开挖方法，并合理地确定沟槽开挖断面。常采用的沟槽断面的形式有直槽、梯形槽、混合槽及有两条或多条管道共同埋设的联合槽，如图 3-19 所示。

（1）直槽 其槽帮边坡基本为直坡（开挖断面的边坡小于 0.05）。直槽一般都用于工期短、深度较浅的小管径工程，如地下水位低于槽底、直槽深度不超过 1.5m 的情况。在地下水位以下采用直槽时则需考虑支撑。

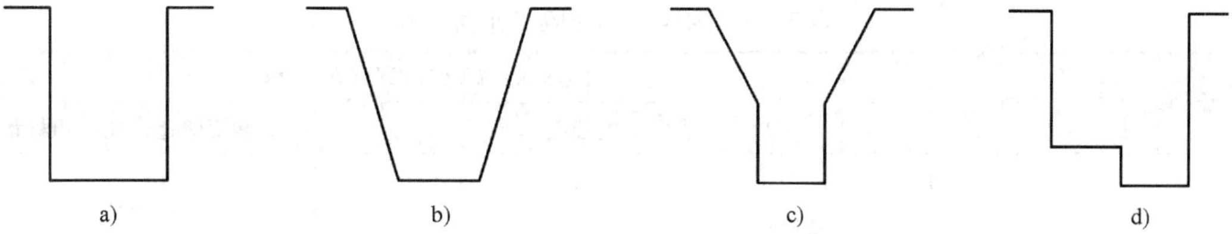

图 3-19 沟槽断面形式

a）直槽 b）梯形槽 c）混合槽 d）联合槽

（2）梯形槽（大开槽） 其槽帮为具有一定坡度的开挖断面，开挖断面槽帮放坡，不用支撑。槽底如在地下水位以下，目前多采用人工降低水位的施工方法，减少支撑。采用此种大开槽断面，在土质好（如黏土、亚黏土）时虽然槽底在地下水以下，但也可以在槽底挖成排水沟，进行表面排水，保证其槽帮土壤的稳定。大开槽断面是应用较多的一种形式，尤其适用于机械开挖的施工方法。

（3）混合槽 其具有由直槽与大开槽组合而成的多层开挖断面，较深的沟槽宜采用此种混合槽分层开挖断面。混合槽一般多为深槽施工。采用混合槽施工时，上部槽尽可能采用机械施工开挖，下部槽的开挖常需考虑同时采取排水及支撑的施工措施。

正确选择沟槽的开挖断面，可以为管道施工创造便利条件，保证施工安全，减少开挖土方量。

2. 沟槽断面的宽度

管道沟槽底部的宽度（图 3-20）可以按下式确定（b_2、b_3 依据实际采用）：

$$B = D_0 + 2(b_1 + b_2 + b_3) \tag{3-19}$$

式中 B——沟槽底宽，单位为 mm；

D_0——管道结构的外缘宽度，单位为 mm；

b_1——管道一侧的工作面宽，单位为 mm，见表 3-15；

b_2——管道一侧的支撑厚度，一般可取 150 ~ 200mm；

b_3——现场浇筑混凝土或钢筋混凝土管渠一侧模板的厚度，单位为 mm。

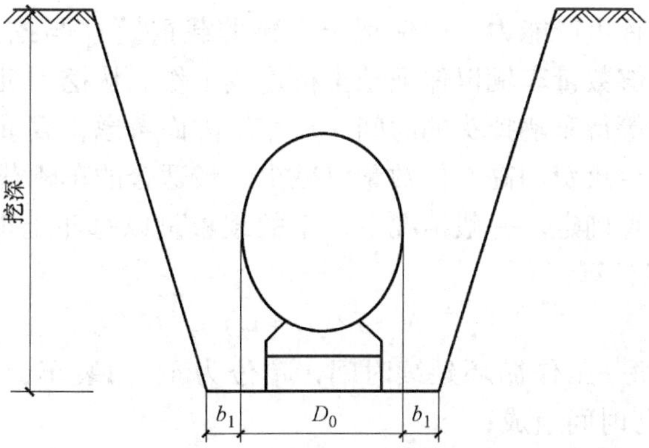

图 3-20 管沟底宽和挖深

沟槽开挖深度按管道设计纵断面确定。

表 3-15 沟槽底部每侧工作面宽度

管道的外径 D_0/mm	管道一侧的工作面宽度 b_1/mm		
	混凝土类管道		金属类管道、化学建材管道
$D_0 \leqslant 500$	刚性接口	400	300
	柔性接口	300	
$500 < D_0 \leqslant 1000$	刚性接口	500	400
	柔性接口	400	
$1000 < D_0 \leqslant 1500$	刚性接口	600	500
	柔性接口	500	
$1500 < D_0 \leqslant 3000$	刚性接口	800 ~ 1000	700
	柔性接口	600	

注：1. 槽底需设排水沟时，b_1 应适当增加。

2. 管道有现场施工的外防水层时，b_1 宜取 800mm。

3. 采用机械回填管道侧面时，b_1 需满足机械作业的宽度要求。

3. 不支撑开直槽的最大深度

一般沟槽均采用梯形断面，在无地下水天然湿度的土中开挖沟槽，当沟深不超过表 3-16 的数值时，可采用不支撑直立的沟槽断面。

表 3-16 不支撑开直槽的最大深度 （单位：m）

土 质	允 许 深 度
砂土和砂砾石	1.0
砂质粉土和粉质黏土	1.25
黏土	1.5

（五）土方机械与运输车辆的配合

当挖出的土方需要运土车辆运走时，挖土机的生产率不仅取决于本身的技术性能，而且还决定于所选的运输工具是否与之协调。

为了挖土机充分发挥生产能力，应使运土车辆的载重量 Q 与挖土机的每斗土重保持一定的倍数关系，并有足够数量车辆以保证挖土机连续工作。从挖土机方面考虑，汽车的载重量越大越好，可以减少等待车辆掉头的时间。从车辆方面考虑，载重小，台班费便宜，但使用数量多；载重大，则台班费用高，但数量可减少。最适合的车辆载重量应当是使土方施工单价最低，可以通过核算确定。一般情况下，车的载重量以每斗土重的 3 ~ 5 倍为宜。运土车辆的数量 N 可按下式计算：

$$N = T/(t_1 + t_2) \tag{3-20}$$

式中 T——运输车辆每一工作循环延续时间，单位为 s，由装车、重车运输、卸车、空车开回及等待时间组成；

t_1——运输车辆掉头而使挖土机等待的时间，单位为 s；

t_2——运输车辆装满一车土的时间，单位为 s。

$$t_2 = nt$$

$$n = \frac{10K_1 Q}{K_c q\gamma} \tag{3-21}$$

式中　n——运土车辆每车装土次数；

t——运土车辆每装一次土所需时间，单位为 s；

K_1——土的最初可松性系数；

Q——运土车辆的载重量，单位为 t；

K_c——土的充盈系数，可取 0.8 ~ 1.1；

q——挖土机斗容量，单位为 m^3；

γ——实土重度，单位为 kN/m^3。

为了减少车辆的掉头、等待和装土时间，装土场地必须考虑掉头方法及停车位置。如在坑边设置两个通道，使汽车不用掉头，可以缩短掉头、等待时间。

（六）塌方与流砂的处理

在土石方开挖施工中，由于处理不当，常会发生边坡塌方和产生流砂的现象。

（1）边坡塌方　沟槽、基坑边坡的稳定，主要是由土体的内摩阻力和黏结力来保持平衡的。当土体失去平衡，边坡就会塌方。边坡塌方会引起人身事故，同时也妨碍施工正常进行，严重塌方还会危及附近建筑物的安全。

发生边坡塌方的原因，根据工程实践分析，主要有以下几点：

1）基坑、沟槽边坡放坡不足，边坡过陡，使土体本身的稳定性不够。在土质较差、开挖深度较大时，常遇到这种情况。

2）降雨、地下水或施工用水渗入边坡，使土体抗剪能力降低，这是造成塌方的主要原因。

3）基坑、沟槽上边缘附近大量堆土或停放机具；或因不合理的开挖坡脚及受地表水、地下水冲蚀等，增加了土体负担，降低了土体的抗剪强度而引起滑坡和塌方等。

针对上述分析，为了防治滑坡和塌方，应采取如下措施：注意地表水、地下水的排除；严格遵守放坡规定，放足边坡；开挖深度大，施工时间长，边坡有机具或堆置材料等情况，边坡应平缓；当因受场地限制，或因放坡增加土方量过大时，则应采用设置支撑的施工方法（具体内容可参见第四节）。

（2）流砂的防治　在沟槽、基坑开挖低于地下水位，且采用坑（槽）内抽水时，诱使坑底及侧壁的土形成流动状态，水涌进坑内而产生流砂。流砂严重时常会引起沟槽、基坑边坡塌方、滑坡，如附近有建筑物，会因地基被掏空而使建筑物下沉、倾斜，甚至倒塌。因此，在土方施工时必须消除地下水的影响。

流砂防治的措施有多种，如水下挖土法（此法在沉井不排水下沉施工中常用）、打钢板桩法、地下连续墙法（施工工艺复杂，成本较高）等，而采用较广并较可靠的方法是人工降低地下水位法。

第四节　沟 槽 支 撑

支撑是防止沟槽土壁坍塌的一种临时性挡土结构。一般情况下，沟槽土质较差、深度较大而又挖成直槽时，或高地下水位、砂性土质并采用表面排水措施时，均应支设支撑。

支设支撑的直壁沟槽，可以减少土方量，缩小施工面积，减少拆迁。在有地下水时，支设板桩支撑，由于板桩下端深入槽底，延长了地下水的渗水途径，起到一定的阻水作用。但支撑增加材料消耗，也给以后工序作业带来不便。因此，是否设置支撑，应根据土质、地下水情况、槽深、槽宽、开挖方法、排水方法和地面荷载等情况确定。

一、沟槽支撑的形式和适用范围

（一）支撑形式

沟槽支撑一般由木材或钢材制作。支撑形式有横撑、竖撑和板桩撑等。横撑分断续式水平撑（疏撑）和连续式水平撑（密撑）两种。疏撑是撑板之间有间距，分单板撑、井字撑和稀撑等；密撑是各撑板间紧密相接。沟槽支撑的形式如图 3-21 所示。

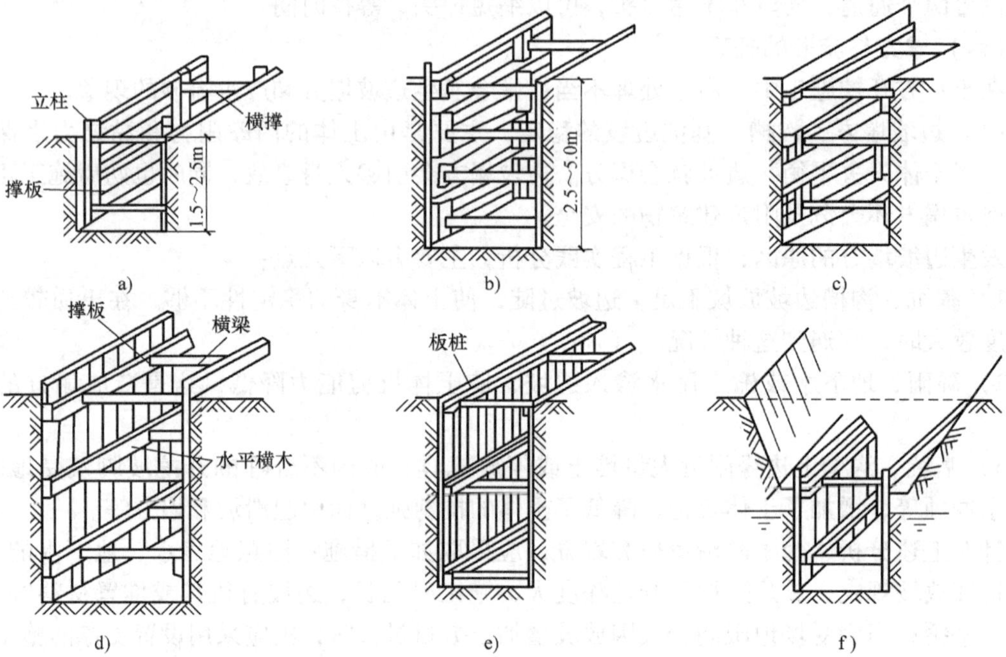

图 3-21　沟槽支撑的形式

a）、b）连续式水平支撑　c）断续式水平支撑　d）竖撑　e）板桩撑　f）部分支撑

（二）支撑的适用范围

（1）横撑　横撑用于土质较好、地下水量较小的沟槽。当在砂质土壤，挖深 1.5～2.5m 时，采用图 3-21a 所示的形式，而沟槽挖深在 2.5～5.0m，并有少量地下水时，可采用图 3-21b 所示的形式；如开挖段土质较硬，则可采用图 3-21c 所示的形式。

（2）竖撑　在土质较差、地下水较多或散砂中开挖时，采用图 3-21d 所示的形式。竖撑的特点是撑板可在开槽过程中先于挖土插入土中，在回填以后再拔出，因此，支撑和拆撑都较安全。

（3）板桩撑　常用于地下水严重、有流砂的弱饱和土层中。板桩在沟槽开挖之前用打桩机打入土中，并且深入槽底一定长度，故在沟槽开挖及其以后的施工中，不但能起到保证安全的作用，还可延长地下水的渗水路径，有效地防止流砂渗入。

二、沟槽支撑的间距和材料

（一）沟槽支撑的间距

深度在5m以内的沟槽支撑间距参见表3-17。

表3-17　沟槽支撑间距　　（单位：m）

图　示	间　距	沟槽深度	
		3m以内	3~5m
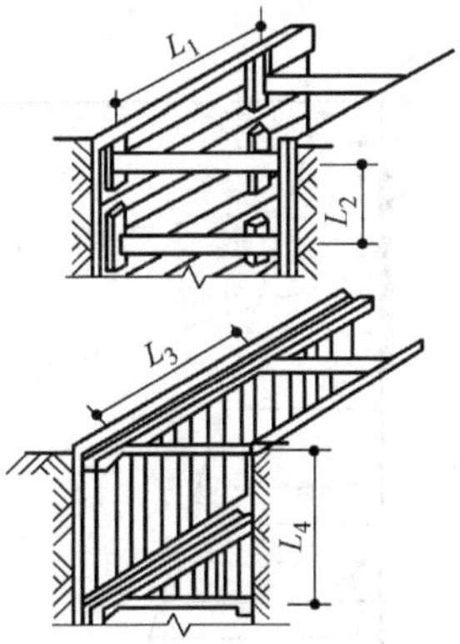	L_1	1.2~2.5	1.2
	L_2	1.0~1.2	1.0
	L_3	1.2~1.5	1.2
	L_4	1.0~1.2	1.0

注：撑板长度（L）一般为4m。

（二）沟槽支撑的材料

沟槽支撑的材料可选用钢材、木材或钢木混合使用。钢支撑的撑板采用钢模板，横梁或纵梁采用槽钢、工字钢，横撑可采用钢管。

三、沟槽支撑注意事项

1）撑板必须随挖土深度及时安装，雨期施工不得空槽过夜。

2）撑板应均匀地与槽壁紧贴，当有空隙时用土填实。

3）撑板必须牢固可靠，并应经常检查，发现松动及时加固。

4）在软土或其他不稳定土层中采用撑板支撑时，开始支撑的开挖沟槽深度不得超过1.0m。以后挖深与支撑交替进行，每次交替的深度宜为0.4~0.8m。

5）劈裂、腐朽的木料不得作为支撑材料。

6）采用木料支撑时，横撑应在垂直垫板上，横撑端下方应钉木托；在水平垫板上，横撑端应用铁抓钉与水平托板钉牢，且横撑端头下方也钉木托。

7）上下沟槽应设安全梯，严禁攀登横撑。

四、拆撑

沟槽内的施工过程全部完成后，应将支撑拆除。拆撑施工的注意事项如下：

1）拆撑时应边回填土边拆除，拆除时必须注意安全，继续排除地下水。

2）竖撑拆除时，一般先填土至下层撑木底面，再拆除下撑，然后还土至半槽，再拆除上撑，拔出木板或板桩。竖撑板或板桩一般采用导链或起重机拔出。

3）水平撑拆除时，先松动最下一层的横撑，抽出最下一层撑板。然后回填土，回填完毕后再拆上一层撑板，依次将撑板全部拆除，再拆除原有支撑。

4）拆撑前，应仔细检查沟槽两边的建筑物、电杆及其他外露管道等是否安全，必要时进行加固。

五、土钉墙

（一）土钉墙技术

土钉墙技术是一种利用经加固后的原位土体来维护基坑边坡土体稳定的支护方法。它是由土钉、钢丝网喷射混凝土面板和加固后的原位土体三部分组成（图3-22）。天然土体通过土钉的就地加固并与喷射混凝土面板相结合，形成一个类似的土质挡土墙，以此来抵抗墙后传来的水土压力，保持基坑开挖面的稳定。

土钉墙适用于地下水位以上或经人工降水后的人工填土、黏性土和微黏结砂土的基坑开挖支护，一般用于开挖深度不超过12m的基坑，在土质特别坚硬的黏土层中不宜超过15m。

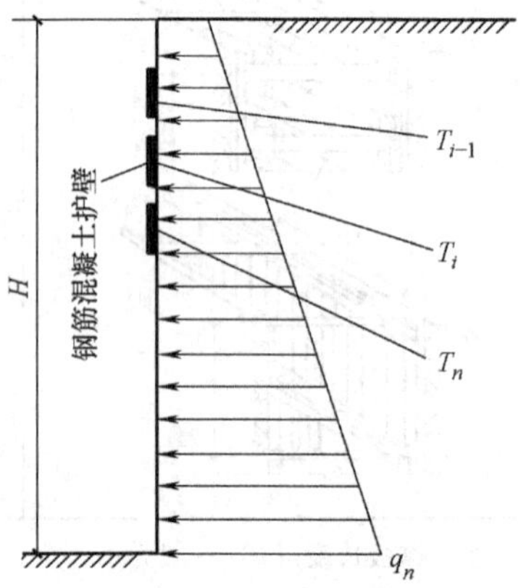

图3-22　土钉墙支护示意图

（二）土钉墙的构造要求

1）土钉墙的坡度宜为1∶0.3～1∶0.7，钻孔直径宜为70～120mm。

2）土钉必须和面层有效连接在一起，常设以承压板和加强筋。

3）土钉钢筋宜用HRB335级以上螺纹钢筋，直径宜为16～32mm，常用25mm。土钉的长度宜为开挖深度的0.5～1.2倍，土钉间距为1～2m，土钉与水平面夹角为10°～20°。

4）喷射混凝土设计强度等级不宜低于C20，喷射混凝土面层厚度宜为80～200mm，常用100mm，并在混凝土表面喷上水泥砂浆，以防止雨水渗入坡内。

5）喷射混凝土面层中应配以钢筋网，钢筋网宜采用HPB300级钢筋，钢筋直径宜为6～10mm，钢筋间距宜为100～300mm，双向布置。

6）坡底挡土墙采用370mm厚砖墙，墙高1.2m，并埋入基坑底部的土内500mm。

7）在坡顶的混凝土硬化层内也满扎直径为6.5mm的钢筋，间距为150mm，同样为双向布置，混凝土厚也为100mm，其目的是防止雨水从坡顶渗入坡内。

（三）土钉墙的施工

土钉墙的施工工艺：按设计要求开挖工作面，修整边坡→喷射第一层混凝土→安设土钉（包括钻孔、插钢筋、注浆、垫板等）→绑扎钢筋网→喷射第二层混凝土→设置坡顶和坡脚的排水设施。

施工时要按坡度要求，边挖土，边修整坡面，边钉土钉，同时绑扎钢筋。挖至坡底后，要及时砌筑坡底挡墙和浇筑坡面混凝土硬化层。

喷射混凝土应分段分片依次进行，水平方向的分段长度一般为10～20m，同一分段内的喷射顺序自下而上，一次喷射厚度宜为40～70mm；喷射混凝土终凝2h后，应喷水养护，养护时间应根据气温环境条件而定。一般3～7d。

（四）复合土钉墙

针对软土层中土钉支护涉及的一系列问题，出现了复合土钉墙的概念，并应用于实际工程。复合土钉墙技术，即将土钉墙技术与搅拌桩、旋喷桩或预应力锚杆等结合起来，使得土钉墙技术在深基坑中应用及垂直土钉墙成为可能，并改善土钉墙支护形式变形大的缺陷。

常用的复合土钉墙有三种基本形式：土钉与预应力锚杆、土钉与微型钢管桩、土钉与搅拌桩（止水帷幕）联合应用。

第五节　土方回填

回填的施工过程包括还土、摊平、夯实、检查等工序。为了保证填土的强度和稳定性，填土前应对填土区基底的垃圾和弱土层进行清理压实；在水田、池塘及沟渠上填土时，先需排水疏干，对基底进行处理。还必须正确选择土料及填筑、压实方法。

一、回填时间

沟槽（基坑）的回填要在管道验收或构筑物达到足够强度后再进行。回填工作应尽早开始，以避免槽（坑）壁坍塌，保护管道的准确位置，防止管道暴露时间过长造成损失。

二、沟槽回填前应具备的条件

1）预制管节现场铺设管的现浇混凝土基础强度、接口抹带或预制构件现场装配的接缝水泥砂浆强度不小于 $5N/mm^2$。

2）现场浇筑混凝土管道的强度达到设计规定。

3）混合结构的矩形管道或拱形管道，其砖石砌体水泥砂浆强度达到设计规定；当管道顶板为预制盖板时，应装好盖板。

4）现场浇筑或预制构件现场装配的钢筋混凝土拱形管道或其他拱形管道应采取措施，确保回填时不发生位移或损伤。

5）管道水压试验前，除接口外，管道两侧及管顶以上回填高度不应小于0.5m，水压试验合格后，及时回填其余部分。

6）管径大于900mm 的钢管，必要时可采取措施控制管顶的竖向变形。

7）回填前必须将槽底杂物（草包、模板及支撑设备等）清理干净。

8）回填沟槽内不得有积水，严禁带水回填。

三、回填土料与回填施工的要求

（一）回填土料的要求

为了保证填土工程的质量，除设计文件有规定外，填方土料应符合下列规定：

1）地基压实填土的填料应符合：①级配良好的砂土或碎石土。②性能稳定的工业废料。③以砾石、卵石或块石作填料时，分层夯实时其最大粒径不宜大于400mm；分层压实时其最大粒径不宜大于200mm。④以粉质黏土、粉土作填料时，其含水量宜为最优含水量。⑤不得使用淤泥、耕土、冻土、膨胀性土以及有机质含量大于5%的土。

2）沟槽的回填材料应符合：①槽底至管顶以上0.5m 范围内，不得含有机物、冻土以及大于50mm的砖石等硬块；在抹带接口处、防腐绝缘层或电缆周围，应采用细粒土回填。②冬期回填时管顶以上50cm范围外可均匀掺入冻土，其数量不得超过填土总体积的15%，且冻块尺寸不得超过100mm。

3）碎石类土、砂土和爆破石碴，可用作表层以下的填料。

4）含水量符合压实要求的黏性土，可用作各层填料。

5）碎块草皮和有机质含量大于8%的土，仅用于无压实要求的填方。

6）淤泥和淤泥质土一般不能用作填料，但在软土或沼泽地区，经过处理，含水量符合压实要求后，可用在填方中的次要部位。

（二）回填施工要求

1）填土应分层进行，每层厚度应根据土的种类及选用的压实机具确定。对于有密实要求的填方，应按选用的土料、压实机具性能，经试验确定含水量控制范围、分层铺土厚度、压实遍数等。对于无密实度要求的填土区，可直接填筑，经一般碾压即可。但应预留一定的沉陷量。

2）同一填方工程应尽量采用同类土填筑；如采用不同土料时，应按土类分层铺填，并应将透水性较大的土层置于透水性较小的土层之下。

3）当填土区位于倾斜的地面时，应先将斜坡挖成阶梯状，然后分层填土，防止填土滑动。

4）填方边坡的坡度应根据土的种类、填方高度及其重要性确定，通常对于永久性填方边坡应按设计规定或查阅有关资料选用。对使用时间较长的临时性填方边坡坡度，当填土高度在10m以内时，可采用1∶1.5，高度超过10m可做成折线形，上部采用1∶1.5，下部采用1∶1.75。

四、影响填土压实质量的因素

（一）压实功的影响

填土压实后的密度与压实机械在其上所施加的功有一定的关系。当土的含水量一定，在开始压实时，土的密度急剧增加，到接近土的最大密度时，压实功虽然增加许多，而土的密度则变化甚小，故过多的压实只能做无用功。

在实际施工中，对于不同的土质，根据压实机械和土的密实度要求选择合理的压实遍数，对于砂土一般需碾压2~3遍，对亚砂土需3~4遍，对亚黏土或黏土需5~6遍。

（二）含水量的影响

土的含水量对填土压实有很大影响。较干燥的土，由于土颗粒之间的摩阻力大，填土不易被夯实。而含水量较大，超过一定限度，土颗粒间的孔隙全部被水充填而呈饱和状态，填土也不易被压实，容易形成橡皮土。只有当土具有适当的含水量时，土颗粒之间的摩阻力由于水的润滑作用而减小，土才易被压实。为了保证填土在压实过程中具有最优的含水量，当土过湿时，应予翻松晾晒或掺入同类干土及其他吸水性材料。如土料过干，则应预先洒水湿润。土的含水量一般以手握成团，落地开花为宜。

（三）铺土厚度的影响

土在压实功的作用下，其应力随深度增加而逐渐减小，在压实过程中，土的密实度也是表层大，随深度加深而逐渐减小，超过一定深度后，虽经反复碾压，土的密实度仍与未压实前一样。各种不同压实机械的压实影响深度与土的性质、含水量有关，所以填方每层铺土的厚度，应根据土质、压实的密实度要求和压实机械的性能确定。填方每层的铺土厚度和压实遍数参见表3-18。

表3-18 填方每层的铺土厚度和压实遍数

序号	压实机具	分层厚度/mm	每层压实遍数
1	平碾（8～12t）	200～300	6～8
2	羊足碾（5～16t）	200～350	6～16
3	蛙式打夯机（200kg）	200～250	3～4
4	振动碾（8～15t）	60～130	6～8
5	振动压路机（2t，振动力98kN）	120～150	10
6	人工打夯	≤200	3～4

五、填土压实的质量要求与方法

（一）质量要求

填土压实后要达到一定的密实度要求。填土的密实度要求和质量指标通常以压实系数λ_c表示，计算公式为：

$$\lambda_c = \rho_d / \rho_{dmax} \tag{3-22}$$

式中 ρ_d——土的施工控制干密度，单位为kg/m^3；

ρ_{dmax}——土的最大干密度，单位为kg/m^3。

压实系数一般根据工程结构性质、使用要求以及土的性质确定。一般场地平整为0.9，地基填土为0.91～0.97，管顶以上25cm内为0.87。

（二）压实方法

填土压实方法有碾压、夯实和振动三种，此外还有利用运土工具压实。

1. 碾压法

碾压法是由沿着表面滚动的鼓筒或轮子的压力压实土壤。一切拖动和自动的碾压机具，如平碾、羊足碾和气胎碾等的工作都属于同一原理。

碾压法主要用于大面积填土的压实。常用碾压工具有：

（1）平碾 适用于碾压黏性和非黏性土。平碾又叫压路机，它是一种以内燃机为动力的自行式压路机械。

按碾轮的数目，有两轮两轴式（图3-23）和三轮两轴式（图3-24）压路机。

平碾的运行速度决定其生产率。在压实填方时，碾压速度不宜过快，一般碾压速度不超过2km/h。

（2）羊足碾 羊足碾和平碾不同，它的碾轮表面上装有许多羊蹄形的碾压凸脚（图3-25），一般用拖拉机牵引作业。

羊足碾有单桶和双桶之分，桶内根据要求可分为空桶、装水、装砂，以提高单位面积的压力，增加压实效果。由于羊足碾单位面积压力较大，压实效果、压实深度均较同质量的光面压路机高。但工作时羊足碾的羊蹄压入土中，又从土中拔出，致使上部土翻松，故不宜用于无黏性土、砂及面层的压实。

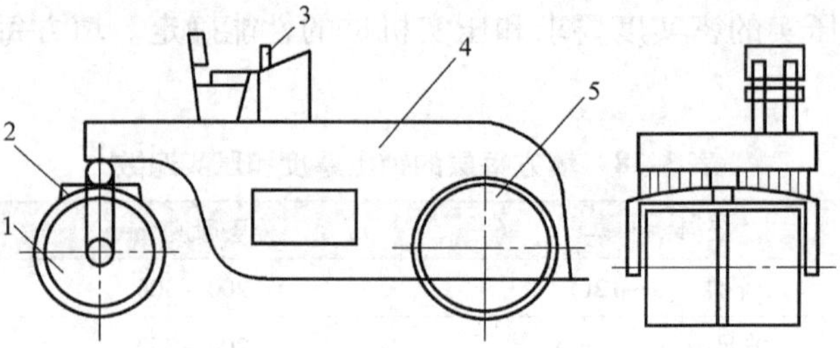

图 3-23 两轮光碾压路机
1—转向轮 2—刮泥板 3—操纵台 4—机身 5—驱动轮

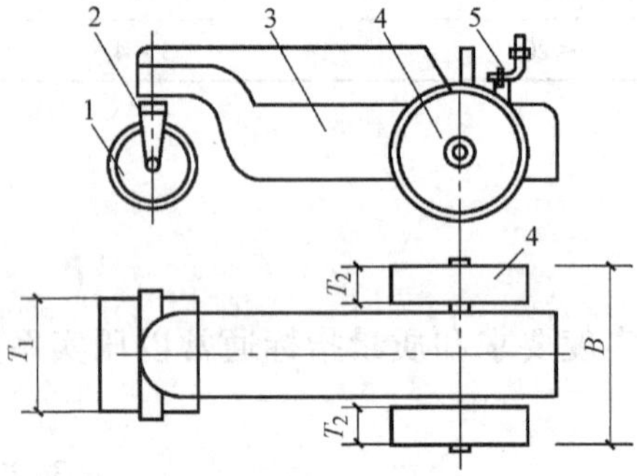

图 3-24 三轮光碾压路机
1—转向轮 2—叉脚 3—机身
4—驱动轮 5—操纵台

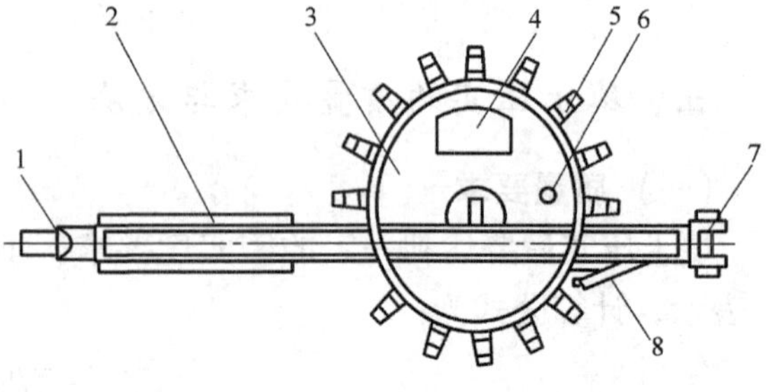

图 3-25 羊足碾
1—连接器 2—框架 3—轮滚 4—投压重物口
5—羊蹄 6—洒水口 7—后连接器 8—铲刀

一般羊足碾适用于压实中等深度的粉质黏土、粉土、黄土等。

2. 夯实法

夯实法是利用夯锤自由下落的冲击力来夯实土壤，主要用于小面积的回填土。夯实机具类型较多，有木夯、石夯、蛙式打夯机（图 3-26）以及利用挖土机或起重机装上夯板后的夯土机等。其中蛙式打夯机轻巧灵活，构造简单，在小型土方工程中应用最广。

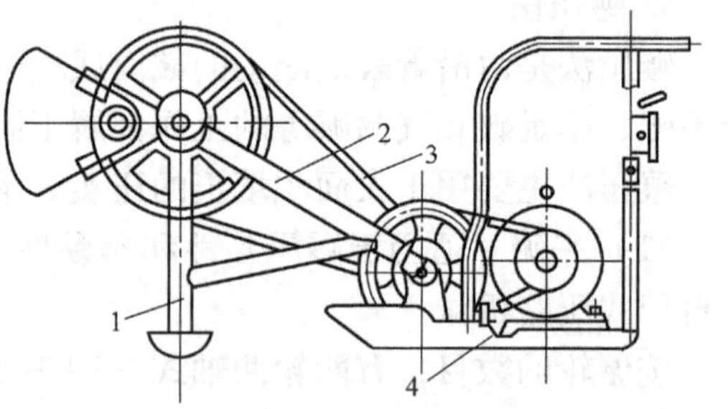

图 3-26 蛙式打夯机
1—夯头 2—夯架 3—V 带 4—底盘

夯实法的优点是可以夯实较厚的土层。采用重型夯土机（如 1t 以上的重锤）时，其夯实厚度可达 1 ~ 1.5m。但对木夯、石夯或蛙式打夯机等夯土工具，其夯实厚度则较小，一般均在 200mm 以内。

3. 振动法

振动法是将重锤放在土层的表面或内部，借助于振动设备使重锤振动，土壤颗粒即发生相对位移达到紧密状态。此法用于振实非黏性土效果较好。

近年来，又将碾压和振动结合而设计和制造出振动平碾、振动凸块碾等新型压实机械。振动平碾适用于填料为爆破碎石碴、碎石类土、杂填土或粉土的大型填方；振动凸块碾则适用于粉质黏土或黏土的大型填方。

第六节 施 工 排 水

施工排水包括排除地下自由水、地表水和雨水。在环境工程施工中，开挖基坑或沟槽时，土壤的含水层常被切断，地下水将会不断地涌入坑内。雨季施工时，地面水也会流入基坑内。为了保证施工的正常进行，防止边坡坍塌和地基承载力下降，必须做好基坑降水工作。

一、施工排水的方法

施工排水方法分为明沟排水和人工降低地下水位两种。

明沟排水是在沟槽或基坑开挖时在其周围筑堤截水或在其内底四周或中央开挖排水沟，将地下水或地面水汇集到集水井内，然后用水泵抽走。

人工降低地下水位是在沟槽或基坑开挖前，预先在基坑周围埋设一定数量的井点管，利用抽水设备将地下水位降至基坑底面以下，形成干槽施工的条件。在基坑开挖深度较大、地下水位较高、土质较差（如细砂、粉砂等）等情况下，可采用人工降低地下水位的方法。

二、明沟排水

明沟排水为施工中应用最广，最为简单、经济的方法，一般常用且有效的方法有明沟排水、集水井排水、深沟排水等。

（一）地面截水明沟排水

在地表深2m以上的土层渗透系数较大、涌水量较大的情况下挖基坑（沟槽）时应采用截水明沟排水。

排除地表水和雨水，最简单的方法是在施工现场及基坑或沟槽周围筑堤截水。通常可以利用挖出的土沿四周或迎水一侧、两侧筑0.5～0.8m高的土堤。

在坑（槽）开挖前沿坑（槽）四周上口约10m处挖设截水明沟（图3-27），用以拦截地下水和地表径流水。

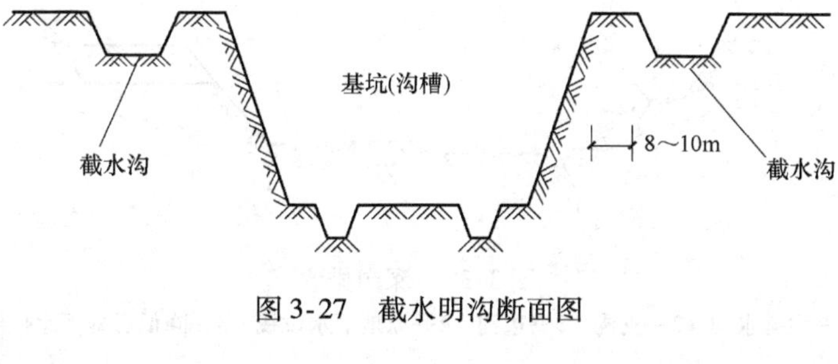

图3-27 截水明沟断面图

（二）普通明沟排水

这种排水方法是在开挖基坑的一侧、两侧或四侧，或在基坑中部设置排水明（边）沟，在四角或每隔30～40m设一集水井，使地下水流汇集于集水井内，再用水泵将地下水排出基坑外（图3-28）。

这种排水方法的优点是施工方便，设备简单，降水费用低，管理维护较易，应用最为广泛。适用于土质情况较好，地下水不很丰富，一般基础及中等面积建（构）筑物群和基坑（沟槽）的排水。

（三）分层明沟排水

当基坑开挖土层由多种土层组成，中部夹有透水性强的砂类土层时，为避免上层地下水冲刷基坑下部边坡造成塌方，可在基坑边坡上设置 2 ~ 3 层明沟及相应的集水井，分层阻截并排除上部土层中的地下水（图 3-29）。

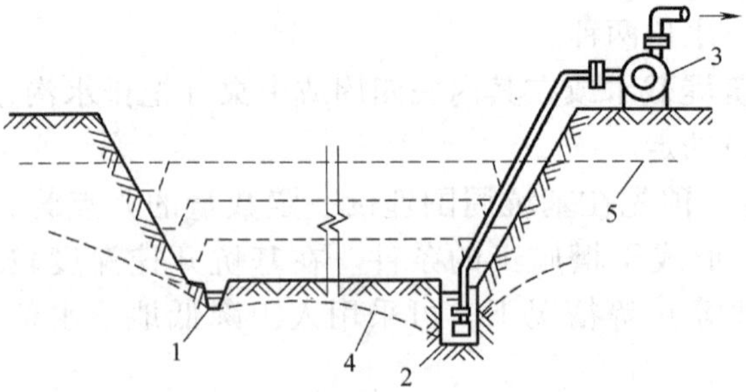

图 3-28 普通明沟排水

1—排水明沟 2—集水井 3—水泵
4—降低后地下水位线 5—原地下水位线

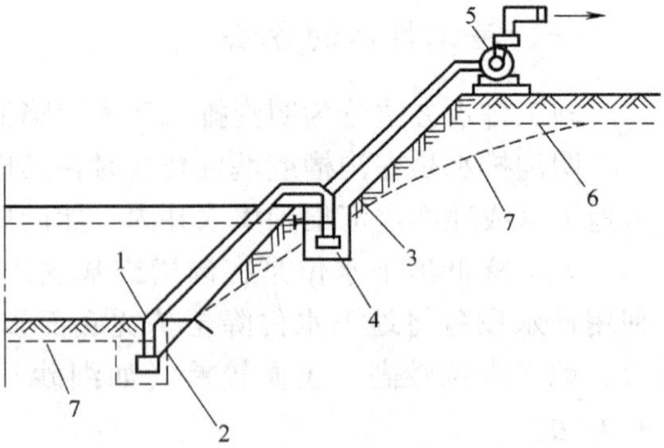

图 3-29 分层明沟排水

1—底层排水沟 2—底层集水井 3—二层排水沟
4—二层集水井 5—水泵 6—原地下水位线
7—降低后地下水位线

该法可保持基坑边坡稳定，减小边坡高度和水泵扬程。但土方开挖面积加大，土方量增加，适于深度较大、地下水位较高且上部有透水性强土层的建筑物基坑排水。

（四）深沟排水

当地下设备基础成群，基坑相连，土层渗水量和排水面积大时，为减少大量设置排水沟的复杂性，可在基坑外距坑边 6 ~ 30m 或基坑内深基础部位，开挖一条纵长深的明排水沟作为主沟，使附近基坑地下水沟通过深沟自行流入下水道，或另设集水井用泵抽到施工场地以外沟道排走（图 3-30）。

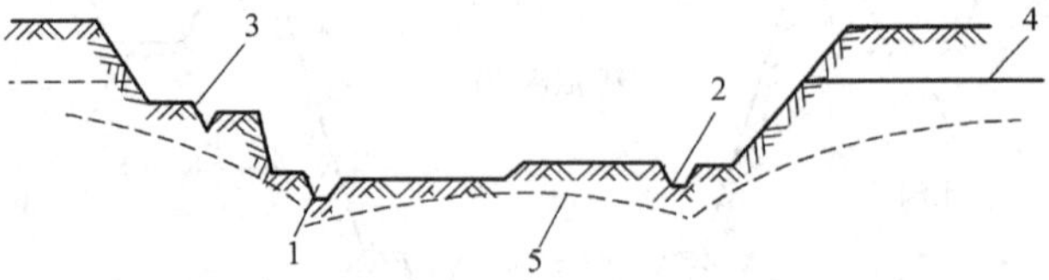

图 3-30 深沟排水

1—主排水沟 2—支沟 3—边沟 4—原地下水位线 5—降低后地下水位线

该法将多块小面积基坑排水变为集中排水，降低地下水位面积大和深度大，节省降水设施和费用，施工方便，降水效果好。但开挖深沟，工程量大，较为费事，适用于深度大的大面积地下室、箱基、设备基础群。

三、人工降低地下水位

人工降低地下水位常采用井点排水的方法，具体做法是在基坑周围或一侧埋入深于基坑的井点滤水管或管井，以总管连接抽水，使地下水低于基坑底，以便在干燥状态下挖土，这样不但可防止流砂现象产生和增加边坡稳定性，而且便于施工。具体方法有轻型井点、喷射井点、电渗井点、管井井点和深井井点等。可根据土层的渗透系数、要求降低水位的深度和工程特点，作技术经济和节能比较后适当加以选择。轻型井点和管井井点是当前国内外应用最广泛而且比较简便、降水效果较好的降水方法。特别是对深基坑、砂性土，降低水位在6m以内时，尤为适宜。各种井点降水方法的适用范围见表3-19。

表3-19 各种井点降水方法的适用范围

井点类别		土的渗透系数/(m/d)	降水深度/m
轻型井点	一级轻型井点	0.1~50	3~6
	多级轻型井点	0.1~50	视井点级数而定
	喷射井点	0.1~50	8~20
	电渗井点	<0.1	视选用的井点而定
管井	管井井点	20~200	3~6
	深井井点	10~250	>15

重点介绍轻型井点降水。

轻型井点系统适用于在粗砂、中砂、细砂、粉砂等土层中降低地下水。单层轻型井点系统可降低水位深度3~6m，多层轻型井点系统可降低水位深度6~12m。

（一）轻型井点系统的组成

轻型井点系统由滤管、井点管、弯联管、集水总管和抽水设备等组成，如图3-31所示。

（1）滤管与井点管 滤管是进水设备，构造是否合理对抽水效果影响很大。滤管用直径为38~55mm的钢管制成，长度一般为0.9~1.7m。管壁上有直径为12~18mm、呈梅花形布置的孔，外包粗、细两层滤网。为避免滤孔淤塞，在管壁与滤网间用塑料管或钢丝绕成螺旋状隔开，滤网外再围一层粗钢丝保护层。滤管下端配有堵头，上端同井点管相连，如图3-31所示。

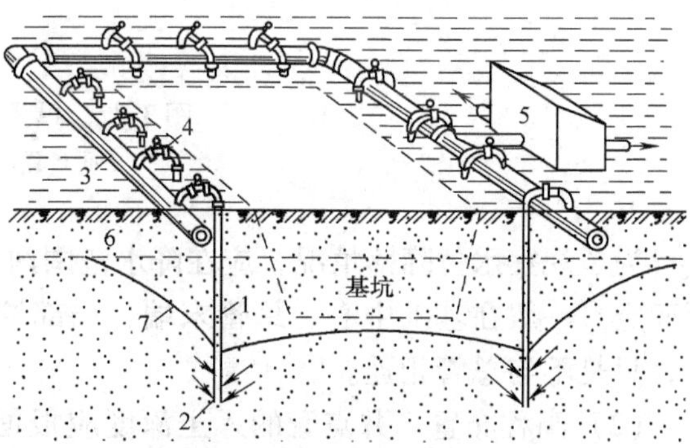

图3-31 轻型井点降低地下水位

1—井点管 2—滤管 3—集水总管 4—弯联管 5—水泵 6—原地下水位线 7—降低后地下水位线

（2）弯联管与集水总管 弯联管用塑料管、橡胶管或钢管制成，并且宜装设阀门，以便检修井点。

集水总管一般用直径为75~150mm的钢管分节连接，每节长4~6m，上面装有与弯联管连接的三通短接头，其间距为0.8~1.6m。总管要设置一定坡度坡向泵房。

（3）抽水设备 轻型井点的抽水设备有干式真空泵、射流泵，隔膜泵等。干式真空泵井点可根据含水层的渗透系数，选用相应型号的真空泵及卧式水泵，在粉砂、砂质黏土等渗透系数较小的土层中，可采用射流泵和隔膜泵。

（二）轻型井点设计

轻型井点的设计包括平面布置，高程布置，涌水量计算，井点管的数量、间距和抽水设备的确定等。井点计算由于受水文地质和井点设备等许多因素的影响，所计算的结果只是近似数值，对重要工程，其计算结果必须经过现场试验进行修正。

（1）平面布置　平面布置根据基坑平面形状与大小、土质和地下水的流向以及降低地下水的深度等要求而定。当基坑宽度小于6m、降水深度不超过5m时，可采用单排线状井点，布置在地下水流的上游一侧；当基坑或沟槽宽度大于6m，或土质不良、渗透系数较大时，可采用双排线状井点；当基坑面积较大时，应用环形井点或U形井点，挖土运输设备出入道路处可不封闭，如图3-32a所示。

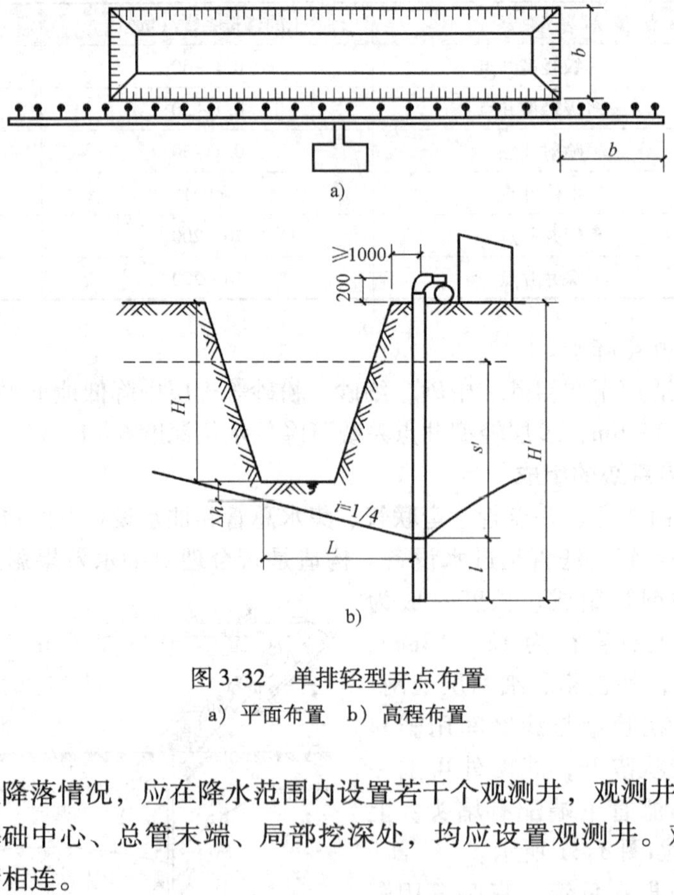

图3-32　单排轻型井点布置

a）平面布置　b）高程布置

为了观察水位降落情况，应在降水范围内设置若干个观测井，观测井的位置和数量视需要而定。一般在基础中心、总管末端、局部挖深处，均应设置观测井。观测井由井点管做成，只是不与总管相连。

（2）高程布置　井点管的入土深度应根据降水深度、储水层所在位置、集水总管的高程等决定，但必须将滤管埋入储水层内，并且比所挖基坑或沟槽底深0.9～1.2m。集水总管标高应尽量接近地下水位线并沿抽水水流方向有0.25%～0.5%的上仰坡度，水泵轴心与总管齐平，如图3-32b所示。

井点管埋深可按下式计算：

$$H' = H_1 + \Delta h + iL + l \tag{3-23}$$

式中　H'——井点管埋置深度，单位为m；

H_1——井点管埋设面至基坑底面的距离，单位为 m；

Δh——降水后地下水位至基坑底面的安全距离，单位为 m，一般为 0.5～1.0m；

i——水力坡度，与土层渗透系数、地下水流量等因素有关，根据扬水试验和工程实测确定，对环状或双排井点可取 1/15～1/10，对单排线状井点可取 1/4，环状井点外可取 1/10～1/8；

L——井点管中心至最不利点（沟槽内底边缘或基坑中心）的水平距离，单位为 m；

l——滤管长度，单位为 m。

井点露出地面高度，一般取 0.2～0.3m。

轻型井点的降水深度以不超过 6m 为宜。如求出的降水深度大于 6m，则应降低井点管和抽水设备的埋置面，如果达不到降水深度的要求，可采用两级井点或多级井点，如图 3-33所示。

（3）总涌水量计算　井点系统是按水井理论进行计算的。水井根据不同情况分为：井底达到不透水层的称为完全井；井底未达到不透水层的称为非完全井；地下水有压力的是承压井，地下水无压力的是无压井。其中以无压完全井的理论较为完善，应用较普遍。

1）无压完全井环形井点系统（图 3-34a）总涌水量可按下式计算：

$$Q = 1.366K(2H - s)s/(\lg R - \lg x_0) \tag{3-24}$$

式中　Q——井点系统总涌水量，单位为 m^3/d；

K——渗透系数，单位为 m/d；

H——含水层厚度，单位为 m；

R——抽水影响半径，单位为 m；

s——水位降低值，单位为 m；

x_0——基坑假想半径，单位为 m。

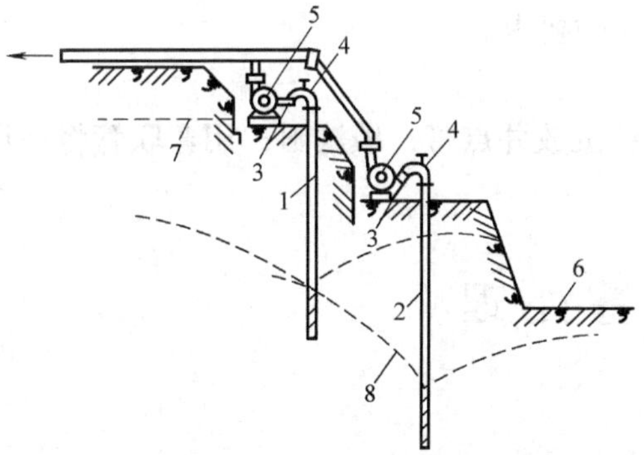

图 3-33　两级轻型井点系统

1—一级井点　2—二级井点　3—集水总管　4—连接管　5—水泵　6—基坑　7—原地下水位线　8—降低后地下水位线

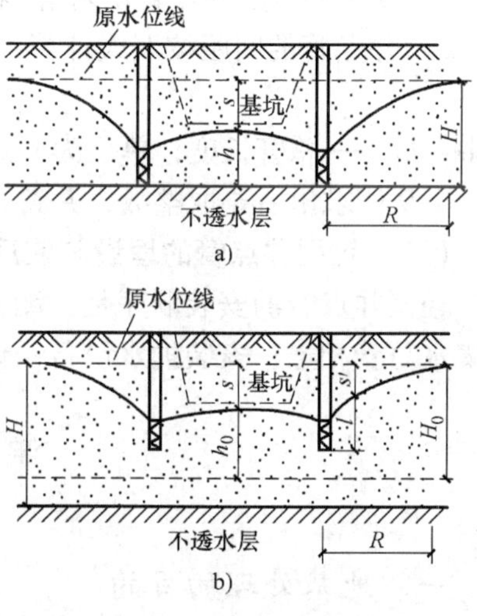

图 3-34　无压完全井及无压非完全井计算简图

a）无压完全井　b）无压非完全井

2）无压非完全井井点系统（图3-34b）总涌水量的计算。为了简化计算，仍可用无压完全井的公式进行计算，但式中 H 应换成有效深度 H_0，即

$$Q = 1.366K(2H_0 - s)s/(\lg R - \lg x_0) \tag{3-25}$$

式中 H_0——有效深度，单位为m，可根据表3-20确定。

计算涌水量时，R、x_0、K 需预先确定。

表3-20 H_0 值

$s'/(s'+l)$	H_0
0.2	$1.3\ (s'+l)$
0.3	$1.5\ (s'+l)$
0.5	$1.7\ (s'+l)$
0.8	$1.85\ (s'+l)$

注：l 为滤管长度，单位为m；s' 为原地下水位至滤管顶部的距离。

（4）单根井点管涌水量　单根井点管涌水量可按下式计算：

$$q = 65\pi dLK^{1/3} \tag{3-26}$$

式中 q——单井涌水量，单位 m^3/d；

d——滤管直径，单位为m；

L——滤管长度，单位为m；

K——渗透系数，单位为m/d。

（5）井点管数量与间距

1）井点管所需根数按下式计算：

$$n = 1.1Q/q \tag{3-27}$$

式中 1.1——考虑井点管堵塞等因素的备用系数。

2）井点管的间距按下式计算：

$$D = L_1/(n-1) \tag{3-28}$$

式中 L_1——总管长度，单位为m。

D 值求出后要取整数，并符合总管接头间距的要求。

（三）轻型井点管的埋设与使用

轻型井点管的安装顺序是：测量定位；冲孔；沉放井点管；填滤料；用弯联管将井点管与集水总管相连；安装抽水设备；试抽。

第七节　地基处理

一、地基处理的目的

环境工程中的管道和构筑物大部分建在地下，一般埋置较浅。管道应敷设在未经扰动的坚实原状土层上，管道工程中钢管、铸铁管、预应力混凝土管一般不用做基础，可直接敷设在地基上，一般情况下地基可不做加固处理。但在管道施工中，会经常遇到软弱土层的情况，此时需要对地基进行处理。

(一) 地基处理的目的

1) 改善土的剪切性能，提高土的抗剪强度。

2) 降低软弱土层的压缩性，减少基础的沉降或不均匀沉降。

3) 改善土的透水性，加强其截水、防渗的作用。

4) 改善土的动力特性，防止砂土液化。

5) 消除或减少湿陷性黄土的湿陷性和膨胀土的胀缩性。

(二) 地基需处理的情况

管道施工中地基需处理的情况有：

1) 管道施工中发现槽底地基上土质松软、与设计要求不符或发现坟穴、枯井地质不均匀等。

2) 管道通过旧河床、苇塘、洼地。

3) 管道地基土层为砂土、粉砂、细砂、亚砂土，且位于地下水位以下呈饱和状态，由于排水不慎，致使管底受力层土壤被地下水扰动，丧失承载能力。

4) 人工和机械挖土，槽底超挖和槽底受冻范围被扰动。

5) 管道交叉，上层管道落在下层管道的开槽回填土上，造成上层管道地基不均匀沉降。

为克服地基不均匀沉降，在施工中采取的技术措施主要有加固地基、加强基础刚度、加强上部结构物的刚度、设置沉降缝等方法。加固地基是管道施工中最常见的方法。

二、地基处理方法

进行地基设计时，应最大限度发挥天然地基的潜在能力，尽可能采用天然地基方案。当采用简易的处理措施或通过加强上部结构的整体刚度措施后仍难以满足工程要求时，再考虑采用地基处理方案。

地基处理常用的方法有换土法、夯实挤密法、化学加固法及桩基地基处理。在选择地基处理方案时，要根据工程和地基的具体情况，并综合考虑地基土层的埋藏条件、处理深度、处理面积、工程造价、工程进度等多方面因素。

(一) 换土垫层法

当地基为较软弱或为湿陷性土层，不能满足上部荷载对地基强度或变形的要求时，常采用换土垫层来处理地基。即先将基础下的软弱土、湿陷性黄土、杂填土料中的膨胀土等一部分或全部挖除，然后换填密度较大或稳定性较好的土或灰土、砂石、矿渣等材料，并分层夯实或碾压使其密实。该法适用于较浅的地基处理地段，一般用于地基扰动深度不大于0.8m处。该法处理费用比用桩基处理要低，在各地得到广泛应用。

(1) 素土垫层　素土垫层是用分层回填较好的素土夯实而成。素土垫层有一定的承载力，不用建筑材料，施工简单，可大幅度降低施工造价，加快建设进度。

适用于处理软土、湿陷性黄土和杂填土地基。但由于素土的稳定时间比较长，承载力比较低，一般仅用于上部荷载不大和相对沉降差要求不高的浅层地基加固。

土料一般用黏土和砂质黏土，有机物含量不得超过5%，也不得含有冻土和膨胀土；用于湿陷性黄土地基时，土料不得加砖瓦和石块。

(2) 灰土垫层　灰土垫层是用一定比例的石灰与土，在最优含水量情况下充分拌和，分层回填夯实或压实而成。灰土垫层具有一定的强度、稳定性和抗渗性，施工工艺简单，取材容易，费用较低，是一种应用广泛、经济实用的地基加固方法。

适用于加固深1～4m的软弱土、湿陷性黄土、杂填土，还可用作结构的辅助防渗层。

（3）砂和砂砾石垫层　砂和砂砾石垫层是用砂和砂砾石混合物，经分层夯实而成，作为地基的持力层，能提高基础下部地基强度，并通过垫层的压力扩散作用，降低对地基的压应力，减少变形量。同时垫层可起排水作用，地基土中孔隙水可通过垫层快速排出，能加速下部土层的沉降和固结。

砂和砂石垫层由于砂砾大，可防止地下水因毛细作用上升，地基不受冻结的影响；能在施工期间完成沉陷；不用水泥、石材；用机械或人工都可使垫层密实，具有应用范围广泛，施工工艺简单，可缩短工期、降低造价等特点。

适用于处理3.0m以内的软弱、透水性强的黏性土地基；不宜用于加固湿陷性黄土地基及渗透性系数小的黏性土地基。

（4）三合土垫层　三合土垫层是用石灰、砂或黏性土和碎砖拌和均匀，然后分层夯实而成。适用于民用建筑地基的加固。

（二）碾压与夯实法

（1）机械碾压法　机械碾压法采用压路机、推土机、羊角碾或其他压实机械来压实松散土。它施工速度快，但每遍碾压的有效深度不超过400mm，须分层碾压。

适用于地下水位以上大面积的压实和杂填土的地基处理。

（2）振动压实法　振动压实法是利用振动机振动压实浅层地基的一种方法。振动压实效果与填土成分、振动时间等因素有关，一般振动时间越长效果越好。但超过一定时间后，振动引起的下沉已基本稳定，再振也不能起到进一步的压实效果。

（3）重锤夯实法　重锤夯实法是利用起重机械将夯锤提到一定高度，然后使锤自由下落，重复夯击以加固地基。

适用于稍湿的一般黏性土和粉土（地下水位应在夯击面下方1.5m以上）、砂土、湿陷性黄土以及杂填土等。

（4）强夯法　强夯法是松软地基的一种有效的加固方法，它是利用夯锤自由落下的巨大冲击能和所产生的冲击波反复夯击地基土，将夯面以下一定深度的土层夯实，以提高地基的承载力和土体的稳定性，降低压缩性，消除黄土地基的湿陷性和砂土的振动液化的地基加固方法。由于夯击能量大，因而其加固深度也大，国外介绍的最大加固深度可达40m，夯击能量为（100～800）×10kN，甚至达（1000～2000）×10kN，锤重8～40t，落距7～40m。

强夯法不仅对湿陷性黄土、粉土、砂土有效，而且对饱和软黏性土也有成功的实例。

（三）挤密桩法

挤密桩是采用类似沉管灌注桩的机具和工艺，通过冲击或振动先往土中打入一尖端封闭的桩管成孔，将桩管松散土挤密，拔出柱管后向孔中填入土或其他材料并分层捣实而成桩。其作用是除了将周围松散土挤密外，还使桩和挤密后的地基土共同组成基础下的复合地基，从而提高地基的强度并减小地基变形，对黄土则可减小或全部消除深层黄土的湿陷性。挤密桩按所填充的材料分为砂桩、灰土桩等，按成孔方式分为打入或振入挤密桩和爆破挤密桩。

（1）挤密砂桩　砂桩常用于挤密松散杂填土、砂性较大的黏性土或松散砂地基，提高地基的密实程度和承载能力，并能有效地防止砂土地基的振动液化。但对于黏性大的饱和软土地基、软弱的高湿度黄土地基，由于土的渗透性小，抗剪强度低，灵敏度较高，在加固过程中孔隙水不能及时顺利挤出，孔隙水压力难以很快消散，故其挤密效果不显著。砂桩还不能用于湿陷性黄土地基。砂桩的作用一是挤密地基，二是排水，能加速一般黏性土的排水固结。

(2) 灰土挤密桩　灰土桩挤密加固地基是一种人工复合地基，属于深层加密处理地基的方法。灰土桩之所以能改善土的性质，是由于生石灰的水化膨发挤密、发热、离子交换、胶凝反应等作用和成孔挤密、置换作用的结果。

该法适用于处理地下水位以下的饱和黏性土、粉土、松散粉细砂、杂填土以及饱和黄土等地基。

(四) 堆载预压法

预压法又称预固结法，是在工程建造之前用比基底压力大或与其相等的填土荷载等预压堆载，预先使地基土排水固结，以提高地基强度的方法。当强度指标达到要求的数值后，卸除荷载，修建构筑物，这样可以安全地进行构筑物的施工，而且构筑物建成后基本不再产生过大的沉降。

该方法适用于软弱黏性土，包括沿海地区的淤泥质土及冲填土等，多用于贮液罐、池、建筑物、道路填土等构筑物的地基处理。

(五) 振冲法

利用振动和水冲加固土体的方法称为振冲法。振冲法分为振冲挤密法和振冲置换法两类。用于振密松砂地基时，称为“振冲挤密”。用于黏性土地基时，在黏性土中制造一群以碎石、卵石或沙砾材料组成的桩体，从而构成复合地基，这种方法称为“振冲置换”。

振冲法加固砂基主要是通过振冲器的强力振动使饱和砂土液化，砂颗粒重新排列，孔隙减小，另一方面又依靠振冲器的水平振动力，在施加固体填料的情况下使砂层挤压加密。

振冲法适用于砂性土（粉砂到松散含砾粗砂）和粉土，其次为黏粒含量较小的黏性土，对黏粒含量大于30%的软弱黏性土，基本没有挤密效果，只产生置换作用。

(六) 化学加固法

化学加固法是利用化学溶液或胶结剂，灌入土中，把土粒胶结起来，以提高地基强度、减少沉降量的一种加固方法。目前采用的化学浆液有以下几种：

1) 水泥浆液。用高强度等级的硅酸盐水泥和速凝剂组成的浆液，应用较多。

2) 以硅酸钠（即水玻璃）为主的浆液，常用水玻璃和氯化钙溶液。

3) 以丙烯酰胺为主的浆液。

4) 以纸浆液为主的浆液，如重铬酸盐木质素浆，加固效果尚可。但有毒性，易污染地下水。

加固的施工方法有压力灌注法、旋喷法、旋转搅拌法等。

三、常见管道基础

(一) 基础组成及作用

管道的基础一般由地基、基础和管座三个部分组成（图3-20）。地基是指沟槽底的土壤部分。它承受管子和基础的质量、管内水重、管上土压力和地面荷载。基础是指管子与地基间经人工处理过的或专门建造的设施，其作用是将管道较为集中的荷载均匀分布，以减小对地基单位面积的压力，或由于土的特殊性质的需要，为使管道安全稳定运行而采取的一种技术措施，如原土夯实、混凝土基础等。管座是管子下侧与基础之间的部分。设置管座的目的在于它使管子与基础连成一个整体，以减小对地基的压力和对管子的反作用力。管座包角的中心角愈大，基础所受的单位面积的压力和地基对管子的单位面积的反作用力愈小。

为保证管道系统能安全正常运行，除管道工艺本身设计施工应正确外，管道的地基与基础要有足够的承受荷载的能力和可靠的稳定性，否则给水排水管道可能产生不均匀沉陷，造成管道错口、断裂、渗漏等现象，导致对附近地下水的污染，甚至影响附近建筑物的基础。

（二）基础形式

目前常用的管道基础有砂土基础、砂石基础、混凝土枕基和混凝土条形基础。

1. 砂土基础

砂土基础包括弧形素土基础及砂垫层基础，如图 3-35 所示。

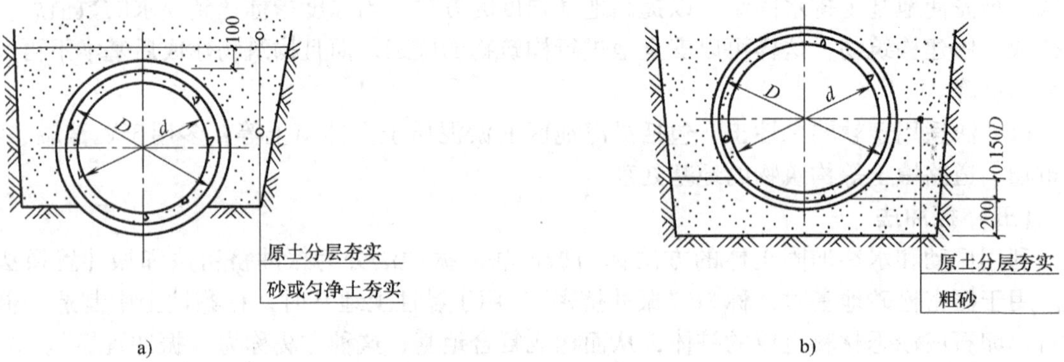

图 3-35　砂土基础

a）弧形素土基础　b）砂垫层基础

弧形素土基础是在原土上挖一弧形管槽（通常采用 90°弧形），管子落在弧形管槽里。

这种基础适用于无地下水、原土能挖成弧形的干燥土壤；可采用铸铁管、直径小于 600mm 的混凝土管、钢筋混凝土管、陶土管、管顶覆土厚度在 0.7 ~ 2.0m 的街坊污水管道以及不在车行道下的次要管道及临时性管道。

砂垫层基础是在挖好的弧形管槽上，用带棱角的粗砂填 10 ~ 15cm 厚的砂垫层。这种基础适用于无地下水、岩石或多石土壤，管道直径小于 600mm 的混凝土管、钢筋混凝土管及陶土管，管顶覆土厚度 0.7 ~ 2.0m 的排水管道。

2. 砂石基础

柔性接口的刚性管道的基础结构，设计无要求时，一般土质地段可铺设砂垫层，亦可铺设粒径 25mm 以下的碎石，表面再铺设 20mm 厚的中、粗砂垫层，总厚度应符合表 3-21 的规定。

表 3-21　柔性接口刚性管道砂石垫层总厚度　　（单位：mm）

管外径 D_0	垫层总厚度
300 ~ 800	150
900 ~ 1200	200
1350 ~ 1500	2500

3. 混凝土枕基

混凝土枕基是只在管道接口处设置的管道局部基础，如图 3-36 所示。

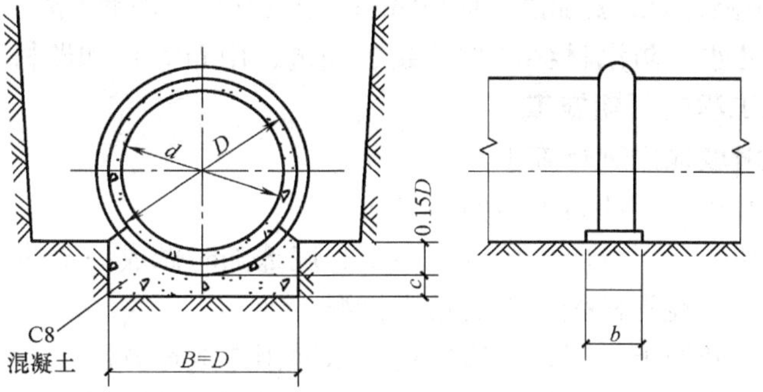

图 3-36　混凝土枕基

通常在管道接口下用 C8 混凝土做成枕状垫块。此种基础适用于干燥土壤中的雨水管道及不太重要的污水支管。常与素土基础或砂垫层基础同时使用。

4. 混凝土条形基础

混凝土条形基础是沿管道全长铺设的基础。按管座的形式不同可分为 90°、135°、180°三种管座基础，90°、135°条形基础如图 3-37 所示。

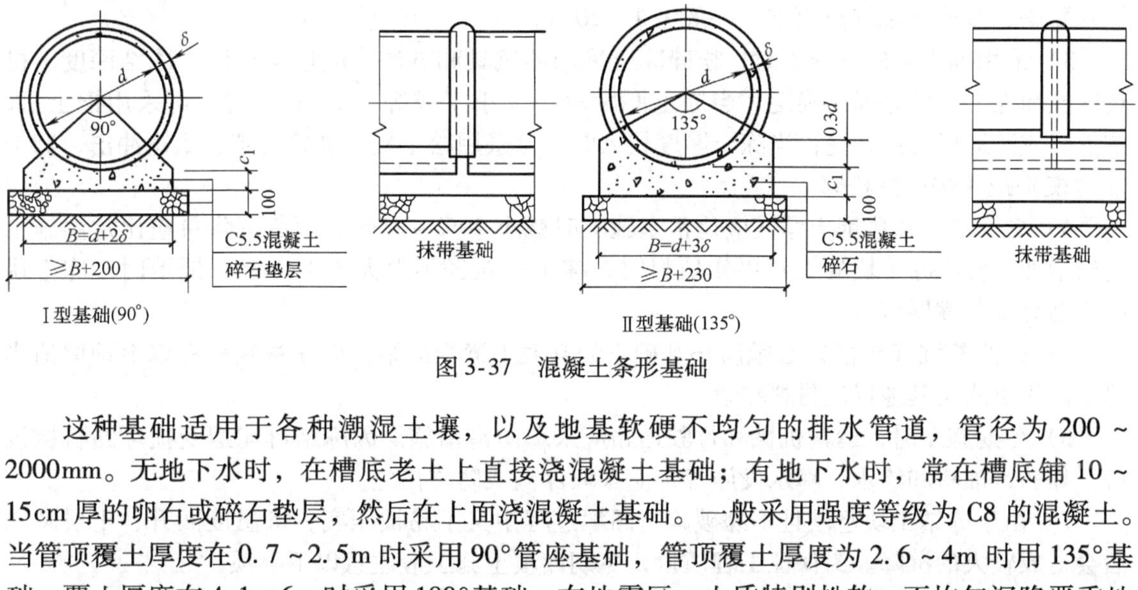

图 3-37　混凝土条形基础

这种基础适用于各种潮湿土壤，以及地基软硬不均匀的排水管道，管径为 200 ~ 2000mm。无地下水时，在槽底老土上直接浇混凝土基础；有地下水时，常在槽底铺 10 ~ 15cm 厚的卵石或碎石垫层，然后在上面浇混凝土基础。一般采用强度等级为 C8 的混凝土。当管顶覆土厚度在 0. 7 ~ 2. 5m 时采用 90°管座基础，管顶覆土厚度为 2. 6 ~ 4m 时用 135°基础，覆土厚度在 4. 1 ~ 6m 时采用 180°基础。在地震区，土质特别松软、不均匀沉陷严重地段，最好采用钢筋混凝土条形基础。

第八节　土方雨期、冬期施工

一、土方工程雨期施工

（一）雨期施工准备

1）降水量大的地区在雨期到来之际，施工现场、道路及设施必须做好有组织的排水。

2）施工现场临时设施、库房要做好防雨排水的准备。

3）现场的临时道路必要时要加固、加高路基，路面在雨期加铺炉渣、砂砾或其他防滑材料。

4）准备足够的防水、防汛材料（如草袋、油毡、雨布等）和器材工具等。

（二）土方基础工程的雨期施工

1）雨期不得在滑坡地段进行施工。

2）地槽、地坑开挖的雨期施工面不宜过大。

3）开挖土方应从上至下分层分段依次施工，底部随时做成一定的坡度，以利泄水。

4）雨期施工时，应经常检查边坡的稳定情况。

5）防止大型基坑开挖土方工程的边坡被雨水冲刷造成塌方。

6）地下的池、罐构筑物或地下室结构，完工后应抓紧基坑四周回填土施工和上部结构继续施工。

二、土方工程冬期施工

1）土方工程不宜在冬期施工。如必须在冬期施工时，其施工方法应经技术经济比较后确定。施工前应周密计划，做好准备，做到连续施工。

2）采用防止冻结法开挖土方时，可在冻结前用保温材料（干砂、锯末、草帘、树叶等）覆盖，其厚度视气温而定，一般为1～20cm。

3）采用冻土破碎法施工时，松碎冻土采用的机具和方法，应根据土质、冻结深度、机具性能和施工条件等因素确定。当冻土厚度较小（小于或等于25cm）时，可采用推土机、挖土机或铲运机直接开挖；当冻土厚度较大时，可采用松土机、破碎土犁、重锤冲击、劈土锥（楔）或用爆破法松碎。

4）冬期填方每层铺土厚度应比常温施工时减小20%～25%，预留沉降量应比常温施工适当增加。含有冻土块的土料用作填料时，冻土块粒径不得大于150mm，铺填时，冻土块应均匀分布，逐层压实。

5）开挖基坑（沟槽）必须防止基础下的基底土遭受冻结，应在基底标高以上预留适当厚度的松土或用其他保温材料覆盖。

6）冬期施工时，运输机械和行驶道路应采取防滑措施。因冻结可能遭受损坏的机械设备，炸药，油料和给水、降水设施等，应采取保温或防冻措施。

7）由于冻结土块坚硬且不易破碎，回填过程中又不易被压实，待温度回升、土层解冻后会造成较大的沉降。为保证工程质量，冬期回填土施工应注意以下事项：

填方前，要清除基底的冰雪和保温材料，排除积水，挖除冻块或淤泥。

填土中冻土块含量应符合设计要求，对于基础和地面工程范围内的回填土，冻土块的含量不得超过回填土总体积的15%，且冻土块的粒径应小于15cm。

管沟底至管顶以上1.5m范围内不得用含有冻土块的土回填，室内的或有路面的道路下的基坑或管沟不得用含有冻土块的土回填。

回填工作宜连续进行，且应采取有效的保温防冻措施，以免地基土或已填土受冻。

填方上层应用未冻的、不冻胀的或透水性好的土料填筑，其厚度应符合设计要求。

填方边坡表层1m以内不得用冻土填充。地面面层下的填方，其填料中不得含有冻土块。填土完成后至地面施工前，应采取防冻措施。

第四章

砌 体 工 程

砌体是指由砖、石砌块和其他砌块和砂浆砌筑而成的整体材料。砌体工程中包括砂浆制备、材料运输、脚手架搭设和砌筑等内容。在环境工程施工中，砌体工程较多用于水处理车间及办公楼等建筑物的施工中。

第一节　砌筑用脚手架

砌筑用脚手架是砌筑过程中堆放材料和工人进行操作的临时性设施。按其搭设位置分为外脚手架和里脚手架两大类；按其所用材料分为木脚手架、竹脚手架与金属脚手架；按其构造形式分为多立杆式、框式、桥式、吊式、挂式、升降式以及用于楼层间操作的工具式脚手架等。对脚手架的基本要求是：宽度应满足工人操作、材料堆置和运输的需要，坚固稳定、装拆简便、能多次周转使用。脚手架的宽度一般为1.2~1.5m，砌筑用脚手架的每步架高度一般为1.2~1.4m，外脚手架考虑砌筑、装饰两用，其步架高一般为1.6~1.8m。

一、外脚手架

外脚手架沿建筑物外围从地面搭起，既可用于外墙砌筑，又可用于外墙装饰施工。其主要形式有多立杆式、框式、桥式等。多立杆式应用最广，框式次之。

多立杆式外脚手架由立杆、大横杆、小横杆、斜撑、脚手板等组成。其特点是每步架高可根据施工需要灵活布置，取材方便。多立杆式钢管外脚手架应用广泛，有扣件式和碗扣式两种。

（一）钢管扣件式脚手架

钢管扣件式脚手架由钢管（ϕ48mm×3.5mm）和扣件（图4-1）组成，接点采用扣件，既牢固又便于装拆，可以重复周转使用。这种脚手架应用广泛。

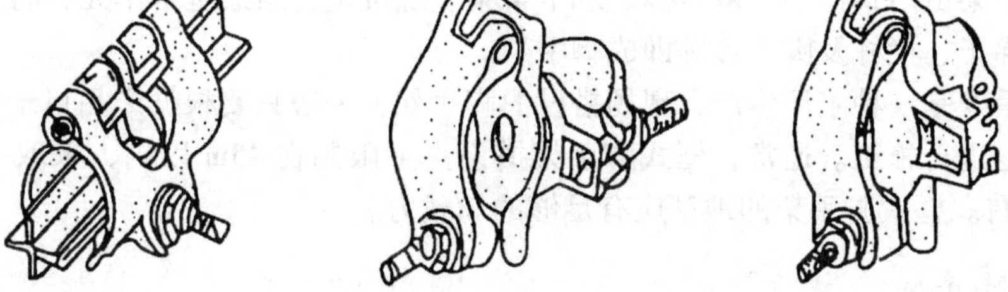

a)　　b)　　c)

图4-1　扣件形式

a）对接扣件　b）回转扣件　c）直角扣件

钢管扣件式脚手架搭设中应注意地基平整坚实，设置底座和垫板，并有可靠的排水措施，防止积水浸泡地基。杆件应按设计方案进行搭设，并注意搭设顺序，扣件拧紧程度应适度。应随时校正杆件的垂直和水平偏差。

（二）碗扣式钢管脚手架

脚手架杆件接点处采用碗扣连接。由于碗扣是固定在钢管上的，因此其连接可靠，组成的脚手架整体性好，也不存在扣件丢失问题。

碗扣式接头由上、下碗扣与横杆接头以及限位销等组成。图4-2所示为碗扣接头的示意图。

碗扣式接头可以同时连接四根横杆，横杆可相互垂直亦可组成其他角度，因而可以搭设各种形式，如曲线形的脚手架。搭设时，将上碗扣提起并对准限位销，然后横杆接头插入下碗扣，再放下上碗扣并旋转扣紧，并用小锤轻击，即完成接点的连接。

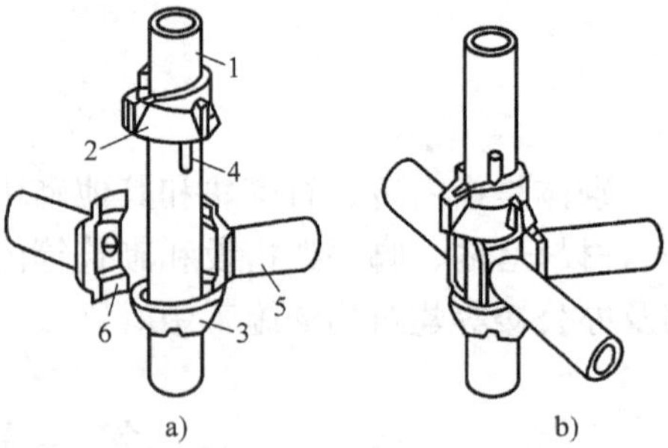

图4-2 碗扣接头的示意图

a）连接前 b）连接后

1—立杆 2—上碗扣 3—下碗扣
4—限位销 5—横杆 6—横杆接头

（三）框式脚手架

框式脚手架（图4-3）也称为门式脚手架，是当今国际上应用最普遍的脚手架之一。它不仅作为外脚手架，而且可作为里脚手架或满堂脚手架。

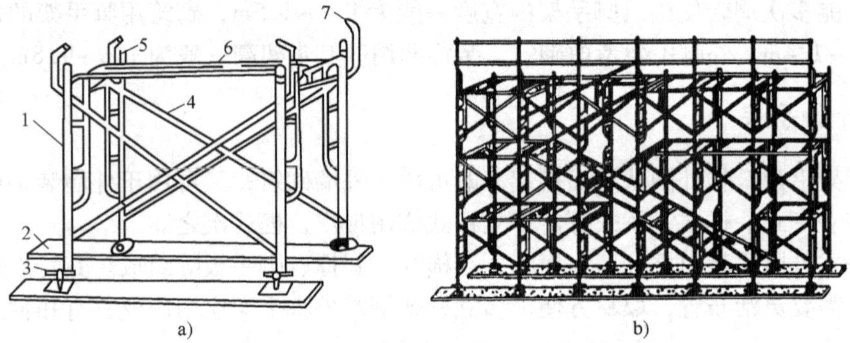

图4-3 框式脚手架

a）基本单元 b）框式外脚手架

1—门式框架 2—平板 3—螺旋基脚 4—剪刀撑 5—连接棒 6—水平梁架 7—锁臂

框式脚手架由门式框架、剪刀撑、水平梁架、螺旋基脚组成基本单元，将基本单元相互连接并增加梯子、栏杆及脚手板等即成脚手架。

框式脚手架是一种工厂生产、现场搭设的脚手架，一般只要根据产品目录所列的使用荷载和搭设规定进行施工。通常，框式脚手架搭设高度限制在45m以内，采取一定措施后可达到80m左右。框式脚手架的地基应有足够的承载力。

二、里脚手架

里脚手架搭设于建筑物内部，每砌完一层墙后，即将其转移到上一层楼面，进行新的一层墙体砌筑。里脚手架也可用于室内装饰施工。

里脚手架装拆较频繁，要求轻便灵活，装拆方便。通常将其做成工具式的，结构形式有折叠式（图4-4）、支柱式和马凳式（图4-5）。

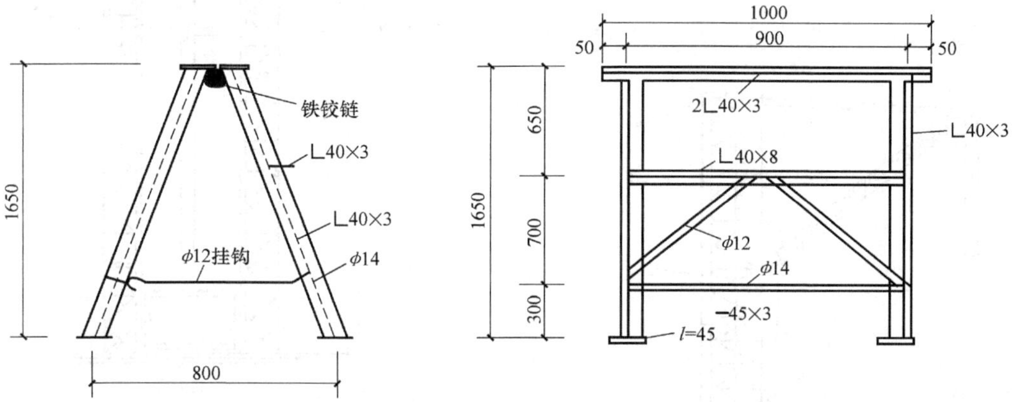

图4-4 角钢折叠式里脚手架

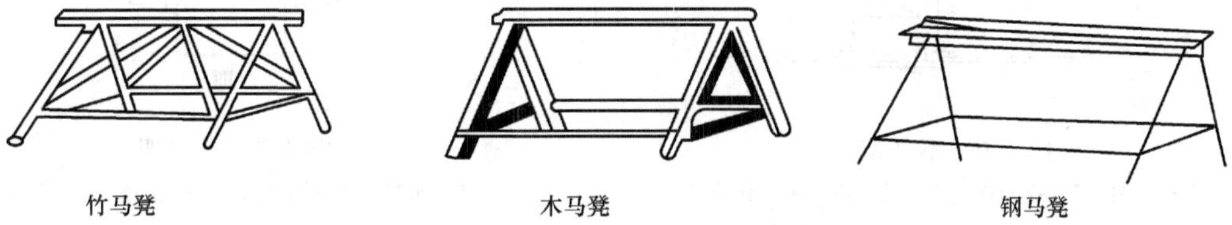

图4-5 马凳式里脚手架

三、其他形式的脚手架

除上述几种外、里脚手架外，还有挑脚手架、挂脚手架、自升降脚手架等，这些脚手架都具有施工方便的特点，它们又能有效地节省脚手架材料，因此应用日益广泛。

第二节 运输设备

砌筑工程中不仅要运输大量的砖（或砌块）、砂浆，而且还要运输脚手架、脚手板和各种预制构件；不仅有垂直运输，而且有地面和楼面的水平运输，其中垂直运输是影响砌筑工程施工速度的重要因素。常用的垂直运输机具有塔式起重机、井架及龙门架、建筑施工电梯。

塔式起重机生产效率高，并可兼作水平运输，在可能条件下宜优先选用。

井架也是砌筑工程垂直运输常用设备之一（图4-6）。井架通常带一个起重臂和吊盘。在其外伸工作范围内也可作小距离的水平运输。吊盘中可放置运料的手推车或其他散装材料。搭设高度一般为40m左右，需设缆风绳保持井架的稳定。

龙门架是由两根三角形截面或矩形截面的立柱及横梁（又称天轮梁）组成的门式架。在龙门架上设滑轮、导轨、吊盘、缆风绳等，进行材料、机具和小型预制构件的垂直运输（图4-7）。

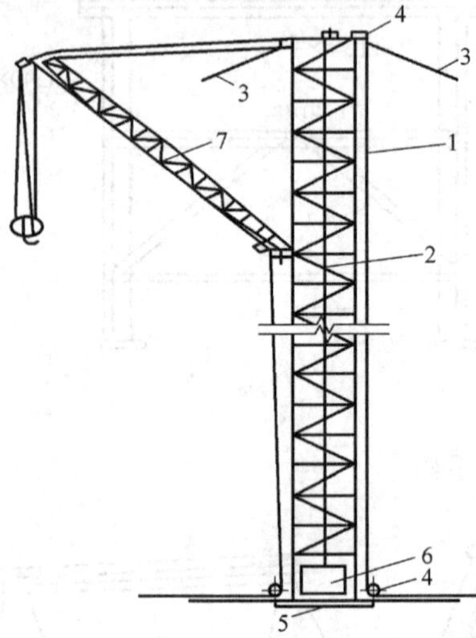

图 4-6 钢井架

1—井架 2—钢丝绳 3—缆风绳 4—滑轮
5—垫梁 6—吊盘 7—辅助吊臂

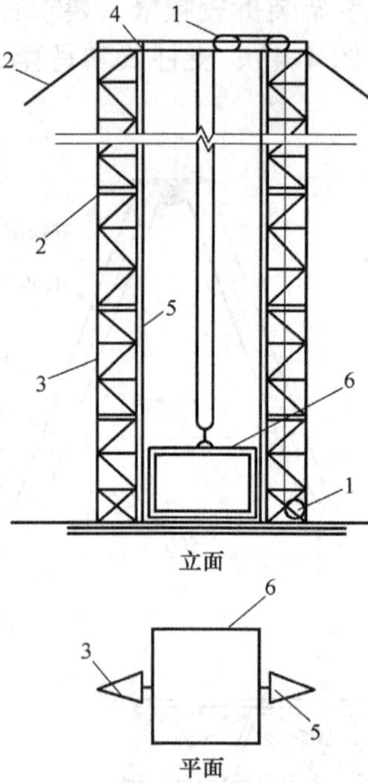

图 4-7 龙门架

1—滑轮 2—缆风绳 3—立柱 4—横梁
5—导轨 6—吊盘

建筑施工电梯常用于高层建筑、多层厂房和一般楼房施工中的垂直运输。高度随着建筑物主体结构施工而接高，可达 100m。

砌体工程中水平运输除可用塔式起重机外，散料一般用双轮手推车或机动翻斗车。运输过程中，应防止砌块破损和砂浆的分层离析。

第三节 砌 筑 材 料

一、砌筑砂浆

对砌筑砂浆所用原材料的要求：

（1）水泥 砌筑砂浆常用的水泥品种有普通水泥、矿渣水泥、火山灰水泥、粉煤灰水泥，有时也采用低强度等级的专用砌筑水泥和快硬硅酸盐水泥等。应根据工程的特点、砌体所处的施工部位与环境以及施工要求等具体情况，选择与之相适应的水泥品种。一般水泥的强度值为砂浆强度等级的 4～5 倍较好，如水泥强度等级不明或出厂日期超过三个月的过期水泥，应经试验鉴定后方可按实际强度使用。不同品种的水泥不得混合使用。

（2）砂 砌筑砂浆宜采用中砂，并应过筛。砂中不得含有草根等杂物。砂中的含泥量，对于水泥砂浆和强度等级不小于 M5 的水泥石灰混合砂浆，不应超过 5%；对于强度等级小于 M5 的水泥石灰混合砂浆，不应超过 10%。

（3）外掺料与外加剂 为了改善砂浆的和易性，节约水泥和砂浆用量，可在水泥砂浆中掺入石灰膏、磨细生石灰粉、粉煤灰、黏土膏等无机塑化剂或微沫剂、皂化松香、纸浆废液等有机塑化剂。

外掺料与外加剂用量应通过计算和试验确定，但砂浆中的粉煤灰取代水泥率最大不宜超过40%，砂浆中的粉煤灰取代石灰膏率最大不宜超过50%。

（4）水　凡是可饮用的水，均可拌制砂浆。当采用其他水源时，必须经试验鉴定，砂浆拌和用水应为不含有害物质的洁净水。其水质符合原建设部颁发的JGJ 63—2006《混凝土用水标准》方可使用。

二、砌体材料

（一）砖

我国采用的砖按所用的制砖材料可分为黏土砖、页岩砖、煤矸石砖、粉煤灰砖、硅酸盐砖等；按焙烧与否可分为烧结砖与非烧结砖等；按砖的密度可分为实心砖、空心砖、多孔砖及微孔砖等。

（1）烧结普通砖　烧结普通砖是使用最广的一种建筑材料，其规格为240mm×115mm×53mm。烧结普通砖按力学性能分为六个强度等级。

（2）烧结空心砖　烧结空心砖是以黏土、页岩、煤矸石等为主要原料，经焙烧而成的空心砖。该砖在与砂浆的结合面上应设有增加结合力的深度1mm以上的凹槽线。烧结空心砖根据密度分为三个等级；按力学性能分为三个等级。由于其强度等级较低，因而只能用于非承重砌体。该砖常用于土建工程中。

（3）粉煤灰砖　粉煤灰砖是以粉煤灰、石灰为主要原料，掺和适量石膏和集料，压制而成的实心砖。粉煤灰砖按力学性能分为四个等级，可作为承重用砖。该砖的耐水性差，不宜用于地下构筑物中。

（4）烧结多孔砖　烧结多孔砖的规格有190mm×190mm×90mm和240mm×115mm×90mm两种，按力学性能分为五个等级。常用于土建工程中。

（5）蒸压多孔砖　规格与烧结普通砖相同，强度等级为四个等级，可作为承重用砖。该砖耐水性差，不宜用于水处理构筑物中。

（6）非烧结普通黏土砖　规格与烧结普通砖相同，分为三个等级，可作为承重用砖。

以上各类砖中，黏土砖是一种传统材料，使用最为普遍，用量最大，但是黏土砖需耗大量黏土，对于发展生产和保护生态平衡都是不利的。因此，越来越多地采用其他砖与砌体。

（二）石材

石材主要来源于重质岩石和轻质岩石。石材较易就地取材，在产石地区充分利用这一天然资源比较经济。

我国石材按其加工后外形规则程度，分为料石和毛石两类。

（1）料石　料石按其加工面的平整度分为细料石、半细料石、粗料石和毛料石四种。

（2）毛石　毛石又分为乱毛石、平毛石。乱毛石是指形状不规则的石块；平毛石是指形状不规则，但有两个平面大致平行的石块。

（三）砌块

砌块是采用非黏土材料制成的，主要有混凝土、轻集料混凝土和加气混凝土砌块，以及利用各种工业废渣、粉煤灰等制成的无熟料水泥煤渣混凝土砌块和蒸汽养护粉煤灰硅酸盐砌块。

第四节 砌筑工程施工

一、砌筑工艺

砖砌体砌筑的施工过程一般有抄平、放线、摆砖、立皮数杆、挂线、砌砖、勾缝、清理等工序。

1）抄平。砌墙前应在基础防潮层或楼面上定出各层标高，并用 M7.5 水泥砂浆或 C10 细石混凝土找平，使各段砖墙底部标高符合设计要求。

2）放线。根据龙门板上给定的轴线及图样上标注的墙体尺寸，在基础顶面上用墨线弹出墙的轴线和宽度线，并定出门洞口位置线。

3）摆砖。摆砖是指在放线的基面上按选定的组砌方式用干砖试摆。摆砖的目的是核对所放的墨线在门窗洞口、附墙垛等处是否符合砖的模数，以尽可能减少砍砖。

4）立皮数杆。皮数杆是指在其上画有每皮砖和砖缝厚度以及门窗洞口、过梁、楼板、梁底、预埋件等标高位置的一种木制标杆，如图 4-8 所示。

5）挂线。为保证砌体垂直平整，砌筑时必须挂线，一般二四墙可单面挂线，三七及以上的墙则应双面挂线。

6）砌砖。砌砖的操作方法很多，常用的是“三一”砌砖法和挤浆法。砌筑过程中应三皮一吊、五皮一靠，保证墙面垂直平整。

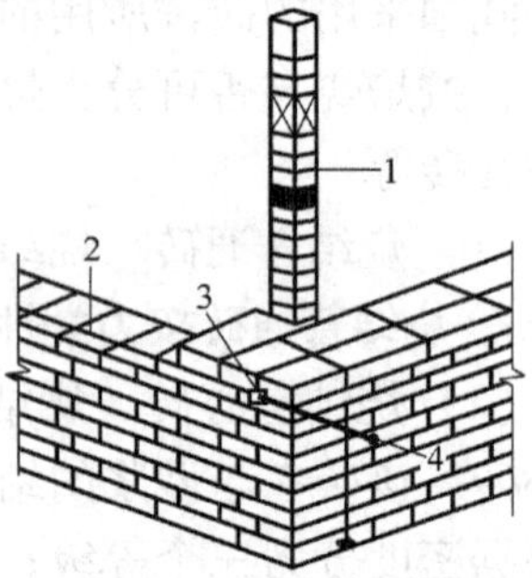

图 4-8 皮数杆示意图

1—皮数杆 2—准线

3—竹片 4—圆铁钉

7）勾缝、清理。清水墙砌完后，要进行墙面修正及勾缝。墙面勾缝应横平竖直，深浅一致，搭接平整，不得有丢缝、开裂和黏结不牢等现象。勾缝完毕，应进行墙面、柱面和落地灰的清理。

二、组砌形式

砖砌体的组砌要求：上下错缝，内外搭接，以保证砌体的整体性；同时组砌要有规律，少砍砖，以提高砌筑效率，节约材料。

（一）普通砖墙

普通砖墙的厚度有半砖（115mm）、3/4 砖（178mm，习惯上称 180 墙）、一砖（240mm）、一砖半（365mm）、二砖（490mm）等几种。但从墙的立面上看，共有下列六种组砌形式。

1. 一顺一丁

一顺一丁砌法，是一面墙的同一皮中全部顺砖与一皮中全部丁砖相互间隔砌成，上下皮间的竖缝相互错开 1/4 砖长（图 4-9）。这种砌法效率较高，但当砖的规格不一致时，竖缝就难以整齐。

2. 三顺一丁

三顺一丁砌法，是一面墙的连续三皮中全部采用顺砖与一皮中全部采用丁砖间隔砌成。

上下皮顺砖间竖缝错开 1/2 砖长；上下皮顺砖与丁砖间竖缝错开 1/4 砖长（图 4-10）。这种砌筑方法，由于顺砖较多，砌筑效率较高，但丁砖拉结较少，结构的整体性较差，适用于砌一砖和一砖以上的墙厚。

图 4-9　一顺一丁

图 4-10　三顺一丁

3. 梅花丁

梅花丁砌法是每皮中丁砖与顺砖相隔，上皮丁砖坐中于下皮顺砖，上下皮间竖缝相互错开 1/4 砖长（图 4-11）。这种砌法内外竖缝每皮都能错开，故整体性较好，灰缝整齐，比较美观，但砌筑效率较低。砌筑清水墙或当砖规格不一致时，采用这种砌法较好。

4. 两平一侧

两平一侧是一面墙连续两皮平砌砖与一皮侧立砌的顺砖上下间隔砌成。当墙厚为 3/4 砖时，平砌砖均为顺砖，上下皮平砌顺砖的竖缝相互错开 1/2 砖长，上下皮平砌顺砖与侧砌顺砖的竖缝相错 1/2 砖长；当墙厚为 1 砖时，只上下皮平砌丁砖与平砌顺砖或侧砌顺砖的竖缝相错 1/4 砖长，其余与墙厚为 3/4 砖的相同（图 4-12）。两平一侧砌法只适用 3/4砖。

图 4-11　梅花丁

图 4-12　两平一侧

5. 全顺砌法

全顺砌法是一面墙的各皮砖均为顺砖，上下皮竖缝相错 1/2 砖长（图 4-13）。此砌法仅适用于半砖墙。

6. 全丁砌法

全丁砌法是一面墙的每皮砖均为丁砖，上下皮竖缝相错 1/4 砖长。适于砌筑一砖、一砖半、二砖的圆弧形墙、烟囱筒身和圆井圈等（图 4-14）。

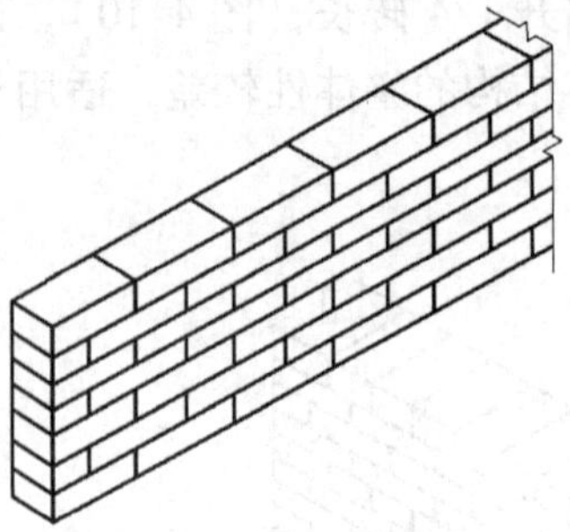

图 4-13　全顺

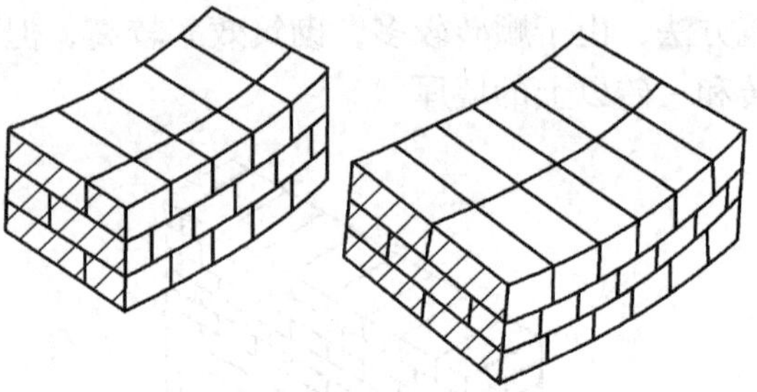

图 4-14　全丁

(二) 空斗墙

空斗墙是指墙的全部或大部分采用侧立丁砖和侧立顺砖相间砌筑而成，在墙中由侧立丁砖、顺砖围成许多个空斗，所有侧砌斗砖均用整砖。空斗墙的组砌有图 4-15 所示的几种形式。

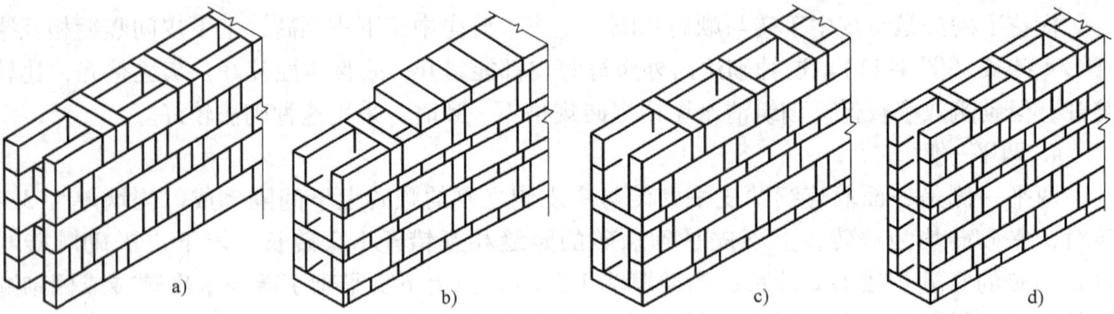

图 4-15　空斗墙组砌形式

a) 无眠空斗　b) 一眠空斗　c) 一眠二斗　d) 一眠三斗

三、砌筑质量要求及保证措施

砌体的砌筑应符合规范的要求，做到砌体灰缝横平竖直、灰浆饱满、错缝搭接、接槎可靠。

(1) 砌体灰缝横平竖直、灰浆饱满　为了使砌块受力均匀，保证砌体紧密结合，不产生附加剪应力，砖砌体的灰缝应横平竖直、厚薄均匀，并应填满砂浆，不准产生游丁走缝（竖向灰缝上下不对齐称游丁走缝）。

(2) 错缝搭接　为了提高砌体的整体性、稳定性和承载力，砖块排列应遵守上下错缝、内外搭接的原则，不准出现通缝，错缝或搭接长度一般不小于 1/4 砖长（60mm）。

(3) 接槎可靠　砖墙的转角处和交接处一般应同时砌筑，若不能同时砌筑，应将留置的临时间断做成斜槎。接槎时必须将接槎处的表面清理干净，浇水湿润，填实砂浆并保持灰缝顺直。

(4) 砌筑顺序的规定　基底标高不同时，应从低处砌起，并应由高处向低处搭砌。当设计无要求时，搭接长度不应小于基础扩大部分的高度。

砖体的转角处和交接处应同时砌筑，这样可以保证墙体的整体性，从而大大提高砌体结构的抗震性能。

（5）临时施工洞、孔、脚手眼的设置规定　在墙上留置临时施工洞口，其侧边离交接处墙面不应小于500mm，洞口净宽度不应超过1m，临时施工洞口应做好补砌。

第五节　砌筑体工程的质量通病与防治

一、接槎不好

（1）现象　砌筑时随意留槎，留直槎、阴槎；留直槎处不设拉结筋，或间距过大、长度不够；接槎处灰缝砂浆不饱满，两次砌的墙不同轴。

（2）预防措施　加强技术交底，按规范规定留槎、设拉结筋。加强施工现场检查，严格控制轴线，按皮数杆砌砖，控制砂浆饱满度。

二、墙体开裂

1. 地基不均匀下沉引起的墙体裂缝现象

（1）现象　斜裂缝一般发生在纵墙的两端，多数裂缝通过窗口的两个角，裂缝向沉降较大的方向倾斜，并由下向上发展。由于横墙刚度较大，很少出现这类裂缝，裂缝多在墙体下部，向上逐渐减少，裂缝宽度下大上小，常在房屋建成后不久就出现，其数量及宽度随时间而逐渐发展。

（2）原因分析　斜裂缝主要发生在软土地基上，由于地基不均匀下沉，使墙体承受较大的剪切力，当结构刚度不能满足要求时，就会引起墙体开裂。

（3）预防措施

1）加强地基验槽。对较复杂的地基，在基槽开挖后应进行普遍钎探。

2）合理设置沉降缝。凡不同荷载、长度过大、平面形状较为复杂、同一建筑物地基处理方法不同和有部分地下室的房屋，都应设沉降缝。

2. 温度变化引起的墙体裂缝

（1）现象　八字裂缝出现在顶层纵墙的两端，严重时可发展到房屋1/3长度，有时在横墙壁上也可能发生，裂缝宽度一般中间大、两端小。

（2）分析原因　八字裂缝、水平裂缝的产生，一般都是由于混凝土和砖砌体膨胀系数不同所致。无保温或保温不好的屋面，由于冬、夏季气温变化较大，容易产生裂缝。

（3）预防措施

1）合理安排屋面保温层施工，屋面施工应尽量避开高温季节。

2）严格控制屋面施工质量，防止因保温层厚度不够或屋面局部渗漏影响保温而产生温度裂缝。

3）按规定留置伸缩缝，以减少温度变化对墙体产生的影响。

第五章

钢筋混凝土工程

钢筋混凝土由混凝土和钢筋两种性能不同的材料组成，两者共同工作，具有抗压、抗弯、强度高的特点，已广泛应用于环境工程中。目前，环境工程中的贮水、水处理构筑物、泵房以及相当数量的管渠等，大都是用钢筋混凝土建成的。

钢筋混凝土工程是由模板工程、钢筋工程及混凝土工程等多种工程组成的，它的一般施工顺序如图 5-1 所示。

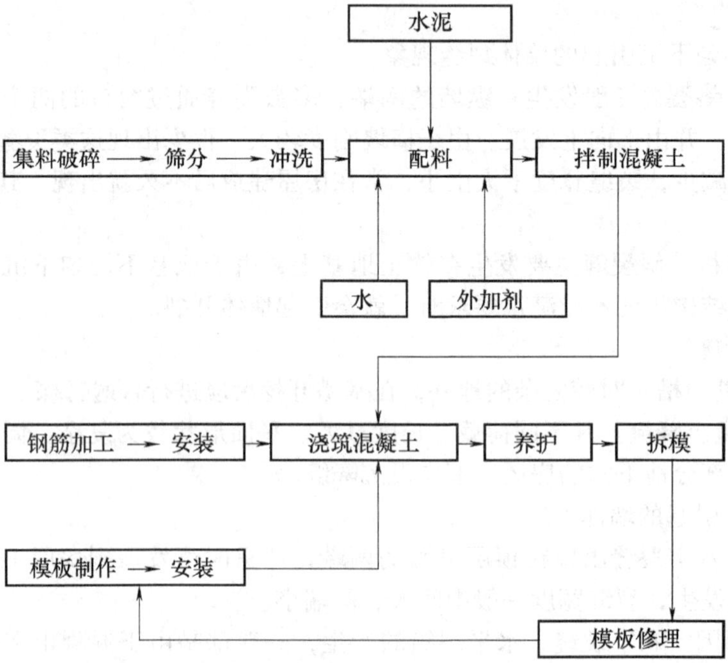

图 5-1　钢筋混凝土工程的一般施工顺序

第一节　钢 筋 工 程

一、钢筋的分类及性能

（一）钢筋的分类

在钢筋混凝土结构中使用的钢筋种类很多，按钢筋的生产工艺可以分为热轧钢筋和冷加工钢筋。冷加工钢筋包括冷拉钢筋、冷拔钢筋、冷轧钢筋、冷轧带肋钢筋等。热轧钢筋是经热轧成型并自然冷却的成品钢筋。

按钢的化学成分可分为普通碳素钢和普通低合金钢两种。普通碳素钢又分为低碳钢（碳的质量分数低于0.25%）、中碳钢（碳的质量分数为0.25%~0.60%）和高碳钢（碳的质量分数为0.60%~1.40%）。

按轧制外形可分为光圆钢筋和带肋钢筋。带肋钢筋又分为螺旋形、月牙形、人字形。还有一种精轧螺旋钢筋，一般用作预应力筋。钢丝有冷拔低碳钢丝、光圆钢丝和刻痕钢丝。直径为6~9mm的钢筋一般卷成圆盘运至工地；直径大于12mm的钢筋一般轧成6~12m一根运至工地。

热轧钢筋按照其强度等级的不同可以分为HPB300级、HRB335（HRBF400）级、HRB400级、HRB400E和HRB500级五级，级别愈高，其强度和硬度愈高，塑性、韧性愈低。其力学性能见表5-1。

表5-1 热轧钢筋的力学性能

表面形状	强度等级代号	公称直径 d/mm	屈服点 σ_s/MPa	抗拉强度 σ_b/MPa	伸长率 δ_s(%)	冷弯	
			不小于			弯曲角度	弯心直径
光圆	HPB300	6~22	300	420	25	180°	d
月牙肋	HRB335	6~50	335	455	16	180°	$3d$ $4d$
	HRB400	6~50	400	540	14	180°	$4d$ $5d$
	HRB500	6~50	500	630	12	180°	$6d$ $7d$

注：1. 数据来自GB 50010—2010《混凝土结构设计规范》。

2. 采用 $d>40$mm 钢筋时，应有可靠的工程经验。

（二）钢筋的选用

在环境工程中，常用的钢筋除了热轧钢筋外，还有刻痕钢丝、碳素钢丝、冷拔低碳钢丝和钢绞线等。预应力混凝土结构的钢筋宜采用预应力钢绞线、钢丝，也可采用余热处理钢筋。

钢绞线是用符合标准的钢丝经绞捻制成，具有强度高、韧性好、质量稳定等优点，多用于大跨度结构和无粘结预应力水池。

二、钢筋的冷处理

（一）钢筋的冷处理原理

从钢筋应力-应变图（图5-2）中可以看出，将钢筋冷拉到其应力超过屈服点（k点），然后卸去外力。由于钢筋产生塑性变形，卸荷过程中应力-应变曲线沿直线 ko_1 降至 o_1 点。如立即重新加荷，应力-应变曲线将沿着 o_1kde 变化，并在 k 点出现新的屈服点。钢筋冷拉后，经时效处理，再行加荷，则应力-应变曲线将沿 $o_1k'd'e'$ 变化，屈服点进一步提高到 k'，塑性再次降低。

如图5-2所示，oa阶段中应力与应变成正比，称为弹性阶段。而当应力超过弹性极限后，应力与应变不再成比例关系，应力在很小的范围内波动，而应变却急剧增加，使混凝土出现很大的裂缝，该过程称为屈服阶段，并且钢筋混凝土结构计算以屈服强度作为钢筋强度的限值。过屈服点以后，继续加负荷的过程称为强化阶段，应力与应变的关系表现为上升曲线，对于d点的应力叫强度极限，也叫抗拉强度。钢筋的强化阶段，只作为安全储备。最后d点到e点的过程为缩颈阶段，到达顶点d后，变形加大，拉力逐渐下降，使试件的某一断面显著缩小，最后在e点断裂。

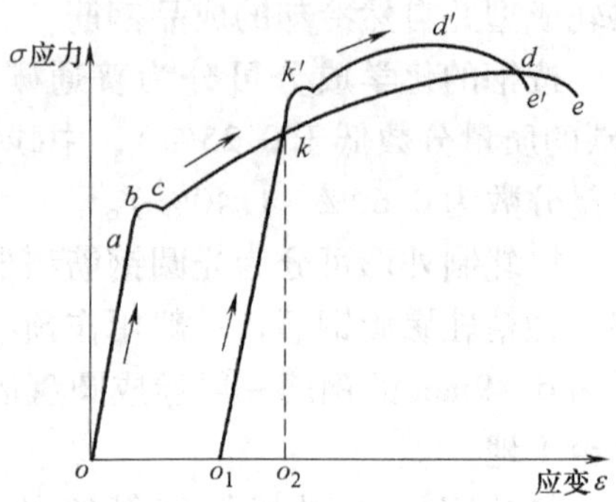

图5-2 冷拉钢筋应力-应变图

图5-2中的k点即为冷拉钢筋的控制应力，oo_2即为相应的冷拉率，o_1o_2为弹性回缩率。

（二）钢筋冷处理方法

（1）钢筋冷拉 冷拉钢筋可提高强度、增加长度，在工程中，一般可节约10%~20%的钢材，还可同时完成调直、除锈工作。

钢筋冷拉是在常温下，以超过钢筋屈服强度的拉应力拉伸钢筋，使其产生塑性变形，以达到调直钢筋、提高强度、增加长度、节约钢材的目的。

钢筋冷拉质量控制，可采用控制应力和控制冷拉率法。钢筋冷拉后强度提高，塑性降低，但仍有一定的塑性，其屈服强度与抗拉强度应保持一定的比值，即使钢筋有一定的强度储备和保持软钢特性。

常用钢筋冷拉工艺有两种：一种是采用卷扬机带动滑轮组作为冷拉动力的机械式冷拉工艺（图5-3）；另一种是采用长行程（1500mm以上）的专用液压千斤顶和高压液压泵的液压冷拉工艺。目前我国所采用的工艺仍以前者为主，但后者更有发展前途。

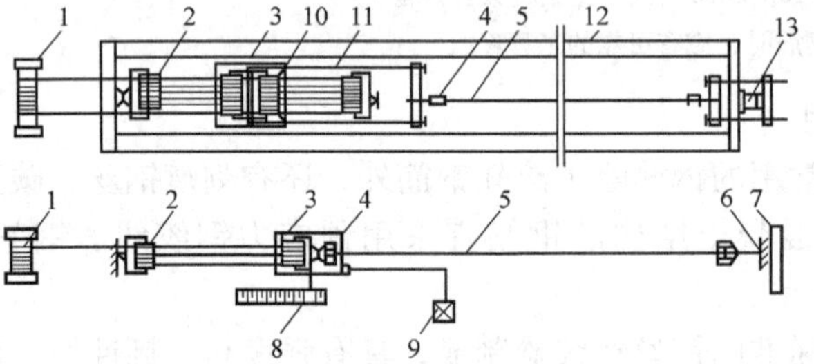

图5-3 冷拉设备

1—卷扬机 2—滑轮组 3—冷拉小车 4—夹具 5—被冷拉的钢筋 6—地锚 7—防护壁 8—标尺 9—回程荷重架 10—回程滑轮组 11—传力架 12—冷拉槽 13—液压千斤顶

（2）钢筋冷拔 钢筋冷拔是将直径6~10mm的HPB300级光面钢筋在常温下通过拔丝模（图5-4）多次强力拉拔，使钢筋产生塑性变形，拔成比原钢筋直径小的钢丝，以改变其物理力学性能的工艺。与冷拉相比，冷拔是拉伸与压缩兼有的立体应力。冷拔低碳钢丝塑性降低，没有明显的屈服阶段，但强度显著增高，可达50%~90%，故能大量节约钢材。

影响冷拔钢丝强度的主要因素是原材料的强度和冷拔总压缩率。

冷拔总压缩率是指由盘条拔至成品钢丝的横截面缩减率。冷拔总压缩率越大，钢丝的抗拉强度越高，但塑性也越差。总压缩率不宜过大，在一般情况下，ϕ5mm 钢丝宜用 ϕ8mm 盘条拔制，ϕ3mm 和 ϕ4mm 钢丝宜用 ϕ6.5mm 盘条拔制。

冷拔次数应选择适宜，次数过多易使钢丝变脆，且降低冷拉机生产率；冷拔次数过少，每次压缩过大，易产生断丝和安全事故。

（3）钢筋冷轧　将圆筋通过成型钢辊（图 5-5）压轧成有规律变形的钢丝。现常用的冷轧带肋钢筋是由热轧圆盘条经冷轧或冷拔减径后在其表面冷轧成三面或两面有肋的钢筋。

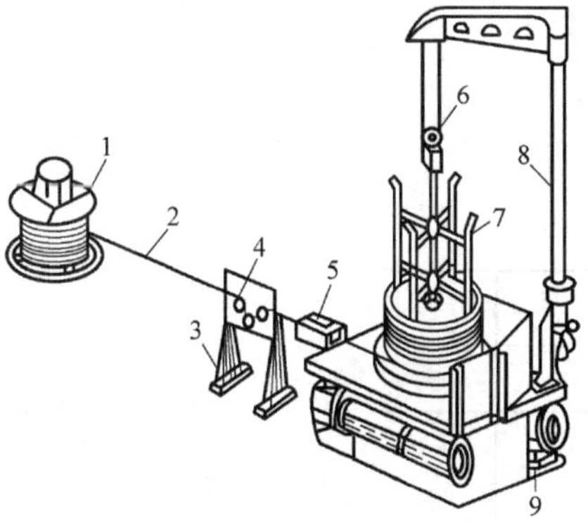

图 5-4　立式单鼓冷拔机

1—盘圆架　2—钢筋　3—剥壳装置
4—槽轮　5—拔丝模　6—滑轮
7—绕丝机　8—支架　9—电动机

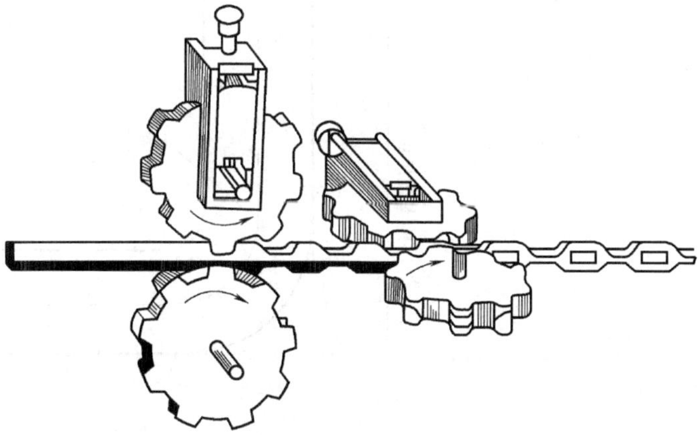

图 5-5　冷轧设备

三、钢筋的连接

（一）绑扎连接

钢筋绑扎连接是利用混凝土的粘结锚固作用，实现两根锚固钢筋的应力传递。为保证钢筋的应力能充分传递，必须满足施工规范规定的最小搭接长度的要求，且应将接头位置设在受力较小处。

（二）焊接连接

用焊接方法将钢筋连接起来。与绑扎相比，可以改善结构受力性能，提高工效，节约钢筋，降低成本。

钢筋的焊接方法有闪光对焊、电弧焊、电渣压焊、电阻定位焊、气压焊等。钢筋的焊接质量与钢材的焊接性、焊接工艺有关。

（三）机械连接

钢筋的机械连接主要有套筒挤压连接和套筒螺纹连接。钢筋的机械连接应符合 JGJ 107—2010《钢筋机械连接技术规程》的要求。

四、钢筋配料

（一）钢筋下料

钢筋因弯曲或弯钩会使其长度发生变化，因此在配料中不能直接根据图样尺寸下料，必须了解钢筋保护层、钢筋弯曲、弯钩等规定，再根据图样尺寸计算其下料长度。钢筋若需要搭接，还应增加钢筋搭接长度。

（二）钢筋弯曲调整值

钢筋弯曲后轴线长度不变，在弯曲处形成圆弧。钢筋的量度方法是沿直线量外包尺寸（图5-6），因此弯曲钢筋的量度尺寸大于下料尺寸，两者之差称为弯曲调整值，其弯曲调整值见表5-2。

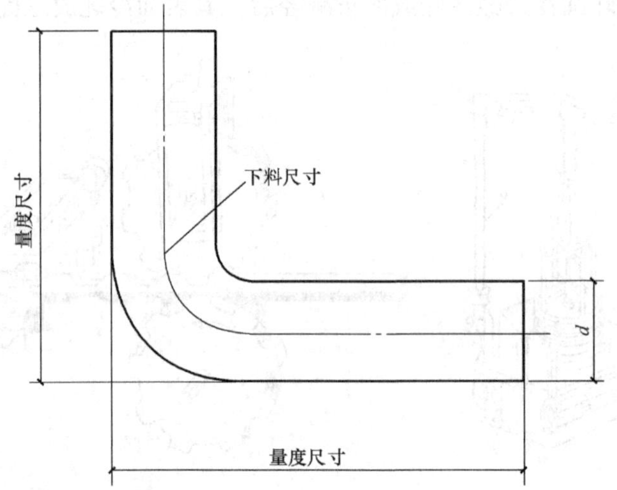

图5-6 钢筋弯曲时的量度方法

表5-2 钢筋弯曲调整值

钢筋弯曲程度	30°	45°	60°	90°	135°
钢筋弯曲调整值	0.35d	0.5d	0.85d	2d	2.5d

注：d为钢筋直径。

（三）弯钩增加长度

钢筋的弯钩形式有三种：半圆弯钩、直弯钩及斜弯钩（图5-7）。光圆钢筋的弯钩增加长度按图5-7所示计算。

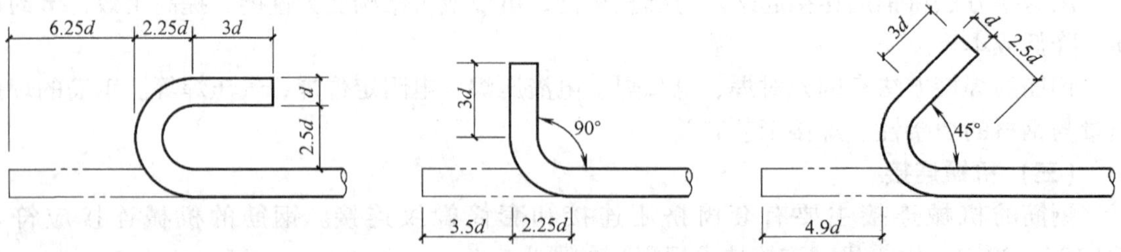

图5-7 钢筋弯钩计算简图

a）半圆弯钩 b）直弯钩 c）斜弯钩

五、钢筋代换

在施工中，钢筋的级别、钢号和直径应按设计要求采用。如遇钢筋级别、钢号和直径与设计要求不符而需要代换时，应征得设计单位的同意并遵守 GB 50204—2002《混凝土结构工程施工质量验收规范（2011 年版）》的有关规定。代换时必须遵守代换的原则，以满足原结构设计的要求。

1）等强度代换。当构件受强度控制时，钢筋可按强度相等原则进行代换。

2）等面积代换。当构件按最小配筋率配筋时，钢筋可按面积相等原则进行代换。

3）当构件受裂缝宽度或抗裂性要求控制时，代换后应进行裂缝或抗裂性验算。钢筋代换后，还应满足构造方面的要求（如钢筋间距、最小直径、最少根数、锚固长度、对称性等）及设计中提出的特殊要求（如冲击韧性、抗腐蚀性等）。

第二节 模 板 工 程

在钢筋混凝土结构施工中，模板是保证浇筑的混凝土按设计要求成型并承受其荷载的模型。模板通常由模型板和支架组成。

一、模板分类

（一）按材料分类

模板按所用的材料不同，分为木模板（图 5-8）、钢木模板、胶合模板、钢模板、塑料模板、玻璃钢模板、铝合金模板等；按其形式不同，有整体式定型模板、工具式模板和滑升模板、胎模等。

目前国内大量使用的是组合式定型钢模板，对于某些特殊结构的构筑物或部件，有时也采用木模板或特制异型钢模板。

钢模板都做成定型模板，广泛应用于现浇钢筋混凝土结构。这种模板一次性投资量大，但周转率高，在使用过程中做好维修和保管工作，防止其生锈，能延长使用寿命，降低成本。

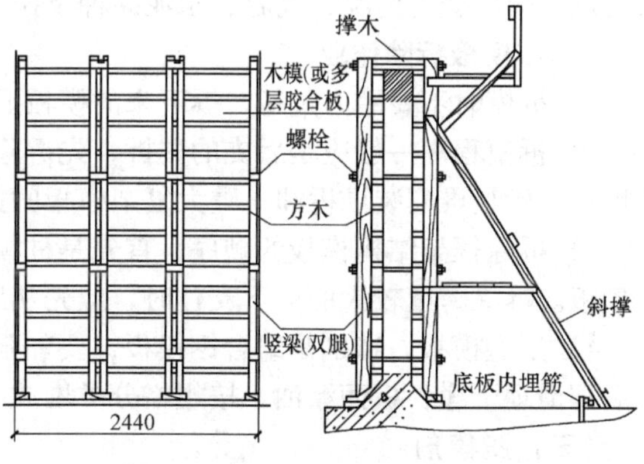

图 5-8 矩形水池池壁模板（木模）

塑料模板、玻璃钢模板、铝合金模板具有质量轻、刚度大、拼装方便、周转率高的特点，但它们造价高，在施工中还未普遍采用。

（二）按结构类型分类

现浇钢筋混凝土构件形状、尺寸、构造不同，因此模板的组装方法也不相同。按结构类型分，可将模板分为基础模板、柱模板、梁模板、楼板模板、楼梯模板、墙模板等。

（三）按施工方法分类

（1）现场装拆式模板　现场装拆式模板是在施工现场按照设计要求在设计位置进行组

装，当混凝土强度达到拆模强度后拆除的模板，如多种定型模板。

（2）固定式模板　固定式模板多用于预制构件，在预制构件厂比较多见，如各种胎模。

（3）移动式模板　移动式模板是随混凝土的浇筑，可沿垂直方向和水平方向移动的模板，如水塔、烟囱、墙柱等混凝土浇筑的模板。

二、模板工程的作用及要求

模板的主要作用是保证混凝土浇筑后，混凝土的位置、形状、尺寸符合要求，避免混凝土损坏。模板系统与混凝土直接接触，它主要使混凝土具有构件所要求的体积；支撑系统则是支持模板，保证模板位置正确和承受模板、混凝土等质量的结构。

模板必须形状、尺寸准确，具有足够的强度、刚度及稳定性，构造简单、装拆方便，能多次周转使用，接缝严密，不得漏浆，用料经济等。

三、模板的拆除

及时拆模，可提高模板的周转率和加快工程进度，为后续工作创造条件。但是过早地拆模，因混凝土未达到一定强度，会因过早承受荷载而产生变形，甚至造成重大事故。

（一）模板拆除要求

1）侧模。不承重的侧模，只要能保证混凝土表面及棱角不致因拆模而损坏时，即可拆除。

2）承重模。对于承重模板，在混凝土达到设计强度的一定比例以后方可拆除。这一期限决定于构件受力情况、气温、水泥品种及振捣方法等因素。

（二）模板拆除作业

1）拆模时不要用力过猛，拆下来的模板要及时运走、整理、堆放，以便再用。

2）拆模程序一般应是后支的先拆，先拆除非承重部分，后拆除承重部分以及自上而下地拆；一般是谁安装谁拆卸；重大复杂模板的拆除，事先应制定拆模方案。

3）拆除框架结构模板的顺序，首先是柱模板，然后是楼板模板、梁侧模板，最后是梁底模板。拆除跨度较大的梁下支柱时，应先从跨中开始，分别拆向两端。

4）定型模板，特别是组合钢模板，要加强保护，拆除后逐块传递下来，不要抛掷，拆下后即清理干净，板面涂油，按规格分类堆放整齐，以利再用。

（三）脱模剂

为了减少模板与混凝土构件之间的粘结，方便拆模，降低模板的损耗，使用前必须在模板内表面涂刷脱模剂。常用的脱模剂可分为油类、水类和树脂类等几种。

油类脱模剂有有机柴油、乳化机油、妥尔油、机油、皂化油等。其特点是涂刷方便，脱模效果好，可以在负温和低温时使用。但对结构构件表面有一定的污染，影响外观，对贮水构筑物应慎重使用。

水类脱模剂主要是海藻酸钠，再加滑石粉和水，按一定比例搅拌均匀而成，喷刷均可。

树脂类脱模剂主要有甲醛硅树脂，用三乙醇胺作固化剂。其特点是长效，刷一次可用6~10次。而且涂在钢模上能起到防锈、保护作用，耐寒和耐水性也很好，喷刷均可。

第三节　混凝土工程

混凝土工程是钢筋混凝土工程的重要组成之一，其质量是保证钢筋混凝土达到设计强度等级的关键，并直接影响结构或构件的强度和耐久性。

混凝土工程施工工艺流程如图 5-9 所示，包括配料、搅拌、运输、浇筑、振捣、养护等。

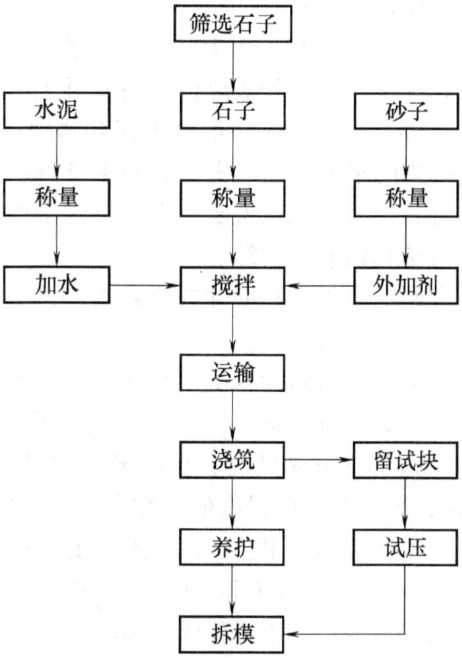

图 5-9　混凝土工程施工工艺流程

一、混凝土的分类

混凝土是以胶凝材料、细集料、粗集料和水（根据需要掺入外掺剂和矿物质混合材料），按适当比例配合，经均匀拌制、密实成型及养护硬化而成的人造石材。

（一）按胶凝材料分

混凝土按胶凝材料可分为无机胶凝材料混凝土，如水泥混凝土、石膏混凝土等；有机胶凝材料混凝土，如沥青混凝土等。

（二）按使用功能分

混凝土按使用功能分为普通混凝土，防水混凝土，耐酸、耐碱混凝土，水工混凝土，耐热、耐低温混凝土等。

（三）按密度分

混凝土按密度分为特重混凝土（密度大于 2700kg/m^3，含有集料如钢屑、重晶石）、普通混凝土（密度为 1900 ~ 2500kg/m^3，以普通砂石为集料）、轻混凝土（密度为 1000 ~ 1900kg/m^3）和特轻混凝土（密度小于 1000kg/m^3，如泡沫混凝、加气混凝土等）。

（四）按施工工艺分

混凝土按施工工艺分，主要有普通浇筑混凝土，离心成型混凝土，喷射、泵送混凝土等。

（五）按拌合料流动度分

按拌合料流动度分为干硬性和半干硬性混凝土、塑性混凝土、大流动性混凝土等。

在一般土建工程中，以水泥配制的普通混凝土应用最广。

二、混凝土的性能

根据施工工程的不同特点，要求混凝土具有不同的性能，为此，往往在混凝土中加入不同的添加剂，从而使混凝土获得不同的性能，使之能满足在一些特殊气候或环境下对混凝土施工材料的不同需要。

（一）和易性

和易性是指混凝土拌合物在一定施工条件下，便于操作并能获得质量均匀且密实的混凝土的性能。和易性通常包括流动性、黏聚性及保水性三个方面。其主要表现为：是否易于搅拌和卸出；运输过程中是否分层、泌水；浇灌时是否离析；振捣时是否易于填满模型。通常以混凝土拌合物的坍落度表示和易性。

（1）流动性　指混凝土拌合物在自重或机械振动作用下能产生流动，并均匀、密实地填满模板的性能。

（2）黏聚性　指混凝土拌合物中各种组成材料之间有较好的黏聚能力，在运输和浇筑过程中不致产生分层离析，使混凝土保持整体均匀的性能。

（3）保水性　指混凝土拌合物保持水分，不易产生泌水的性能。保水性差，振捣后拌合物中的水分泌出、上浮，使水分流经的地方形成毛细孔隙，成为渗水通道；上浮到表面的水分，使其形成疏松层；上浮过程中积聚在石子和钢筋下面的水分，形成水隙，影响水泥浆与石子和钢筋的黏结。

影响混凝土和易性的因素很多，主要有用水量、水灰比、砂率及其他影响因素。

（二）强度

混凝土的强度有抗压强度、抗拉强度、抗折强度和抗疲劳强度。

（1）抗压强度　抗压强度是混凝土最重要的性能指标之一。按照国家规定，以边长为150mm的立方体试块，在标准养护条件下（温度为20℃左右，相对湿度大于90%）养护28d，测得的抗压强度值，称为立方抗压强度值。

根据抗压强度，可将混凝土划分为C7.5、C10、C15、C20、C25、C30、C35、C40、C45、C50、C55、C60、C65、C70、C75、C80 16级。在环境工程中，用作贮水或水处理构筑物的混凝土，不得低于C20。

（2）抗拉强度　混凝土的抗拉强度比较低。混凝土的抗拉强度对混凝土的抗裂性非常重要。抗拉强度与同龄期混凝土的抗压强度之间的比值为拉压比。一般情况下，拉压比的变化范围为6%~14%。

（3）抗折强度　混凝土的抗折强度是指混凝土受弯曲作用时所能承受的最大弯曲应力，抗折强度对受弯曲作用的跑道、路面非常重要。

（4）影响混凝土强度的因素

1）水泥强度和水灰比。混凝土强度主要决定于水泥与粗集料界面的黏结强度。而黏结强度又取决于水泥石强度，水泥石强度则取决于水泥强度和水灰比。这是因为：水泥强度愈高，水泥石强度愈高，黏结力愈强，混凝土强度愈高。在水泥强度相同的情况下，混凝土强度则随水灰比的增大而有规律地降低。但水灰比也不是愈小愈好，当水灰比过小时，水泥浆过于干稠，混凝土不易被振捣密实，反而导致混凝土强度降低。

2）龄期。混凝土在正常情况下，强度随着龄期的增加而增长，在最初的7~14d内增长较快，以后增长逐渐缓慢，28d后强度增长更慢。不同龄期混凝土强度的增长情况见表5-3。

3）养护温度和湿度。混凝土浇捣后，必须保持适当的温度和足够的湿度，使水泥充分水化，以保证混凝土强度的不断发展。强度增长率与温度成正比，其增长关系见表5-3。

4）施工质量。施工质量是影响混凝土强度的基本因素。若发生计量不准，搅拌不均匀，运输方式不当造成离析，振捣不密实等现象时，均会降低混凝土强度，因此必须严把施工质量关。

表 5-3　不同温度、龄期的混凝土强度增长百分率　　（%）

水泥强度等级和品种	硬化时间/d	混凝土平均温度/℃								水泥强度等级和品种	硬化时间/d	混凝土平均温度/℃							
		1	5	10	15	20	25	30	35			1	5	10	15	20	25	30	35
32.5 级普通硅酸盐水泥	3	14	21	29	36	41	46	50	55	32.5 级火山灰质水泥或矿渣水泥	3	2	8	10	15	21	28	37	43
	5	20	28	37	43	50	55	60	65		5	9	18	21	28	35	40	50	59
	7	27	36	43	50	58	62	68	74		7	14	24	30	38	45	52	61	70
	10	35	44	52	60	68	74	80	85		10	21	32	41	50	58	67	86	84
	15	44	52	62	70	79	89				15	29	42	54	64	72	81	90	
	28	61	70	81	90	100					28	40	61	75	90	100			
42.5 级普通硅酸盐水泥	3	15	20	25	30	39	42	48	51	42.5 级火山灰质水泥或矿渣水泥	3	4	8	11	19	22	26	31	39
	5	26	30	38	44	51	57	61	65		5	10	18	22	29	32	39	44	50
	7	32	40	47	54	61	68	71	76		7	18	23	30	39	43	48	53	62
	10	41	50	59	67	72	79	82	85		10	22	31	42	50	50	62	68	77
	15	52	62	71	80	88					15	32	45	59	69	74	79	84	91
	28	68	78	87	91	100					28	45	64	80	90	100			

（三）耐久性

混凝土在使用过程中能抵抗各种非荷载外界因素作用的性能，称为混凝土的耐久性。影响混凝土耐久性的因素主要有冻融循环作用、环境水作用、风化和碳化作用等，主要体现在混凝土的抗渗性、抗冻性、抗侵蚀性、抗碳化性等方面。

（1）抗渗性　抗渗性是指混凝土抵抗液体在压力作用下渗透的性能。抗渗性除关系到混凝土的挡水作用外，还直接影响抗冻性和抗侵蚀性的强弱。

提高混凝土的抗渗性就要提高其密实度，抑制孔隙，减少裂缝。当混凝土的抗渗性较差时，由于水分容易渗入内部，易受到冰冻或侵蚀作用而破坏。因此，可以控制水灰比、水泥用量及砂率，以保证混凝土中砂浆质量和数量，抑制孔隙，使混凝土具有较好的抗渗性。混凝土抗渗等级见表 5-4。

表 5-4　混凝土抗渗等级取值

最大作用水头与最小壁厚之比	抗渗等级 P
<10	4
10～30	6
30～50	8
>50	10

（2）抗冻性　抗冻性是指混凝土在饱和状态下，能经受多次冻融循环而不破坏，同时也不严重降低强度的性能。混凝土受冻后，其游离水分会膨胀，使混凝土的组织结构遭到破坏。在冻融循环作用下，使冻害进一步加剧。

抗冻性用抗冻等级（符号“F”）表示。抗冻等级是以龄期 28d 的混凝土试件在吸水饱和后，承受反复冻融循环，以抗压强度下降不超过 25%，而且质量损失不超过 5% 时所能承受的最大冻融循环次数来确定。混凝土的抗冻等级分为F50、F100、F150、F200、F250、F300。抗冻等级的确定与结构类别、气温及工作条件有关，其依据见表5-5。

表5-5 混凝土抗冻等级取值

气温	地表水取水头部		其他
	冻融循环次数		地表水取水头部的水位涨落区以上部位及露明的水池等
	≤50	>50	
月平均气温低于 -15℃	F200	F250	F100
月平均气温在 -5 ~ 15℃	F150	F200	F50

(3) 抗侵蚀性　当混凝土所处的环境中含有侵蚀性介质，如硫酸盐侵蚀，淡水、酸性水、海水侵蚀，碱类侵蚀等时，就要求混凝土具有抗侵蚀的能力。

如果混凝土受到侵蚀，一般表现为混凝土中某些成分被溶解，生成了易溶于水的产物，或者由于生成物的体积膨胀，而使混凝土遭到致命的破坏。

(4) 碳化　大气中的二氧化碳在水存在的条件下与水泥水化产物氢氧化钙发生反应，生成碳酸钙和水，因碳酸钙是中性的，所以碳化又称中性化。碳化使混凝土产生收缩，甚至可能在混凝土表面生成明显的裂纹，最主要是碳化使混凝土的碱度降低，削弱了混凝土对钢筋的保护作用。

三、混凝土常用外加剂

混凝土中掺入适量的外加剂，能改善混凝土的工艺性能，加速工程进度或节约水泥。近年来外加剂得到了迅速发展，已成为混凝土不可缺少的组成部分。

(一) 外加剂的分类

混凝土外加剂的种类很多，按其主要功能可分成以下几类：

1) 改善新拌混凝土流动性能的外加剂，如减水剂、引气剂、泵送剂等。

2) 调节混凝土凝结、硬化性能的外加剂，如缓凝剂、早强剂、速凝剂等。

3) 改善混凝土耐久性的外加剂，如抗渗剂、防冻剂、引气剂、阻锈剂、防水剂等。

4) 改善混凝土特殊性能的外加剂，如膨胀剂、着色剂等。

使用各类外加剂应遵守GB 8076 — 2008《混凝土外加剂》和GB 50119—2013《混凝土外加剂应用技术规范》等规范的要求。

(二) 常用外加剂

(1) 早强剂　可以提高混凝土的早期强度，对加速模板周转、节约冬期施工费用都有明显效果。常用的早强剂适用范围及使用效果见表5-6。

表5-6 早强剂配方参考

序号	早强剂名称	常用掺量（占水泥质量的百分比）(%)	适用范围	使用效果
1	三乙醇胺 [$N(C_2H_4OH)_3$]	0.05	常温硬化	3~5d可达到设计强度的70%
2	三异丙醇胺 [$N(C_3H_6OH)_3$] 硫酸亚铁 [$FeSO_4 \cdot 7H_2O$]	0.03 0.5	常温硬化	5~7d可达到设计强度的70%

（续）

序 号	早强剂名称	常用掺量（占水泥质量的百分比）（%）	适用范围	使用效果
3	氯化钙［$CaCl_2$］	2	低温或常温硬化	7d 强度与不掺者对比可提高 20%～40%
4	硫酸钠［Na_2SO_4］ 亚硝酸钠［$NaNO_2$］	3 4	低温硬化	在 -5℃条件下，28d 可达到设计强度的 70%
5	三乙醇胺 硫酸钠 亚硝酸钠	0.03 3 6	低温硬化	在 -10℃条件下，1～2 月可达到设计强度的 70%
6	硫酸钠 石膏［$CaSO_4 \cdot 2H_2O$］	2 1	蒸汽养护	蒸汽养护 6h 与不掺者对比，强度可提高 30%～100%

注：1. 以上配方均可用于混凝土及钢筋混凝土中。

2. 使用氯化钙或其他氯化物做早强剂时，应遵守施工验收规范的有关规定。

（2）减水剂　减水剂是一种表面活性材料，能把水泥凝聚体中所包含的游离水释放出来，从而有效地改善其和易性，增加流动性，降低水灰比，节约水泥，有利于混凝土强度的增长。常用的减水剂种类、掺量和技术经济效果见表 5-7。

表 5-7　常用减水剂的种类及掺量参考

种 类	主要甲基萘磺酸钠原料	掺量（占水泥用量的百分比）（%）	减水率（%）	提高强度（%）	增加坍落度（%）	节约水泥（%）	适用范围
木质素磺酸钠	纸浆废液	0.2～0.3	10～15	10～20	10～20	10～15	普通混凝土
MF 减水剂	甲基萘磺酸钠	0.3～0.7	10～30	10～30	2～3 倍	10～25	早强、高强、耐碱混凝土
NNO 减水剂	亚甲基二萘磺酸钠	0.5～0.8	10～25	20～25	2～3 倍	10～20	增强、缓凝、引气混凝土
UNF 减水剂	油萘	0.5～1.5	15～20	15～30	10～15	10～15	
FDN 减水剂	工业萘	0.5～0.75	16～25	20～50		20	早强、高强、大流动性混凝土
磺化焦油减水剂	煤焦油	0.5～0.75	10	35～37		5～10	
糖蜜减水剂	废蜜	0.2～0.3	7～11	10～20	4～6	5～10	

（3）加气剂　常用的加气剂有松香热聚物、松香皂等。加入混凝土拌和后，能产生大量微小（直径为 1μm）、互不相连的封闭气泡，以改善混凝土的和易性，增加坍落度，提高抗渗性和抗冻性。

（4）缓凝剂　能延缓水泥凝结的外加剂，常用于夏季施工和要求推迟混凝土凝结时间的施工工艺。

如在浇筑贮水构筑物或输水管道时，掺入己糖二酸钙（制糖业副产品），掺量为水泥质量的0.2%~0.3%。当气温在25℃左右时，每多掺0.1%，能延缓凝结1h。

（5）防冻剂　防冻剂是指在规定负温下，能显著降低混凝土的液相冰点，使混凝土液相不结冰或部分冻结，以保证水泥水化作用，并在一定的时间内获得预期强度的外加剂。目前成品防冻剂普遍由减水剂、早强剂、防冻剂和引气剂四种外加剂复合而成，以便相互取长补短，发挥更好的作用。

四、混凝土的组成

（一）水泥

水泥是一种无机粉状水硬性胶凝材料。它是由石灰质原料（石灰石）、黏土质原料（黏土、页岩等）和一定量的辅助原料（铁矿石、萤石等）经粉磨（此时称为生料）、煅烧（此时称为熟料），加入一定量的混合材料和石膏后再粉磨生成的。它与水拌和成塑性浆体后，能胶结砂石等材料。

1. 常用水泥

在混凝土结构工程中，常用水泥有硅酸盐水泥、普通硅酸盐水泥、矿渣硅酸盐水泥、火山灰质硅酸盐水泥、粉煤灰硅酸盐水泥和复合硅酸盐水泥等几种。

2. 特种水泥

在环境工程中常用的特种水泥有膨胀水泥、快硬水泥和自应力水泥等几类。

（1）膨胀水泥　膨胀水泥的主要用途：

1）用于工程结构或制品，如制作压力管道，浇筑水池、水塔及地下泵房等。

2）用于防渗工程，如隧道、地下室等地下工程及水池的防护面层（防水层）。

3）作为加固、堵塞、填缝材料，如加固结构、浇灌设备底座或地脚螺栓、浇灌构件的拼缝或节点、堵塞管道刚性接头、修补漏水裂缝和孔洞等。

目前我国常用的膨胀水泥有硅酸盐膨胀水泥、明矾石膨胀水泥、膨胀硫（铁）铝酸盐水泥和低热微膨胀水泥等。

（2）快硬水泥　快硬水泥可分为以下几类：

1）快硬硅酸盐水泥。快硬硅酸盐水泥可用来配置早强、高强度等级混凝土，适用于紧急抢修、低温施工工程和高强度等级混凝土预制件等。

2）快硬硫铝酸盐水泥。快硬硫铝酸盐水泥用作配制早强、抗渗和抗硫酸盐侵蚀等混凝土，负温施工（冬期施工）、浆锚、喷锚支护；拼装节点、地质固井、抢修、堵漏及一般建筑工程等。

3）无收缩快硬硅酸盐水泥。无收缩快硬硅酸盐水泥适用于配制后浇混凝土和钢筋锚连接砂浆或混凝土，各种接缝工程，机器设备安装的灌浆，要求快硬、高强、无收缩的混凝土工程。

（3）自应力水泥　自应力水泥可以用于制造自应力钢筋混凝土（或砂浆）压力管及其配件，也可用于防渗、堵漏和填缝工程。

目前我国环境工程常用的自应力水泥有自应力硅酸盐水泥、铝酸盐自应力水泥和铁铝酸盐自应力水泥等。

为了满足某些特殊用途需要，此外还有一些其他特种水泥。

3. 水泥的基本性质

(1) 相对密度与密度 普通水泥的相对密度为3.0～3.15，通常采用3.1；密度为1000～1600kg/m^3，通常采用1300kg/m^3。

(2) 细度 细度是指水泥颗粒的粗细程度。水泥颗粒越细，与水起化学反应的表面积越大，水泥的硬化就越快，早期强度越高，故水泥颗粒小于40μm时，才具有较高的活性。

(3) 凝结时间 凝结时间包括初凝时间和终凝时间。水泥从加水搅拌到开始失去可塑性的时间，称为初凝时间；终凝时间为水泥从加水搅拌至水泥浆完全失去可塑性并开始产生强度的时间。

为了便于混凝土的搅拌、运输和浇筑，国家标准规定，硅酸盐水泥初凝时间不短于45min、终凝时间不超过12h。

(4) 体积安定性 水泥体积安定性是指水泥在硬化过程中体积变化的均匀性能。如果水泥中含有较多的游离石灰、氧化镁或三氧化硫，就会使水泥的结构产生不均匀的变形，甚至破坏，而影响混凝土的质量。国家标准规定，游离氧化镁含量应小于5%，三氧化硫含量不得超过3.5%。

(5) 强度 水泥强度按国家标准强度检验方法，以水泥和标准砂按1∶2.5比例混合，加入规定水量，按规定的方法制成尺寸为4cm×4cm×16cm的试件，在标准温度（20℃±3℃）的水中养护，测其28d的抗压和抗折的强度值加以确定。

(6) 水化热 水泥与水的作用为放热反应，在水泥硬化过程中，不断放出的热量，称为水化热。水化热和放热速度与水泥的矿物成分、细度、掺入的混合材料的品种与数量等因素有关。

放热量大的水泥对小体积混凝土及冷天施工有利，对大型基础、混凝土坝等大体积结构不利（因内外温度差引起的应力，使混凝土产生裂缝）。

4. 水泥的保管

1) 要防潮防水。现场仓库应尽量密闭，临时露天暂存水泥也应用防雨篷布盖严，底板垫高，并采取防潮措施，一般可用油纸、油毡或油布铺垫。

2) 水泥贮存时间不宜过长，以免结块降低强度。常用水泥的保存期为3个月，高铝水泥、硫铝酸盐水泥的保存期为2个月，快硬硅酸盐水泥保存期为1个月，超时视为过期水泥。过期水泥必须重验，按重验结果使用。

3) 对不同品种、级别、出厂日期的水泥应分别堆放，并树立标志，做到先到先用，防止混掺使用。

4) 水泥不得与石灰石、石膏、白垩等粉状物料混放在一起。

5) 水泥运输过程中，应有防雨篷盖，运输工具必须干燥洁净，并且堆码整齐、绑牢。

(二) 砂石集料

砂石集料有粗细两种，一般粒径为0.15～5mm的集料为细集料，主要是天然砂；粒径大于5mm的为粗集料，通常有卵石和碎石两种。集料在混凝土中起骨架和稳定体积的作用，约占原材料的70%。

(1) 细集料 细集料即砂的种类按产源地分类，可分为河砂、海砂、山砂。山砂颗粒多有棱角，表面粗糙，与水泥的黏结力较好，只是所含的杂质和泥土较多；海砂颗粒表面圆滑，比较洁净，但常混有贝壳碎片等有害物质；河砂颗粒圆滑，比较洁净，分布也广，是工程中常用的细集料。

按粗细程度分类，可分为粗砂、中砂、细砂和特细砂，见表5-8。

表5-8 砂的种类及粒径

种　类	平均粒径/mm	种　类	平均粒径/mm
粗砂	0.5 以上	细砂	0.25～0.35
中砂	0.35～0.5	特细砂	0.25 以下

砂的粒径越细，比表面积越大，包裹砂粒表面所需的水泥浆就越多。由于细砂强度较低，细砂混凝土的强度也较低，因此拌制混凝土宜采用中砂和粗砂。

砂中常含的杂质有云母、黏土、淤泥、粉砂等，这些杂质黏附在砂的表面，妨碍水泥与砂的黏结，降低混凝土强度，同时还增加混凝土的用水量，从而加大混凝土的收缩，降低混凝土的耐久性。一些有机杂质、硫化物及硫酸盐，还对水泥石有腐蚀作用。

（2）粗集料　粗集料包括卵石和碎石。卵石表面光滑，拌制混凝土和易性较好，根据产源的不同，可分为河卵石、海卵石和山卵石三种。山卵石杂质含量较多；海卵石中常混有不坚固的贝壳；河卵石表面光滑，少棱角，比较洁净，具有天然级配，是普通混凝土常用的粗集料。

碎石是由天然岩石或卵石破碎、筛分而得到的粒径大于5mm 的岩石颗粒。表面粗糙有棱角，与水泥砂浆黏结较好。

拌制混凝土时，最大粒径越大，越节约水泥用量，并可减少混凝土的收缩。但是最大粒径不应超过结构截面最小尺寸的1/4，同时也不得超过钢筋间最小净距的3/4，否则将影响结构强度的均匀性，钢筋卡住石子后易造成孔洞。

（三）水

拌制混凝土用水中不能含有影响水泥质量的有害物质，洁净的天然水和一般饮用水均可。但工业废水、污水及pH 值小于4 的酸性水和硫酸盐含量超过水重1% 的水，均不得用于混凝土中。海水不得用于钢筋混凝土和预应力混凝土结构中。

五、混凝土的配制

（一）混凝土配合比

混凝土配合比是指在混凝土中各组成材料之间的数量比例。普通混凝土配合比的设计，就是在保证设计所规定的强度等级和耐久性，满足施工和易性的要求下，符合合理使用材料和节约水泥的原则，确定单位体积混凝土中水泥、砂、石和水的质量比例。

（二）设计、施工配合比

（1）设计的配合比　设计的配合比称为实验室配合比（或理论配合比），它以干燥的原材料为基础进行设计计算，而实际工程中使用的砂石材料都含有一定的水分，故实验室配合比还不能在工地施工时直接使用。

（2）施工配合比　现场各材料的实际用量应按工地砂石的实际含水量进行修正。修正后的配合比叫做施工配合比。工地存放砂石的含水量常有变化，应按变化情况随时测定加以修正。

施工配合比计算方法：

实验室提供的每$1m^3$混凝土材料用量：水为W(kg)，水泥为C(kg)，砂为S(kg)，石子为G(kg)。工地测得砂子含水率为$a\%$，石子含水率为$b\%$。则换算为施工配合比，其各材料用量为

水泥　$C' = C$

砂子　$S' = S(1 + a\%)$

石子　$G' = G(1 + b\%)$

水　$W' = W - S \times a\% - G \times b\%$

施工配合比：$(W'/C):1:(S'/C):(G'/C)$。

例如，设混凝土实验室配合比为1∶2.56∶5.5，水灰比为0.64，每立方米混凝土的水泥用量为251.4kg，测得砂子含水量为4%，石子含水量为2%，则施工配合比为

$$1:[2.56 \times (1 + 4\%)]:[5.5 \times (1 + 2\%)] = 1:2.66:5.61$$

每立方米混凝土材料用量为：

水泥　251.4kg

砂子　$251.4\text{kg} \times 2.66 = 668.7\text{kg}$

石子　$251.4\text{kg} \times 5.61 = 1410.4\text{kg}$

水　$251.4\text{kg} \times 0.64 - 251.4\text{kg} \times 2.56 \times 4\% - 251.4\text{kg} \times 5.5 \times 2\% = 107.5\text{kg}$

六、混凝土的搅拌

混凝土搅拌，是将水、水泥和粗细集料进行均匀拌和及混合的过程。同时，通过搅拌还要使材料达到强化、塑化的作用。

（一）搅拌方式

机械搅拌是目前应用最广泛最经济实用的一种混凝土搅拌方法。混凝土搅拌机根据搅拌原理可分为自落式搅拌机和强制式搅拌机两种。

1）自落式搅拌机的搅拌筒内壁焊有弧形叶片，当搅拌筒绕水平轴旋转时，叶片不断将筒内的物料提升到一定高度，然后利用物料重力的作用自由落下。由于各种物料下落的时间、速度、落点和滚动距离不同，从而使物料颗粒达到均匀混合的目的。这种搅拌机宜用来搅拌塑性混凝土和流动性混凝土。双锥反转出料式搅拌机是自落式搅拌机中较好的一种，如图5-10所示。

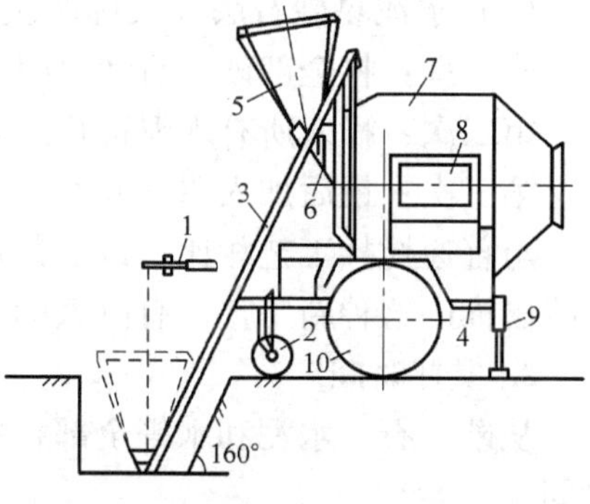

图5-10　双锥反转出料式搅拌机

1—牵引架　2—前支轮　3—上料架　4—底盘
5—料斗　6—中间料斗　7—锥形搅拌筒
8—电器箱　9—支腿　10—行走轮

2）强制式搅拌机是利用转动的叶片强迫物料颗粒从各个方向（环向、径向和竖向）产生运动。由于各物料颗粒的交叉运动，从而使物料颗粒达到均匀混合的目的。强制式搅拌机作用比自落式强烈，宜用来搅拌干硬性混凝土和轻集料混凝土，如图5-11所示。

（二）搅拌机的搅拌制度

搅拌机的搅拌制度有投料顺序、搅拌时间和装料量。

1. 投料顺序

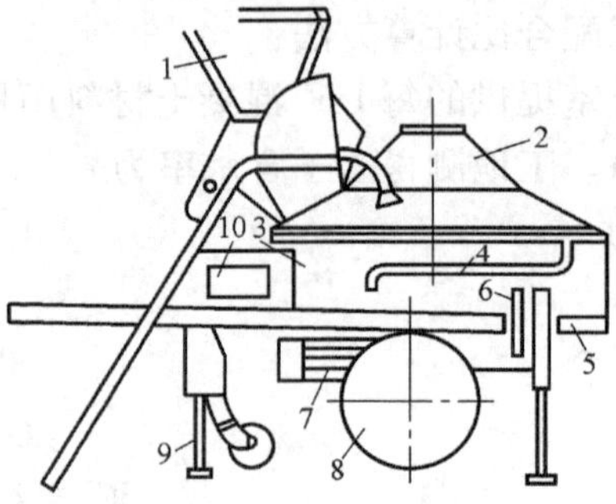

图5-11 强制式搅拌机

1—进料斗 2—拌筒罩 3—搅拌筒 4—水表
5—出料口 6—操纵手柄 7—传动机构
8—行走轮 9—支腿 10—电器箱

(1) 一次投料法 搅拌时加料顺序普遍采用一次投料法，将砂、石、水泥倒入料斗，再和水一起加入搅拌筒进行搅拌。

搅拌混凝土前，料斗中投料顺序：石子→水泥→砂。目的：使水泥夹在石子和砂中间，有效地避免上料时所发生的水泥飞扬现象，同时也可使水泥及砂子不致粘住斗底。料斗将砂、石、水泥倾入搅拌机的同时加水搅拌。注意水一定要在最后放，这样可避免水泥吸水成团，产生“夹生”现象。

(2) 二次投料法 二次投料法又分为预拌水泥砂浆法、预拌水泥净浆法两种，见表5-9。

表5-9 二次投料法混凝土的投料顺序

名 称	第 一 次	第 二 次
预拌水泥砂浆法	水、砂、水泥	粗集料
预拌水泥净浆法	水、水泥	集料

二次投料法可避免一次投料法中水直接包裹石子的现象发生，因此与一次投料法相比，混凝土强度可提高约15%，在强度相同的情况下，可节约水泥15%~20%。

(3) 水泥裹砂石法（又称两次加水法）

第一次：将全部砂、石和70%的水倒入搅拌机，搅拌15s，将砂和石表面湿润。

第二次：投入所有水泥进行造壳搅拌（低水灰比）30s。

第三次：最后加入30%的水，进行糊化搅拌（该水保存在浆体中）60s。

与普通搅拌工艺相比，该工艺可使混凝土强度提高10%~20%，或节约水泥5%~10%。在我国推广这种新工艺，有巨大的经济效益。

2. 搅拌时间

从砂、石、水泥和水等全部材料装入搅拌筒至开始卸料所经历的时间称为混凝土的搅拌时间。

如果搅拌时间短，混凝土搅拌得不均匀，将直接影响混凝土的强度。如适当延长搅拌时间，可增加混凝土强度。但搅拌时间过长，混凝土的均质性并不能显著增加，反而影响混凝土搅拌机的生产率；不坚硬的集料会发生掉角甚至破碎，降低了混凝土的强度；水分的蒸发、混凝土的离析会使混凝土和易性降低。

混凝土搅拌的最短时间与搅拌机的类型和容量、集料的品种、对混凝土流动性的要求等因素有关，应符合表5-10的规定。

工程中绝对不允许以提高搅拌机的转速来缩短搅拌时间。采用自落式搅拌机，当搅拌机的转速超过临界转速时，物料将不再落下，没有搅拌，也就谈不上搅拌效果；采用强制式搅拌机，当转速过高，物料将集聚在筒的边缘，物料也没有搅拌效果。

表 5-10　混凝土搅拌的最短时间

混凝土的坍落度/mm	搅拌机类型	搅拌机容量/L		
		<250	250~500	>500
≤30	自落式	90	120	150
	强制式	60	90	120
>30	自落式	90	90	120
	强制式	60	60	90

3. 装料量

搅拌机每次（出盘）可搅拌出的混凝土体积称为搅拌机的出料容量（V_c）；每次可装入干料的体积称为进料容量（V_g）。搅拌筒内部体积称为搅拌机的几何容量（V_j）。

为使搅拌筒内装料后仍有足够的搅拌空间，保证混凝土的搅拌质量，一般进料容量与几何容量的比值称为搅拌筒的利用系数，一般 $V_g/V_j=0.2\sim0.4$。出料容量与进料容量的比值称为出料系数，一般 $V_c/V_g=0.60\sim0.70$。任意超载，就会使材料在搅拌筒内无充分的空间进行拌和，影响混凝土的和易性。反之，装料过少，又不能充分发挥搅拌机的效能。

（三）混凝土搅拌站

混凝土搅拌站有工厂型和现场型两种。

（1）工厂型搅拌站　工厂型搅拌站一般为大型永久性或半永久性的混凝土生产企业，可以向若干工地供应商品混凝土拌合物。拌制好的成品混凝土用运输车直接送到施工现场。对建设规模大、施工周期长的工程，或在邻近有多项工程同时进行施工，可设置半永久性的搅拌站。这种设置集中站点统一拌制混凝土，便于实行自动化操作和提高管理水平，对提高混凝土质量、节约原材料、降低成本，以及改善现场施工环境和文明施工等都具有显著优点。

（2）现场型搅拌站　现场型搅拌站通常采用流动性组合方式，将机械设备组成装配连接结构，以便于装拆和搬运。现场型搅拌站的建设应根据工地任务大小，结合现场环境，因地制宜。尽可能使现场型搅拌站的设计具有自动上料、自动称量、机动出料和集中操纵控制的特点，使搅拌站后台（指原材料进料方向）上料作业走向机械化、自动化生产。

七、混凝土的运输

（一）运输要求

混凝土的运输应符合以下要求：

1）运输中的全部时间不应超过混凝土的初凝时间。

2）运输中应保持均质性，不应产生分层离析现象，不应漏浆；运至浇筑地点应具有规定的坍落度，并保证混凝土在初凝前能有充分的时间进行浇筑。

3）混凝土的运输道路要求平坦，应以最少的运转次数、最短的时间从搅拌地点运至浇筑地点。

4）运输时间是指混凝土拌合物从搅拌机卸出后到灌进模板之间的时间间隔。该时间间隔应尽可能短，不宜超过表 5-11 的规定。对掺有外加剂或采用快硬水泥拌制的混凝土，其延续时间应按试验确定。对于轻集料混凝土，其延续时间应适当缩短。

表 5-11 混凝土拌合物从搅拌机中卸出后到浇筑完毕的延续时间 （单位：min）

气温	采用搅拌车		其他运输设备	
	≤C30	>C30	≤C30	>C30
≤25℃	120	90	90	75
>25℃	90	60	60	45

（二）运输设备

常用的水平运输设备有：手推车、机动翻斗车、混凝土搅拌运输车、自卸汽车等。

常用的垂直运输设备有：龙门架、井架、塔式起重机、混凝土泵等。

（1）手推车　手推车有单轮、双轮两种。手推车操作灵活、装卸方便，适用于楼地面水平运输，施工工地应用特别广泛。

（2）机动翻斗车　机动翻斗车（图 5-12）是一种轻便灵活的水平运输机械，具有轻便灵活、结构简单、转弯半径小、速度快、能自动卸料等特点，适用于与 400L 混凝土搅拌机配合，作短距离混凝土运输。

（3）自卸汽车　自卸汽车（图 5-13）是以载重汽车作驱动力，在其底盘上装设一套液压举升机构，使车厢举升和降落，自卸物料。

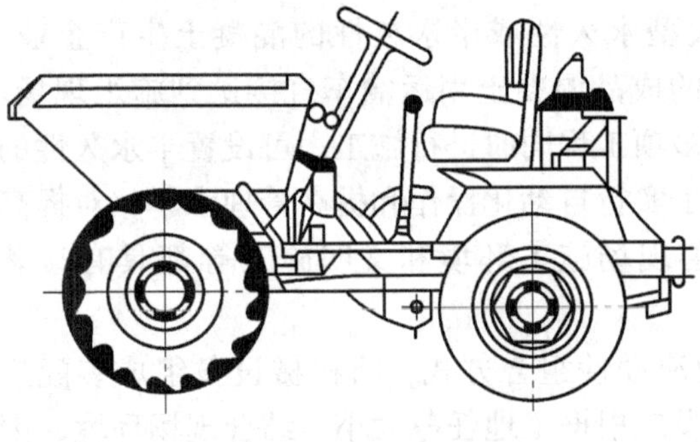

图 5-12　机动翻斗车

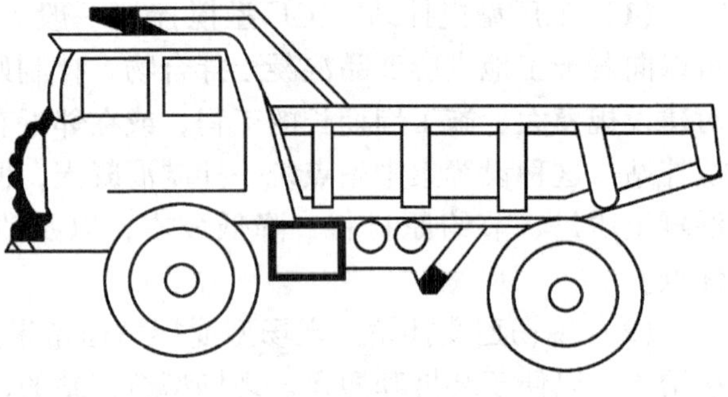

图 5-13　自卸汽车

自卸汽车适用于远距离和混凝土需用量大的水平运输。

（4）混凝土搅拌运输车　混凝土搅拌运输车（图 5-14）是在载重汽车或专用汽车的底盘上装设一个梨形反转出料的搅拌机而成，它兼有运载混凝土和搅拌混凝土的双重功能。它可在运送混凝土的同时，对其缓慢地搅拌，以防止混凝土产生离析或初凝，从而保证混凝土

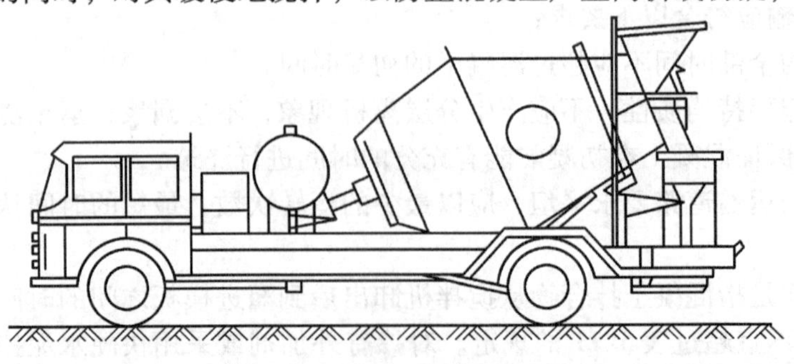

图 5-14　混凝土搅拌运输车

的质量。亦可在开车前装入一定配合比的干混合料，在到达浇筑地点前15~20min加水搅拌，到达后即可使用。该车适用于混凝土远距离运输，是商品混凝土必备的运输机械。

(5) 混凝土泵　混凝土泵运输又称泵送混凝土（图5-15），是利用混凝土泵的压力将混凝土通过管道输送到浇筑地点，一次完成水平运输和垂直运输。混凝土泵运输具有输送能力大（最大水平输送距离可达800m，最大垂直输送高度可达300m）、效率高、连续作业、节省人力等优点，是施工现场运输混凝土较先进的方法。

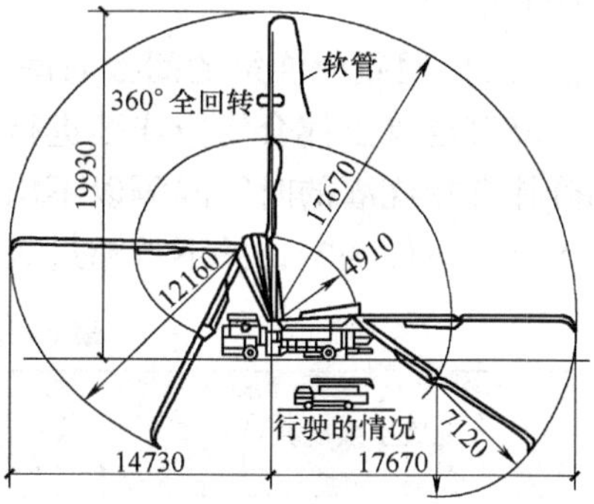

图5-15　混凝土泵

第四节　钢筋混凝土的施工方法

一、混凝土浇筑应注意的问题

(一) 防止离析

浇筑混凝土时，混凝土拌合物由料斗、漏斗、混凝土输送管、运输车内卸出时，如自由倾落高度过大，由于粗集料在重力作用下，克服粘着力后的下落动能大，下落速度较砂浆快，因而可能形成混凝土离析。为此，浇灌时，应注意防止分层离析。当浇灌自由倾落高度超过2m或在竖向结构中浇灌高度大于3m时，须采用串筒、斜槽、溜管或振动溜管等缓降器（图5-16）下料。

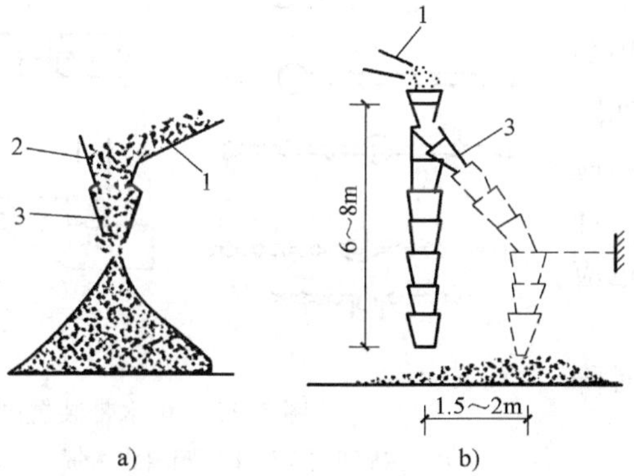

图5-16　缓降器

a) 溜槽　b) 串筒　c) 振动串筒

1—溜槽　2—挡板　3—串筒　4—漏斗　5—节管　6—振动器

(二) 分层浇筑

混凝土拌合物的浇灌高度太大时，应分层进行浇灌，以使混凝土拌合物能够振捣密实，在下层混凝土拌合物凝结之前，上层混凝土拌合物应浇筑振捣完毕，以保证混凝土浇筑的整体性要求。

（三）混凝土浇筑的间歇时间

浇筑混凝土拌合物应连续进行，以保证构筑物的强度与整体性。施工时，上、下层相邻部分拌合物浇灌的时间间隔以不出现初凝为准。浇灌间歇的最长时间应按使用水泥品种及混凝土凝结条件确定，并不得超过表5-12的规定。

表5-12 浇筑混凝土拌合物的间歇时间 （单位：min）

混凝土强度等级	气温/℃	
	≤25	>25
≤C30	210	180
>C30	180	150

（四）正确留置施工缝

如对整体构筑物因技术或组织上的原因混凝土拌合物不能连续浇筑时，且停顿时间有可能超过混凝土的初凝时间，则应预先选定适当部位设置施工缝。由于混凝土的抗拉强度约为其抗压强度的1/10，因而施工缝是结构中的薄弱环节，施工缝应设置在结构受剪力较小且便于施工的部位。例如浇筑贮水构筑物及泵房设备地坑，施工缝可留在池（坑）壁，距地（坑）底混凝土面30～50cm的范围内。在施工缝处继续浇筑混凝土拌合物时，已浇筑的混凝土抗压强度应达到1.2N/mm^2。同时，对已硬化的混凝土表面清除松动砂石和软弱层面，并加以凿毛，用水冲洗并充分湿润后铺3～5cm厚水泥砂浆衔接层，再继续浇筑新混凝土拌合物，以保证接缝的质量。

大面积混凝土底板或池壁，为了消除水泥水化收缩而产生的收缩应力或收缩裂缝对结构质量的影响，须设置伸缩缝。长距离条形构筑物，如现浇混凝土管沟、长池壁、管道基础等，为了防止地基不均匀沉降对结构质量的影响，须设置沉降缝。贮水构筑物的伸缩缝和沉降缝均应作止水处理。为了防止地下水渗入，地下非贮水构筑物的伸缩缝和沉降缝也应作止水处理。

施工缝一般设在伸缩缝和沉降缝处。

常用的止水片有橡胶、塑料等，如图5-17所示。

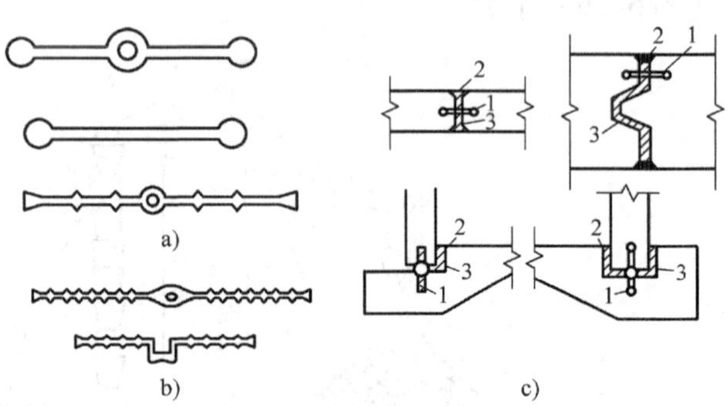

图5-17 止水带装置图

a）橡胶止水带 b）塑料止水带 c）止水带埋设

1—止水带 2—封缝条 3—填料

二、混凝土的振捣

（一）振捣原理

对混凝土进行机械振捣是为了提高混凝土密实度。振捣前浇灌的混凝土是松散的，在振捣器高频率低振幅振动下，混凝土内颗粒受到连续振荡作用，颗粒间摩擦阻力和黏聚力显著减小，流动性显著改善。粗集料向下沉落，粗集料孔隙被水泥砂浆填充。混凝土中空气被排挤，形成小气泡上浮。一部分水分被排挤，形成水泥浆上浮。混凝土充满模板，密实度和均一性都增高。干稠混凝土在高频率振捣作用下可获得良好的流动性，与塑性混凝土比较，在水灰比不变的条件下可节省水泥，或在水泥用量不变的条件下可提高混凝土强度。

振捣的效果与所用的振捣方法和振捣设备性能有关。混凝土捣实的难易程度取决于混凝土拌合物的和易性、砂率、松密度、空气含量、集料的颗粒大小和形状等因素。和易性好，砂率恰当，加入减水剂振捣较易；碎石混凝土则较卵石混凝土振捣相对困难。

（二）振捣方法

混凝土的振捣有人工和机械两种方式。人工振捣一般只在缺少振动机械和工程量小的情况下，或在流动性较大的塑性混凝土中采用。

振动机械按其工作方式，可以分为：内部振动器、表面振动器及外部振动器三种。

内部振动器也称插入式振动器，形式有硬管和软管。振动部分有偏心振动子和行星振动子，如图 5-18a 所示。主要适用于振捣大体积混凝土、基础、柱、梁、厚度大的板等。

表面振动器也称平板式振动器。其工作部分为钢制或木制平板，板上装有带偏心块的电动振动器。振动力通过平板传递给混凝土，适用于振捣表面积大且平整的结构物，如平板、地面、屋面等，如图 5-18b 所示。

外部振动器也称附着式振动器。通常用螺栓或夹钳等固定在模板外部，偏心块旋转所产生的振动通过模板传给混凝土。由于振动作用深度较小，故仅适用于钢筋较密、厚度较薄以及不宜用插入式振动器捣实的结构，如图 5-18c 所示。

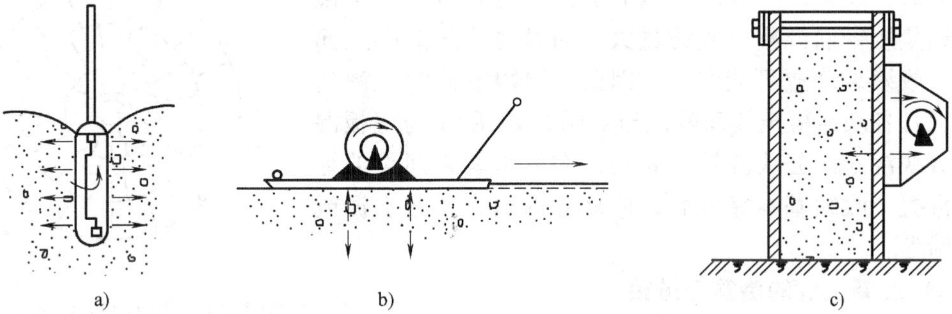

图 5-18 振动器的工作原理

a）内部振动器 b）表面振动器 c）外部振动器

三、现浇钢筋混凝土构筑物的整体浇筑

贮水、水处理构筑物和泵房等地下或半地下钢筋混凝土构筑物是输水和水处理工程施工中常见的结构，特点是构件断面较薄，且有的面积较大，钢筋一般较密；要求具有较高的抗渗性和良好的整体性，需要采取连续浇筑。对这类结构的施工，须着重解决好分层分段流水施工和选择合理的振捣方式。

对于面积较小、深度较浅的构筑物，可将池底和池壁一次浇筑完毕。面积较大而又深的水池和泵房地坑，应将底板和池壁分开浇筑。

（一）混凝土底板的浇筑与振捣

地下或半地下构筑物平底板浇筑时，混凝土的垂直和水平运输可以采用多种方案。如布料混凝土泵车可以直接进行浇灌，塔式起重机、桅杆起重机等可以把混凝土料斗吊运到底板浇筑处。也可以搭设卸料台，用串桶、溜槽下料。如果可以开设斜道，运输车辆就能直接进入基坑。图5-19所示为采用塔式起重机进行底板浇筑。

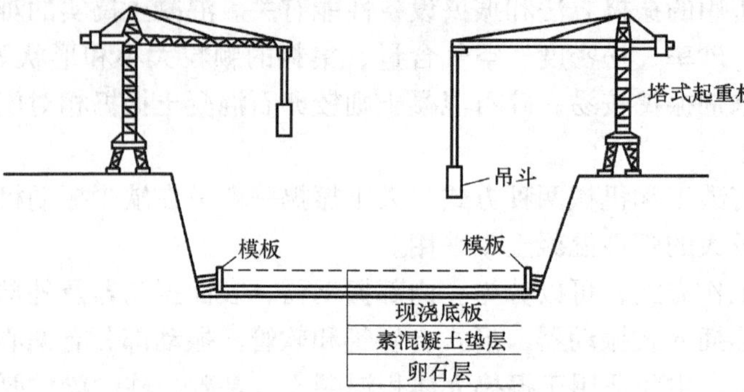

图5-19 采用塔式起重机进行底板浇筑

池底分平底和锥底两种。锥形底板从中央均匀向四周浇筑。浇筑时，混凝土不应下坠。因此，应根据底板水平倾角大小，设计混凝土的坍落度。

混凝土在凝结硬化过程中会发生干缩，对于水池等底板由于地基或垫层或土体等约束作用，会产生拉应力。当新浇筑混凝土的强度还不足以承受该拉应力时，就会产生收缩。钢筋能抵抗这种收缩。素混凝土收缩量较钢筋混凝土收缩量大。同时浇捣的混凝土面积愈大，收缩裂缝愈可能产生。因此，要限制同时浇灌的面积，而且各块混凝土要间隔浇筑。图5-20所示为底板混凝土的分块浇筑。分块浇筑的底板，在块与块之间设伸缩缝，在混凝土收缩基本完成后，伸缩缝内填入膨胀水泥或沥青玛琋脂。

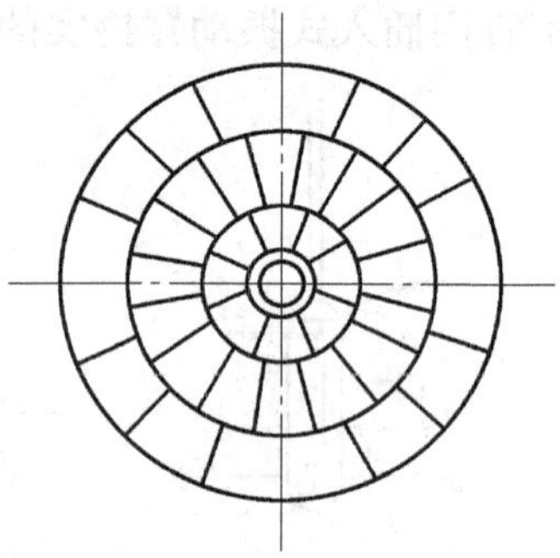

图5-20 底板混凝土的分块浇筑

（二）混凝土墙的浇筑与振捣

混凝土水池的池壁、隔墙，地面水进水口的直墙，泵房的墙壁等施工，为了避免留设施工缝，一般都采用连续浇灌混凝土。连续浇灌时，在池壁的垂直方向分层浇灌，每个分层称为施工层，相邻两施工层浇灌的时间间隔不应超过混凝土的初凝期。

施工层的高度根据混凝土的搅拌、运输、振捣的能力确定，通常取2m。这是因为混凝土的自由降落高度允许为2m左右，脚手架的每步高也为2m左右。

为了使各工序进行平行作业，应将池壁分成若干施工段，且每个施工段的长度能保证各项工序具有足够的工作线。当池壁长度很大时，可以划分若干区域，在每个区域实行平行流水作业。

四、混凝土的养护

养护是为了保证混凝土凝结和硬化必需的湿度和适宜的温度，促使水泥水化作用充分发展的过程，它是获得优质混凝土必不可少的措施。如果混凝土养护不及时、不充分（尤其在早期)，不仅易产生收缩裂缝降低强度，而且影响混凝土的耐久性以及其他各种性能。

(一) 自然养护

现场浇筑的混凝土，在自然气温高于 +5℃的条件下，通常采用自然养护。自然养护有覆盖浇水养护和塑料薄膜养护。

(1) 覆盖浇水养护 覆盖浇水养护是利用平均气温高于 +5℃的自然条件，用适当材料（如草袋、芦席、锯末、砂）对混凝土表面加以覆盖并经常浇水，使混凝土在一定时间内保持足够的湿润状态。

(2) 塑料薄膜养护 塑料薄膜养护是将塑料溶液喷洒在混凝土表面上，溶液经挥发后塑料与混凝土表面结合成一层塑料薄膜，将混凝土与空气隔绝，使封闭混凝土中的水分不被蒸发，以保证水化作用的正常进行。这种方法一般适用于不宜洒水养护的高耸构筑物、表面积大的混凝土施工和缺水地区。

(3) 自然养护施工要点

1) 混凝土浇筑后，在 12h 以内覆盖适当材料洒水养护，并避免夏日阳光直晒。

2) 在常温下洒水养护日期，普通水泥混凝土不少于 7d；火山灰质水泥、矿渣水泥以及掺有塑性外加剂的混凝土不少于 14d；防渗混凝土不少于 14d。

3) 对较大面积的混凝土，如池底、路面等可采用蓄水养护。

4) 混凝土养护期，其强度低于 1.2MPa 以前，不得在混凝土面上架设支架、安装模板，更不得撞击混凝土。

5) 当室外昼夜平均气温低于 5℃时，应按冬期施工方法进行养护。

(二) 蒸汽养护

蒸汽养护是利用蒸汽加热养护混凝土，可选用棚罩法、蒸汽套法、热模法、蒸汽毛管法。

1) 棚罩法是用帆布或其他罩子扣罩，内部通蒸汽养护混凝土，适用于预制梁、板、地下基础、沟道等。

2) 蒸汽套法是制作密封保温外套，分段送蒸汽养护混凝土。蒸汽通入模板与套板之间的空隙，来加热混凝土，适用于现浇梁、板、框架结构、墙、柱等。

3) 热模法是在模板外侧配置蒸汽管加热模板，再由模板传热给混凝土进行养护，适用于墙、柱及框架结构。

4) 蒸汽毛管法是在结构内部预留孔道，通蒸汽加热混凝土进行养护，适用于预制梁、柱、桁架。

蒸汽养护应使用低压饱和蒸汽。采用普通硅酸盐水泥时最高养护温度不超过 80℃，采用矿渣硅酸盐水泥时可提高到 85℃，但采用内部通汽法时，最高加热温度不超过 60℃。蒸汽养护混凝土可掺入早强剂或无引气型减水剂。

五、混凝土的质量检验

影响混凝土质量的因素很多，它与各个工序的施工质量密切相关。施工中应建立严格的质量管理与检查制度，并结合现场条件预先编制施工设计。

搅拌前，应对各组成材料的品种、质量进行检验，并根据其品种决定施工应采取的措施。

在混凝土搅拌和浇筑过程中，检查混凝土的坍落度、振捣作业制度。

为了检查混凝土是否达到设计要求的强度等级和确定能否拆模，都应制作试块以备检验混凝土的强度。

此外，对水处理构筑物，还应进行抗渗漏、闭气等试验，以检查混凝土的施工质量。

（一）抗压强度检验

检查混凝土强度，应在浇筑现场制作边长15cm的立方体试块，经标准养护28d后试压确定。当采用非标准尺寸的试块时，应将抗压强度乘以折减系数，换算为标准试块的强度。

（二）构筑物渗漏检验

贮水或水处理钢筋混凝土构筑物，除检查强度和外观外，还应作渗漏、闭气检查。

（1）混凝土抗渗性检验　混凝土的抗渗性用抗渗等级P表示。依据高低分为P4、P6、P8、P10四级。抗渗等级与构筑物内的最大作用水头与最小壁厚之比有关，确定的依据见表5-4。

抗渗试验是用6个圆柱试件，经标准养护28d后，置于抗渗仪上，从底部注入高压水，每次升压0.11MPa，恒压8min，直至其中4个试件未发现渗水时的最大压力，即为该组试件的抗渗等级，如图5-21所示。

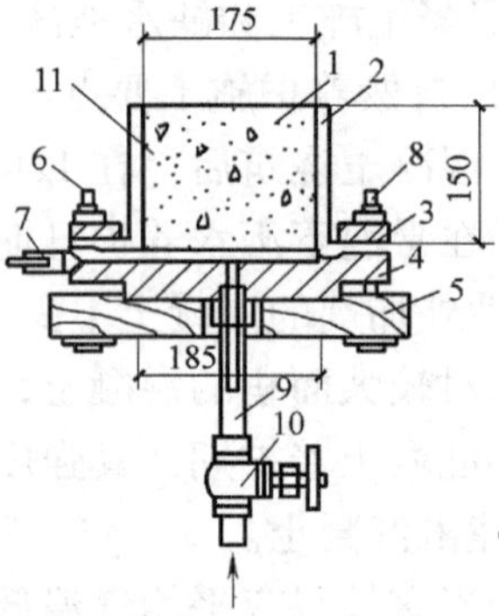

图5-21　混凝土的抗渗试验

1—试件　2—套模　3—上法兰　4—固定法兰　5—底板　6—固定螺栓　7—排气阀　8—橡胶垫圈　9—分压水管　10—进水阀门　11—密封蜡

（2）满水试验　按构筑物工作状态进行的满水试验用来检查构筑物的渗漏量和表面渗漏的情况。试验前应先向池内注水，水位上升速度不超过2m/d，相邻两次注水的间隔时间不少于24h，以便混凝土吸收水分，确保结构受力均衡。为了及早发现漏水现象，应分三次进行，每次注水为设计水深的1/3。

满水试验的测定方法是测量24h后的水位下降。按照规定$1m^2$的浸湿面积每24h的漏水量不得大于2L。在敞口构筑物试验中，应扣除蒸发而失去的水量。

（3）闭气试验　污水处理厂中的厌氧消化池，除在泥区进行满水试验外，在沼气区尚应进行闭气试验。

闭气试验是观察24h前后的池内压力降。按规定，消化池24h压力降不得大于0.2倍试验压力。由于池内气压受池内温度及池外大气压力的影响，可按下式计算池内气压降：

$$\Delta p \leqslant (p_{d1}+p_{a1})-(p_{d2}+p_{a2})(273+t_1)/(273+t_2) \tag{5-1}$$

式中　Δp——池内气压降，单位为dPa（1Pa=10dPa）；

p_{d1}——池内气压初读数，单位为dPa；

p_{d2}——池内气压末读数，单位为dPa；

p_{a1}——测量p_{d1}时的大气压力值，单位为dPa；

p_{a2}——测量p_{d2}时的大气压力值，单位为dPa；

t_1——测量p_{d1}时的池内温度，单位为℃；

t_2——测量p_{d2}时的池内温度，单位为℃。

一般试验压力是工作压力的1.5倍。

六、水下浇筑混凝土

在进行基础施工中，如灌筑连续墙、灌注柱、沉井封底等，有时地下水渗透量大，大量抽水又会影响地基质量；或在江河水位较深，流速较快情况下修建取水构筑物时，常可采用直接在水下灌注混凝土的方法。

在水下灌注混凝土，应解决如何防止未凝结的混凝土中水泥流失的问题。当混凝土拌合物直接向水中倾倒时，在穿过水层达到基底过程中，由于混凝土的各种材料的浮力不同，将使水泥浆和集料分解，集料先沉入水底，而水泥浆则会流失在水中，以致无法形成混凝土。

水下浇筑混凝土一般分为水下灌注法和水下压浆法。

（一）水下灌注法

水下灌注法有直接灌注法、导管法、泵压法、柔性管法和开底容器法等。通常施工中使用较多的方法是导管法。

导管法是将混凝土拌合物通过金属管在已灌注的混凝土表面之下灌入基础，这样就避免了新浇筑的混凝土与水直接接触，如图 5-22 所示。

开始灌注前，应先清理基底，除去淤泥和杂物，并使其标高符合设计要求的高程。

为使水下浇筑的混凝土有足够的强度和良好的和易性，应对材料和配合比提出相应要求。一般水泥采用普通硅酸盐水泥和矿渣硅酸盐水泥，普通硅酸盐水泥强度等级大于或等于 42.5，矿渣硅酸盐水泥强度等级要大于或等于 32.5，并试验水泥的凝结时间。为了保障混凝土强度，水灰比不宜大于 0.6。混凝土拌合物坍落度为 15 ~ 20cm，粗集料可选用卵石，最大粒径不应超过管径的 1/8。为了改善混凝土性能，可掺入表面活性外掺剂，使形成黏聚性好、泌水性小的流态混凝土拌合物。

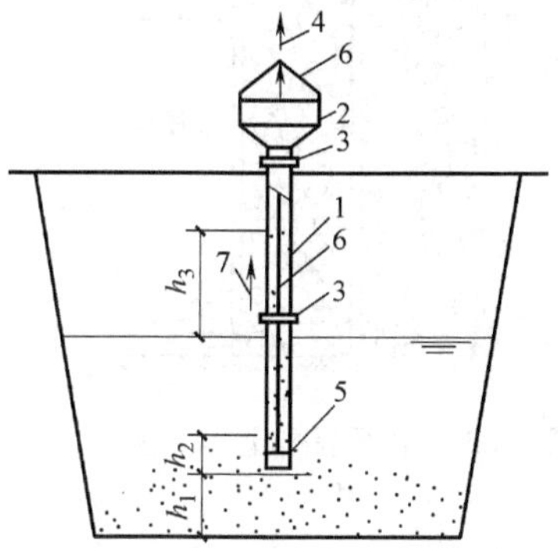

图 5-22 水下浇筑混凝土

1—导管 2—漏斗 3—密封接头 4—起重设备 5—吊索 6—混凝土塞子 7—导管缓缓上升

灌注开始时，将导管下口降至距基底表面 h_1 约 30 ~ 50cm 处，太近则容易堵塞。第一次灌入管内的混凝土拌合物数量应预先计算，要求灌入的混凝土能封住管口并略高出管口，h_2 应为 0.5 ~ 1m。管口埋入过浅则导管容易进水；埋入过深则管内拌合物难以倾出。此外，管内混凝土顶面应高出水面 h_3 约 2.5m，以便将混凝土压入水中。

当管内混凝土的体积及高度满足以上要求时，剪断钢丝，混凝土拌合物冲开塞子而进入水内，如用木塞则木塞浮起，可以回收。这一过程称为“开管”。此后一边均衡地浇筑，一边缓缓提起导管，并保持导管下口始终在混凝土表面之下。防止地下水把上、下两层混凝土隔开，影响浇筑质量。浇筑速度以每小时提升导管 0.5 ~ 3m 为宜，浇筑强度每个导管可达 $15m^3/h$。

开管以后，应注意保证连续灌注，防止堵管。当灌注面积较大时，可以同时用数根导管进行浇筑。导管的作用半长与混凝土坍落浇筑压头有关，一般为 3 ~ 4m。

采用多根导管同时进行灌注，要合理布置导管，以使混凝土顶面标高不致相差过大。

水下混凝土灌注完毕后，应对顶面进行清理，清除顶面厚约20cm的一层松软部分，然后再建造上部结构。

（二）水下压浆法

压浆法是先在水中抛填粗集料，并在其中埋设注浆管，然后用水泥砂浆通过泵压入注浆管内集料中，如图5-23所示。

集料用带有拦石钢筋的格栅模板、板桩或砂袋定型。集料应在模板内均匀填充，以使模板受力均匀，集料面高度应大于注浆面高度0.5~1m，对处于动水条件下，集料面高度应高出注浆面1.5~2.0m。此时，集料填充和注浆可同时进行作业，如图5-24所示。填充集料，应保持集料粒径具有良好级配。

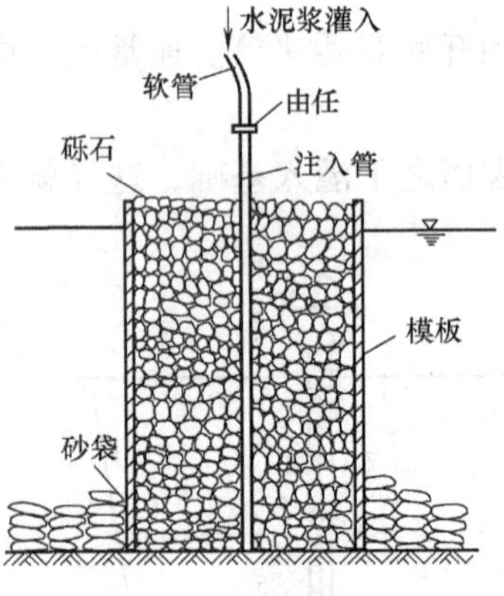

图5-23 水下混凝土压浆法

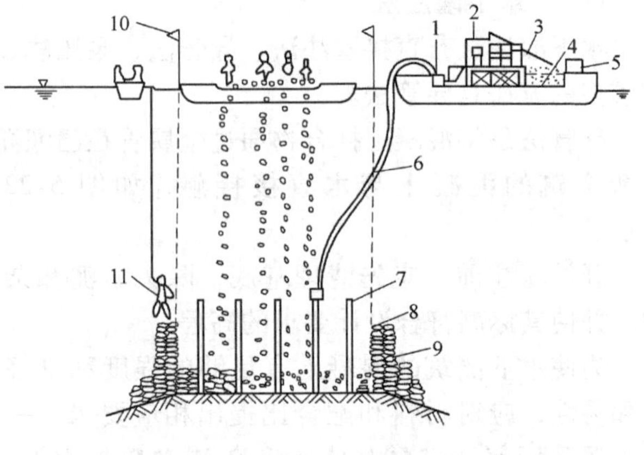

图5-24 水下压力注浆施工示意

1—砂浆泵 2—砂浆搅拌机 3—斗式运送器 4—砂 5—水箱 6—砂浆输送管 7—导管 8—帆布围罩 9—砂袋 10—水上标志 11—潜水工

七、装配式钢筋混凝土结构施工

装配式钢筋混凝土结构施工是用起重机械将预先在工厂或施工现场制作的构件，根据设计要求和拟定的结构吊装施工方案进行组装，使之成为完整结构物的过程。

（一）起重机械类型

结构吊装工程常用的起重机械有拔杆式起重机、自行式起重机和塔式起重机。

（1）拔杆式起重机 拔杆式起重机的特点是制作简单、装拆方便、起重量大、适应性强，能在比较狭窄的工地上使用，安装一些特殊构件和设备，应用较为普遍。特别是在山区，大型起重设备往往运输困难，拔杆式起重机的作用就更为明显。但它的灵活性较差，移动困难，而且需要设置较多的缆风绳。拔杆式起重机可分为独脚拔杆、悬臂拔杆、人字拔杆和纤缆式拔杆起重机（图5-25）。

（2）自行式起重机 自行式起重机可分为履带式起重机、轮胎式起重机、汽车式起重机（图5-26）。自行式起重机的优点是灵活性大、移动方便，起重机本身是安装好的一个整体，无需拼装工作，一到现场即可投入使用。这类机械的缺点是稳定性较差。

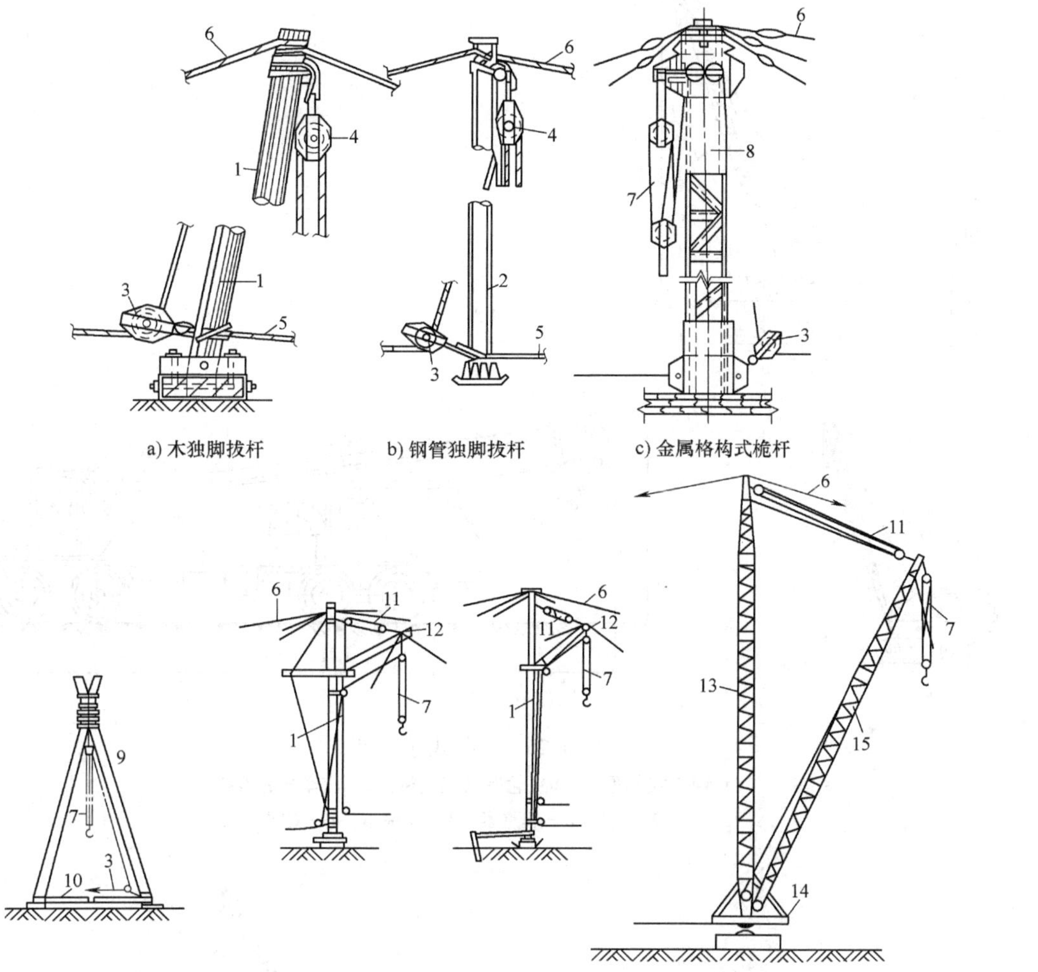

a) 木独脚拔杆　b) 钢管独脚拔杆　c) 金属格构式桅杆

d) 人字拔杆　e) 悬臂式起重机　f) 纤缆式起重机

图 5-25　拔杆式起重机

1—木桅杆　2—钢管桅杆　3—转向滑轮　4—定滑轮　5—牵索　6—缆风绳　7—起重滑轮组　8—金属格构桅杆　9—人字架拔杆　10—拉索　11—变幅滑轮组　12—悬臂拔杆　13—金属桅杆　14—转盘　15—起重杆

(3) 塔式起重机　按行走机构可分为轨道式塔式起重机和固定自行爬升塔式起重机(图 5-27)。塔式起重机自重大，高度高，使用时应结合其结构特点选择适宜的安装方案。

(二) 起重机类型的选择

结构吊装选用的起重机类型，主要根据结构特点和类型、构件质量、吊装高度、施工现场条件和当地现有起重机设备等确定。

一般中小型建筑结构多选择自行式起重机吊装（如贮水和水处理构筑物）。在缺少自行式起重机的现场，可选择拔杆、人字拔杆或悬臂拔杆等吊装。当建筑结构的高度和长度较大时，通常须采用塔式起重机进行构件和屋盖结构吊装。为解决重型构件的吊装问题，也可以用双机抬吊等方法。

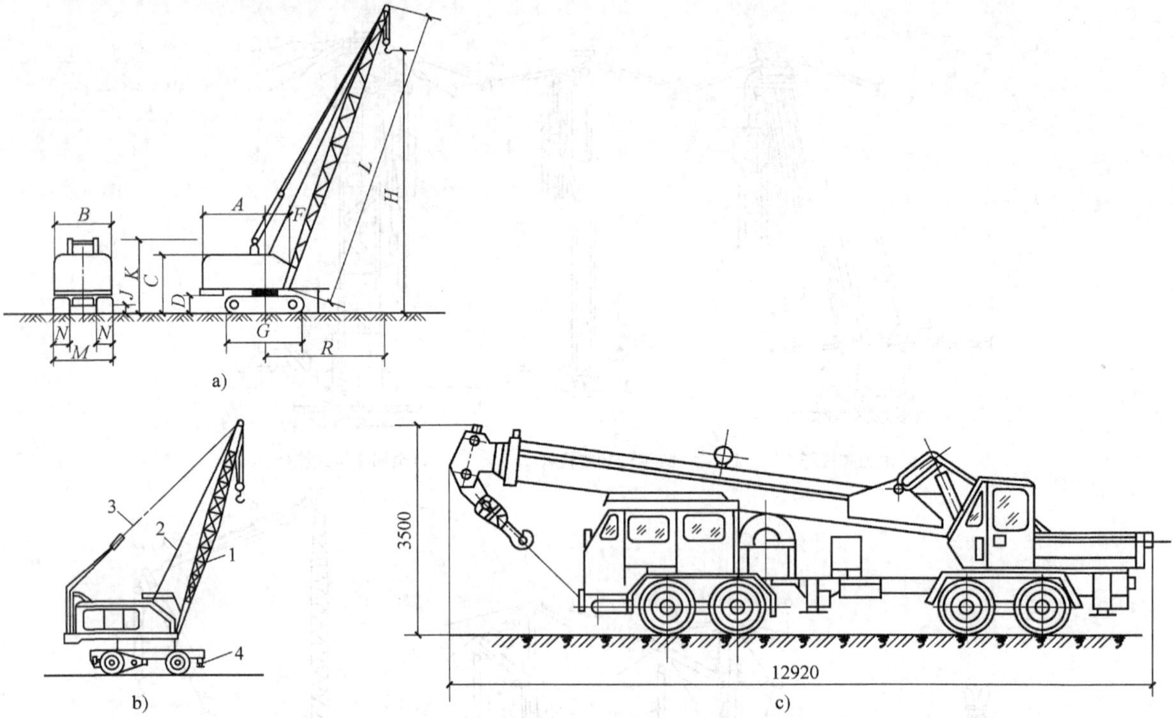

图 5-26　自行式起重机

a）履带式起重机　b）轮胎式起重机　c）汽车式起重机

1—起重杆　2—起重索　3—变幅索　4—支腿

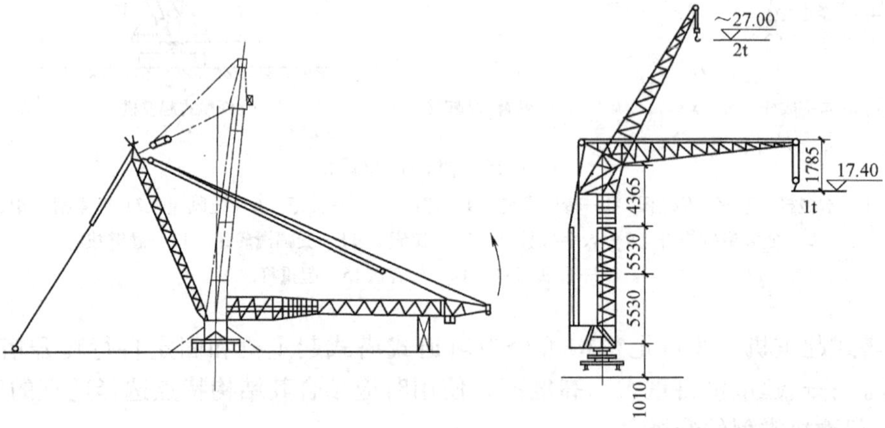

图 5-27　塔式起重机

a）轨道式塔式起重机整体安装　b）QT_1-2 型塔式起重机

八、装配式预应力钢筋混凝土水池施工

与普通钢筋混凝土水池相比较，装配式预应力钢筋混凝土水池更具有比较可靠的抗裂性及不透水性。

在荷载作用之前，先对混凝土预加压力，产生人为的压应力状态。混凝土具有的压应力称作预应力，它可抵消由荷载所引起的大部分或全部拉应力，致使构件在使用时拉应力显著减小或不出现拉应力。这样，在荷载作用下，裂缝能延迟发生或不致发生，也即延迟了由于裂缝的出现所引起的构件刚度的降低。

预应力钢筋混凝土水池多为圆柱形，其预应力钢筋主要沿环向布置。但当高度较高的地面式大容量水池考虑温度收缩应力或施加环向预应力时，池壁与底板间会产生摩擦力，而使池壁产生垂直方向的弯矩，为防止由此而形成水平裂缝，有时也在垂直方向施加预应力钢筋。

通常条件下，预应力钢筋混凝土水池多做成装配式的。

（一）壁板的构造与制作

池壁板的结构形式一般有两种：两壁板间有搭接钢筋和两壁板间无搭接钢筋（图 5-28）。前一种壁板的横向非预应力钢筋可承受部分拉应力，但外露筋易锈蚀，壁板间接缝混凝土捣固不易密实，应加强振捣。池壁板安插在底板外周槽口内，如图 5-29 所示。

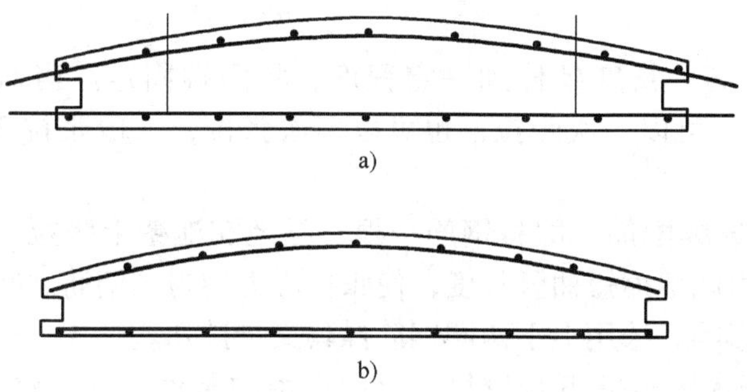

图 5-28　预制壁板

a）有搭接钢筋的壁板　b）无搭接钢筋的壁板

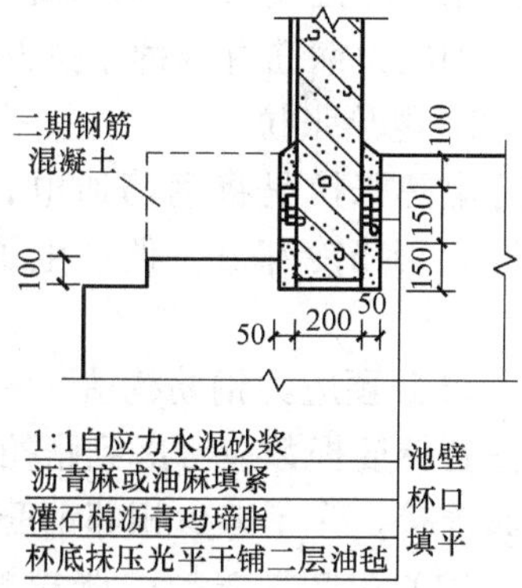

图 5-29　壁板与底板的环槽连接

壁板接缝应牢固和严密。图 5-30a 所示接缝用于有搭接钢筋壁板，在接缝处焊接或绑扎直立钢筋，支设模板，浇筑细石混凝土；图 5-30b 所示接缝用于无搭接钢筋壁板，接缝内浇筑膨胀水泥混凝土或 C30 细石混凝土。

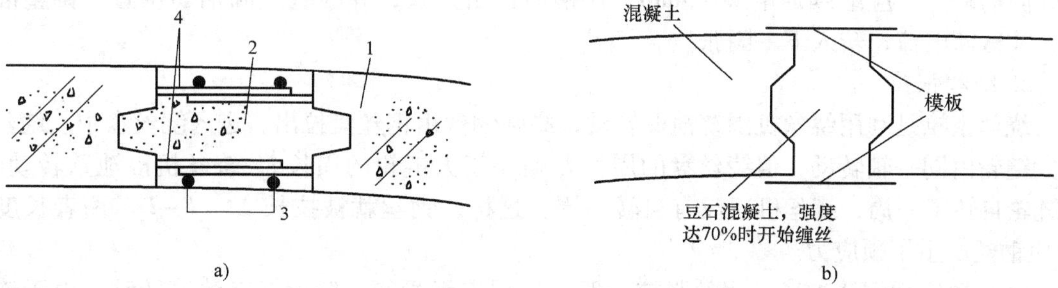

图 5-30　壁板接缝

a）有搭接钢筋壁板接缝　b）无搭接钢筋壁板接缝

1—池壁板　2—膨胀混凝土　3—直立钢筋　4—搭接筋

壁板与池底间连接，先填里侧填料，预张应力后，再填外侧填料。

在壁板顶浇筑圈梁，顶板搁置在圈梁上，提高水池结构抗震能力。

（二）装配式水池构件吊装

构件吊装前，应结合水池结构、直径与构件的最大质量确定采用的吊装机械、吊装方法、吊装顺序及构件堆放地点等。构件吊装校正之后用水泥砂浆连接或预埋件焊接。采用预埋件焊接可提高结构整体性及抗震性，而且不需临时支撑。

壁板吊装前，在底板槽口内外侧弹墨线，确定壁板位置，然后用预埋件焊接或临时固定。壁板全部吊装完毕后，在接缝处安装模板，浇筑细石混凝土堵缝。

（三）壁板环向预加应力

水池环向预应力钢筋张拉工作应在环槽杯口、壁板接缝浇筑的混凝土强度达到设计强度的70%后开始。

钢筋采用普通钢筋或高强钢丝。普通钢筋在张拉前作冷拉处理。冷拉采用双控：防止钢筋由于均质性差而产生张拉应力误差，用冷拉应力控制；防止钢筋脆性提高，采用冷拉伸长率控制。冷拉应力与伸长率由试验确定。

预应力钢筋有两种张拉方法，即电热张拉和绕丝张拉。

1. 电热张拉

电热张拉是将钢筋通电，使温度升高，长度延伸到一定程度，将两端固定。当撤去电源，钢筋冷却后，便产生了温度应力。可以一次张拉，也可以多次张拉，一般张拉2～4次。

（1）预应力钢筋构造　一般采用不连续配筋，即将钢筋一根一根地在池壁上张拉，每周安置钢筋根数应考虑到张拉钢筋时尽可能地缩短曲弧长度，使张拉应力均匀。钢筋之间靠锚具连接，为了减少相邻钢筋锚具松动影响，采用上下两圈钢筋锚具交错排列。

（2）电热法张拉　张拉顺序可根据水池池壁下端铰接、上部自由的条件，首先将上、中、下的各一圈钢筋拉完，使池壁均匀受力，上下稳定，然后分区张拉。

通电以后，采取预热、张拉、再预热、再张拉的带电张拉操作。通电之初，温度上升较快，可将预热时间缩短，钢筋伸长到一定程度后，即需拧紧锚固夹具螺钉，张拉钢筋。后期温度上升较慢，尤其是迎风面，表面温度散失较快，应将预热时间适当延长。

钢筋张拉到控制伸长值后，为使钢筋在断电前不致因急速降温而立即建立应力，出现池壁摩阻的缺点，应继续通电2～3min，让钢筋自由伸长，并检查整圈钢筋位置，调整准确后，才截断电流，转入下一圈张拉。

2. 绕丝张拉

绕丝张拉是利用绕丝机围绕池壁转动，高强钢丝由钢丝盘拉出，进入绕丝盘中。绕丝盘与大链轮由同一轴转动，但绕丝盘的周长 l_1 略小于大链轮的周长 l，绕丝机沿池壁转动时，大链轮自转了一周，绕丝机还没有自转一周，这样，钢丝就被拉长 $\Delta l = l - l_1$。两者长度差 Δl 使钢丝产生了预应力。

（1）预应力钢筋构造　绕丝张拉一般是采用连续配筋，绕丝机在池壁转动，由于连续的钢丝缠绕，使池壁混凝土结构向内产生压力而形成预应力。

张拉钢筋直径为5～10mm，张拉后的钢筋，每一定间隔用锚具固定在锚固槽内。

鉴于贮水构筑物池壁所受水压力随水深呈线性增加，因此池壁各高度的预应力钢筋根数随高度的增加而减少，具体需设置张拉钢筋数应按设计要求或需通过计算确定，必要时可进行验算。

（2）壁板绕丝作业　壁板安装完毕，先将外壁清理干净，凸凹不平之处用高强度等级水泥砂浆抹平，要求外圆符合弧度。

绕丝开始时，将钢丝的一端锚固在锚固槽上，然后开动绕丝机，回转小车在池壁顶部沿轨道做匀速运动。

预应力水池钢丝应力的测定与控制对保证水池结构强度和严密性起着决定性作用。一般采用板簧式测力计测定钢丝应力，此种测力计使用方便，颇为实用，随绕丝随测应力。

（四）枪喷水泥砂浆保护层

喷浆施工应在水池满水试验合格后的满水条件下进行，试水一旦结束，应及早进行钢丝保护层的喷浆，以免钢丝暴露在大气中发生锈蚀。喷浆前，应对喷面进行除污、去油、清洗处理。

灰砂比采用0.35～0.40，水灰比采用0.25～0.35，砂浆强度不低于M30。

喷浆应沿池壁的圆周方向自池身上端开始。喷口至待喷池面的距离以考虑回弹物较少、喷层密实等条件确定。每次喷浆厚度15～20mm，共喷三遍，保护层总厚度不宜小于40mm。喷枪与喷射面应保持垂直，做到连环旋射，出浆量应稳定且连续，不得滞射与扫射，保持层厚与密实。喷浆凝结后，加遮盖湿润养护14d以上。

第五节　钢筋混凝土结构质量通病与防治

一、混凝土裂缝

（一）塑性收缩裂缝

（1）现象　裂缝多在新浇筑并暴露于空气中的结构、构件表面出现，形状很规则，且长短不一，互不连贯，裂缝较浅。大多在混凝土初凝后，外界气温高，风速大，气候很干燥的情况下出现。

（2）原因分析

1）混凝土浇筑后，表面没有及时覆盖，受风吹日晒，表面游离水分蒸发过快，产生急剧的体积收缩，而此时混凝土早期强度低，不能抵抗这种变形应力而导致开裂。

2）使用收缩率较大的水泥，水泥用量过多，或混凝土水灰比过大。模板、垫层过于干燥，吸水多。

（3）预防措施

1）配制混凝土时，应严格控制水灰比和水泥用量。

2）混凝土浇筑前，将基层和模板浇水湿透，避免吸收混凝土中的水分。

3）混凝土浇筑后，应及时喷水养护，对裸露表面应及时用潮湿材料覆盖。在炎热季节，要加强表面的抹压和养护工作。

（二）沉降收缩裂缝

（1）现象　裂缝多沿结构上表面钢筋通长方向或沿箍筋断续出现，裂缝宽度1～4mm，深度不大，一般到钢筋表面为止。多在混凝土浇筑后发生，混凝土硬化后即停止。

(2) 原因分析　混凝土浇筑振捣后粗集料沉落，挤出水分、空气，表面呈现泌水，形成竖向体积缩小的沉落，这种沉落受到钢筋、预埋件、模板、大的粗集料以及先期凝固混凝土的局部阻碍或约束，或混凝土本身各部沉降量相差过大而造成裂缝。这种裂缝多发生在坍落度较大的混凝土中。

(3) 预防措施

1）加强混凝土配制和施工操作控制，不使水灰比、砂率、坍落度过大，振捣要充分，但避免过度。

2）对于截面相差较大的混凝土构筑物，可先浇筑较深部位，放置一段时间，待沉降稳定后，再与其他部位同时浇筑，以避免沉降过大导致裂缝。

3）对坍落度较大的混凝土，水泥终凝前要对其表面进行第二次抹压，消除裂缝。

（三）温度裂缝

1. 现象

表面温度裂缝走向无一定规律性，梁板类或长度较大的结构构件，裂缝多平行于短边，大面积结构裂缝常纵横交错。深进的和贯穿的温度裂缝一般与短边方向平行或接近于平行，裂缝沿全长分段出现，中间较密。裂缝宽度大小不一，一般在0.5m以下，沿全长没有多大变化。表面温度裂缝多发生在施工期间，深进的和贯穿的温度裂缝多发生在浇筑2~3个月或更长时间后。

2. 原因分析

1）表面温度裂缝多是由于温差较大造成的。混凝土结构构件，特别是大体积混凝土浇筑后，水泥水化会放出大量水化热，使内部温度不断升高，而外部则散热较快，造成混凝土内外温差较大。这种温差造成内部和外部热胀冷缩的程度不同，就在混凝土表面产生膨胀应力，而混凝土早期抗拉强度很低，因而出现裂缝。但这种温差仅在表面处较大，因此，裂缝只在表面较浅的范围内出现。

2）深进的和贯穿的温度裂缝多是由于结构降温较大引起的。当大体积混凝土基础、墙体浇筑时因其处于流动状态，或只有很低的强度，水化热造成的热胀受到的约束很小，硬化后发生的收缩将受到地基的强大约束，会在混凝土内部产生很大的拉应力，产生降温收缩裂缝。这类裂缝较深，有时是贯穿性的，将破坏结构的整体性。

3）采用蒸汽养护的预制构件，混凝土降温控制不严，速度过快会导致构件表面或肋部出现裂缝。

3. 预防措施

1）合理选择原材料和配合比，选用低热或中热水泥，采用级配良好的石子，严格控制砂、石含量，降低水灰比，也可掺入适量的粉煤灰，降低水化热。

2）浇筑大体积混凝土时应避开炎热天气，如必须在炎热天气浇筑时，应采用冰水，对集料设遮阳装置，以降低混凝土搅拌和浇筑温度。

3）大体积混凝土应分层浇筑，每层厚度不大于300mm，以加快热量的散发，同时便于振捣密实，提高弹性模量。

4）大体积混凝土内部适当预留一些孔道，在内部循环冷水降温。

5）混凝土与垫层之间应设隔离层，使之能够产生相对滑动，以减少约束作用。

6）加强早期养护，提高抗拉强度。混凝土浇筑后表面及时用草垫、草袋或锯屑覆盖，并洒水养护，也可在表面灌水养护。在寒冷季节，混凝土表面应采取保温措施。混凝土本身内外温差应控制在20℃以内。养护过程中应加强测温工作，发现温差过大要及时覆盖保温，使混凝土缓慢降温。

7）蒸汽养护时控制升温速度不大于15℃/h，降温速度不大于10℃/h，并缓慢揭盖，避免急冷急热引起过大的温度应力。

（四）不均匀沉降引起的裂缝

（1）现象 裂缝多属进深或贯穿性裂缝，其走向与沉陷情况有关，有的在上部，有的在下部，一般与地面垂直或呈30°～45°方向发展。裂缝宽度受温度变化影响小，因荷载大小而变化，且与不均匀沉降值成正比。

（2）原因分析

1）结构、构件下面的地基软硬不均，或局部存在松软土，混凝土浇筑后，地基局部产生不均匀沉降而引起裂缝。

2）结构各部荷载悬殊，未做必要的处理，混凝土浇筑后因地基受力不均，产生不均匀下沉，导致出现裂缝。

3）模板刚度不足，支撑不牢，支撑间距过大或支撑在松软土上，以及过早拆模，也常导致不均匀沉降裂缝出现。

（3）预防措施

1）对软土地基、填土地基应选行必要的夯实和加固。

2）避免直接在较深的松软土或填土上平卧生产较薄的预制构件，或经夯实加固处理后作预制场地。

3）模板应支撑牢固，保证整个支撑系统有足够的强度和刚度，并使地基受力均匀。拆模时间不能过早，应按规定执行。

4）结构各部荷载悬殊的结构，适当增设构造钢筋，以免不均匀下沉，造成应力集中而出现裂缝。

5）模板支架一般不应支承在冻胀性土层上，如确实不可避免，应加垫板，做好排水，覆盖好保温材料。

二、混凝土质量缺陷及其处理

（一）混凝土质量缺陷产生的原因

（1）麻面 麻面是结构构件表面上呈现无数的小凹点，而无钢筋暴露现象。这类缺陷一般是由于模板润湿不够、不严密，捣固时发生漏浆，或振捣不足，气泡未排出，以及捣固后没有很好养护而产生。

（2）露筋 露筋是钢筋暴露在混凝土外面。产生的原因主要是浇筑时垫块移位，钢筋紧贴模板，以致混凝土保护层厚度不够所致。有时也因保护层的混凝土振捣不密实或模板润湿不够、吸水过多造成掉角而露筋。

（3）蜂窝 蜂窝是结构构件中形成蜂窝状的窟窿，集料间有空隙存在。这种现象主要是由于材料配合比不准确（浆少、石子多），或搅拌不均，造成砂浆与石子分离，或浇筑方法不当，或捣固不足以及模板严重漏浆等原因而产生。

（4）孔洞 孔洞是指混凝土结构内存在空隙，局部或全部没有混凝土。这种现象主要是由于混凝土捣空，砂浆严重分离，石子成堆，砂子和水泥分离而产生。另外，钢筋密集处、混凝土受冻、泥块或杂物掺入等，都会形成孔洞事故。

(5) 混凝土强度不足　产生混凝土强度不足的原因是多方面的，主要是混凝土配合比设计、搅拌、现场浇捣和养护四个方面原因。

(二) 混凝土质量缺陷的处理

(1) 表面抹浆修补　对于数量不多的小蜂窝、麻面、露筋、露石的混凝土表面，主要是保护钢筋和混凝土不受侵蚀，可用1:2～1:2.5水泥砂浆抹面修整。在抹砂浆前，须用钢丝刷净或加压力的水冲洗润湿需修补处，抹浆初凝后要加强养护工作。对结构构件承载能力无影响的细小裂缝，可将裂缝加以冲洗，用水泥浆抹补。如果裂缝较大较深时，应将裂缝附近的混凝土表面凿毛，或沿裂缝方向凿成深为15～20mm、宽100～200mm的V形凹槽，扫净洒水湿润，先刷水泥浆一道，然后用1:2～1:2.5水泥砂浆分2～3层涂抹，总厚度控制在10～20mm，并压实抹光。

(2) 细石混凝土填补　当蜂窝比较严重或露筋较深时，应除掉附近不密实的混凝土和突出的集料颗粒，用清水洗刷干净并充分润湿后，再用比原强度等级高一级的细石混凝土填补并仔细捣实。

对孔洞事故的补强，可在旧混凝土表面采用处理施工缝的方法处理。将孔洞处疏松的混凝土和突出的石子剔凿掉，孔洞顶部要凿成斜面，避免形成死角，然后用水刷洗干净，保持湿润72h后，用比原混凝土强度等级高一级的细石混凝土捣实。混凝土的水灰比宜控制在0.5以内，并掺水泥用量万分之一的铝料，分层捣实，以免新旧混凝土接触面上出现裂缝。

(3) 水泥灌浆与化学灌浆　对于影响结构承载力或防水、防渗性能的裂缝，为恢复结构的整体性和抗渗性，应根据裂缝的宽度、性质和施工条件等，采用水泥灌浆或化学灌浆的方法予以修补。一般对宽度大于0.5mm的裂缝，可采用水泥灌浆；宽度小于0.5mm的裂缝，宜采用化学灌浆。化学灌浆所用的灌浆材料，应根据裂缝性质、缝宽和干燥情况选用。作为补强用的灌浆材料，常用的有环氧树脂浆液（能修补缝宽0.2mm以上的干燥裂缝）和甲凝（能修补缝宽0.05mm以上的干燥细微裂缝）等。作为防渗堵漏用的灌浆材料，常用的有丙凝（能灌入缝宽0.01mm以上的裂缝）和聚氨酯（能灌入缝宽0.015mm以上的裂缝）等。

第六节　混凝土的特殊季节施工

一、混凝土的冬期施工

(一) 混凝土的冬期施工原理

混凝土的凝结硬化要在正温度和湿润的环境下进行，其强度将随龄期延长而提高。

新浇混凝土中的水可分为两部分，一部分是与水泥颗粒起水化作用的水化水，另一部分是满足混凝土拌合物坍落度要求的自由水（自由水最终要蒸发掉）。水化作用的速度在一定湿度条件下取决于温度，温度愈高，强度增长愈快，反之愈慢。当新浇筑的混凝土拌合物处于0℃以下负温环境时，拌合水开始冻结，水泥的水化作用停止，混凝土的强度将无法增长。温度降至 -4～-2℃时，由于混凝土内的自由水结冰后体积膨胀（8%～9%），混凝土内部产生很大的冰胀应力，破坏了内部结构而冻裂，致使混凝土的强度、密实性及耐久性显著降低，已不可能达到原设计要求的性能指标。

试验表明，塑性混凝土如在凝结之前就遭受冻结，恢复正温养护后的抗压强度约损失50%，如在硬化初期遭受冻结，恢复正温养护后的抗压强度仍会损失15%～20%，而干硬性混凝土在相同条件下的强度损失却很小。混凝土遭受冻结带来的危害，与遭冻的时间早晚、水灰比等有关。遭冻时间愈早，水灰比愈大，则强度损失愈多，反之则损失少。

经试验得知，混凝土经过预先养护达到一定强度后再遭结冻，混凝土解冻后强度还能继续增长，能达到设计强度的95%以上，对结构影响不大。因此，在冬期施工中，为保证混凝土的质量，必须使其在受冻结前能获得足够抵抗冰胀应力的强度，这一强度称为“抗冻临界强度”。该临界强度与水泥品种、混凝土强度等级有关。

混凝土冬期施工除上述早期冻害外，还需注意拆模不当带来的冻害。混凝土构件拆模后表面急剧降温，由于内外温差较大会产生较大的温度应力，亦会使表面产生裂纹，在冬期施工中亦应力求避免这种冻害。

根据当地多年气温资料，凡昼夜室外平均气温连续5d相对稳定低于+5℃和最低气温低于-3℃时，就应采取一定的冬期施工技术措施。

混凝土冬期施工的技术措施，可按不同施工阶段分为：①在浇筑前使混凝土或其组成材料升高温度，使混凝土尽早获得强度；②在浇筑后，对混凝土进行保温或加热，造成一定的温湿条件，并继续进行养护。

（二）浇筑成型前混凝土拌合物预热措施

混凝土在浇筑成型前要经过多道工序，因此，在冬期施工中，为了防止混凝土在硬化初期遭受冻害，就要使混凝土拌合物具有一定的正温度，以延长混凝土在负温下的冷却时间，并使之较快地达到抗冻临界强度，为此需要对其进行加热。

对混凝土拌合物的加热，通常是先对混凝土的组成材料（水、砂、石）加热，使混凝土拌合物具有正温度。材料加热，应优先使水加热，方法简便，水的比热容是砂、石的4倍，加热效果更好。水的加热温度不宜超过80℃，因为水温过高，当与水泥拌制时，水泥颗粒表面会形成一层薄的硬壳，影响混凝土的和易性且后期强度低（称为水泥的假凝）。当需要提高水温时，可将水与集料先行搅拌，使砂石变热，水温降低后，再加入水泥共同搅拌。

石料由于用量多，质量大，加热比较麻烦，当需要加热集料时，应先加热砂，确有必要时再加热石料。水泥由于上述原因不得直接加热，可提前搬入搅拌机棚以保持室温。拌合用水及集料加热的温度，应符合表5-13的规定。

表5-13 拌合水及集料最高温度 （单位:℃）

水泥种类	拌合水	集料
强度等级小于52.5级的普通硅酸盐水泥、矿渣硅酸盐水泥	80	60
强度等级大于及等于52.5级的普通硅酸盐水泥、矿渣硅酸盐水泥	60	40

集料加热可用将蒸汽直接通到集料中的直接加热法或在集料堆、贮料斗中安设蒸汽盘管

进行间接加热。工程量小也可放在铁板上用火烘烤。当集料不需加热时，也必须除去集料中的冰凌后再进行搅拌。

(1) 混凝土的拌制　搅拌前，应先用热水或蒸汽冲洗搅拌机，使其预热，然后投入已加热的材料。为使搅拌过程中混凝土拌合物温度均匀，搅拌时间应比常温时间延长50%。

冬期施工应严格控制混凝土配合比，水泥用量每立方米混凝土中不宜少于300kg，水灰比不应大于0.6。为了控制坍落度，可适当加入引气型减水剂。

拌制混凝土应严格掌握温度，使混凝土拌合物的出机温度不应低于10℃，入模温度应高于5℃。为此，需要进行有关的热工计算。

(2) 混凝土拌合物的运输和浇筑　冬期施工外界处于负温环境中，由于空气和容器的传导，混凝土拌合物在运输和浇筑过程中热量会有较大损失。因此，应尽量缩短运距，选择最佳运输路线；正确选择运输容器的形式、大小和保温材料；尽量减少装卸次数，合理组织装卸工作。

由于影响因素很多，所以应加强现场实测温度，并依此进行温度调整，使混凝土开始养护前的温度不低于5℃。

(三) 混凝土的冬期养护

将混凝土的组成材料经加热直到浇筑成型，使混凝土仍具有一定温度后，即进入在负温度条件下的养护阶段。

冬期施工对混凝土的养护方法有很多，可分为蓄热养护和加热养护两类。蓄热养护是最基本的养护方法，在采用加热养护时，为了节能和降低费用必须十分注意加强蓄热。

蓄热养护是指水泥水化过程中产生的水化热或经材料预热浇筑后混凝土仍具有一定温度，在这样的条件下，采用保温措施，以防止热量外泄的方法。

加热养护是当外界气温过低或混凝土散热过快时，须补充加热混凝土的养护方法，如暖棚法、蒸汽加热法、电热法、红外线加热法等。

(1) 蓄热养护法　将混凝土四周用保温材料严密覆盖，利用水泥的水化热量或预热，使混凝土缓慢冷却，当混凝土温度降至0℃时可达到抗冻临界强度或预期的强度要求。

蓄热养护法具有节能、简便、经济等优点。采用此法宜选用强度等级较高、水化热较大的硅酸盐水泥和普通硅酸盐水泥，同时选用导热系数小、价廉耐用的保温材料，一般可用稻草帘（稻草袋）、麦秆、高粱秸、油毛毡、刨花板、锯末等。

混凝土浇筑后，在养护中应建立严格的测温制度，当发现混凝土温度下降过快或遇气温骤然下降时，应立即采取补加保温层或人工加热等措施，以保证工程质量。

蓄热养护法适用于结构表面系数7以下及室外平均气温在0~10℃的季节，如将其他方法与蓄热养护法结合使用，可应用到表面系数达18的结构。

(2) 暖棚养护法　暖棚养护是指在施工的结构或构件周围搭建暖棚的方法，当浇筑和养护混凝土时，棚内设置热源，以维持棚内的正温环境，使混凝土在正温下凝结硬化。

这种方法的优点是：混凝土的施工操作与常温无异，方便可靠。缺点是：需大量材料和人工搭建暖棚，需增设热源，费用较高。适用于结构面积和高度不大且混凝土浇筑集中的工程。

(3) 蒸汽加热法　蒸汽加热是利用低压湿饱和蒸汽（压力不高于0.07MPa，温度95℃，相对湿度100%）的湿热作用来养护混凝土。

这种方法的优点是：蒸汽含热量高，湿度大，室外平均气温很低，构件表面系数大，养护时间要求很短的混凝土工程，可采用这种方法。缺点是：温度湿度不易保持均匀稳定，现场管道多，容易发生冷凝和冰冻，热能利用率低。

（4）电热法 电热法是利用电流通过混凝土或电阻丝发出的热量，加热养护混凝土的方法。电热法加热期短，但耗电量较大，附加费用较高。电热法分为电极法、电热毯加热法及工频涡流加热法。常用的电极法效果良好。

电极法的具体做法是在混凝土结构内部或表面设置电极，通以低压电流，由于混凝土的电阻作用，使电能变为热能，产生热量对混凝土进行加热。

电极应保证温度均匀，一般用钢筋或薄钢片制成。薄片形电极固定在模板内壁，用于少筋的墙、池壁、条形基础、梁或大体积混凝土结构施工中。由于弯钩、搭接等原因，混凝土内钢筋配制得不均匀，采用钢筋做电极，将导致加热不匀，不能获得预期的加热效果，故需采用专门作为电极的钢筋插入混凝土内部，会使混凝土加热均匀。

电热时，混凝土中的水分蒸发，对最终强度影响较大。混凝土的密实度愈低，这种影响愈显著。电加热养护属高温感热养护，温度过高水分过分蒸发，导致混凝土脱水。故养护过程中，应注意其表面情况，当开始干燥时，应先停电，随之浇洒温水，使混凝土表面湿润。为了防止水分蒸发，亦应对外露表面进行覆盖。

加热过程中，混凝土体内应有测温孔，随时测量混凝土温度，以便控制电压。

（四）负温下的冷混凝土施工（掺外加剂法）

上述的各种方法，是将混凝土加热以保持其在正温条件下硬化，并尽快达到抗冻临界强度或预期的强度要求。此外，在冬期还可以采用配制冷混凝土的方法来施工，混凝土可在0～－10℃温度下硬化，而无须加热养护。

在冬期混凝土施工中掺入适量的外加剂，使混凝土强度迅速增长，在冻结前达到要求的临界强度；降低水的冰点，使混凝土能在负温条件下凝结、硬化。这是混凝土冬期施工的有效、节能和简便的施工方法。

冷混凝土的应用范围，可用于不易采取蓄热保温和加热措施，对强度增长速度要求不高的结构，如圈梁、过梁、挑檐、地面垫层，以及围护管道结构、厂区道路、挡土岩等。

冷混凝的工艺特点，是将预先加热的拌合用水、砂（必要时也加热）、石与水泥、适量的负温硬化剂溶液混合搅拌，经浇筑成型的混凝土具有一定的正温度（不应低于5℃）。浇筑后用保温材料覆盖，不需加热养护，混凝土就在负温条件下硬化。

负温硬化剂的作用，是能有效地降低混凝土拌合物中水的冰点，在一定的负温条件下，可以使含水率低于10%，而液态水可以与水泥起水化反应，使混凝土的强度逐渐增长。同时，由于含冰率得到控制，防止了冰冻的破坏作用。

硬化剂由防冻剂、早强剂、减水剂和引气剂组成，可以起到早强、抗冻、促凝、减水和降低冰点的作用，使混凝土在负温下加速硬化以达到要求的强度。

防冻剂的作用主要是保证混凝土中的液态水存在。常用的防冻剂有无机化合物（如氯化钙、亚硝酸钠、氯化钠、碳酸钾等）和有机化合物（有机化合物如氨水、尿素等）两类，见表5-14。

表 5-14 常用的防冻剂

名称	化学式	析出固相共熔体时		附注
		质量浓度/(g/100g 水)	温度/℃	
食盐	$NaCl$	30.1	-21.2	致锈
氯化钙	$CaCl_2$	42.7	-55.0	致锈
亚硝酸钠	$NaNO_2$	61.3	-19.6	
硝酸钙	$Ca(NO_3)_2$	78.6	-28.0	
碳酸钾	K_2CO_3	56.5	-36.5	
尿素	$(NH_2)_2CO$	78.0	-17.6	
氨水	NH_4OH	161.0	-84.0	

冷混凝土的配制应优先选用强度等级42.5级或42.5级以上的普通硅酸盐水泥，以利强度增长。砂石集料不得含有冰雪和冻块及能冻裂的矿物质。应尽量配制成低流动性混凝土，坍落度控制在1~3cm之间，施工配制强度一般要比设计强度提高15%或提高一级。为了保证外掺硬化剂掺和均匀，必须采用机械搅拌。加料顺序应为先投入砂石集料、水及硬化剂溶液，搅拌1.5~2min再加入水泥，搅拌时间应比普通混凝土延长50%。

二、混凝土的雨期施工

（一）雨期施工的准备工作

由于雨期施工时降雨往往带有随机性，因此应及早做好雨期施工的准备工作。

1）合理组织施工。根据雨期施工的特点，将不宜在雨期施工的工程提前或延后安排，对必须在雨期施工的工程制定有效的措施突击施工；晴天抓紧室外工作，雨天安排室内工作；注意天气预报，做好防汛准备工作。

2）现场排水。施工现场的道路、设施必须做到排水畅通。要防止地表水流入地下室、基础、场地内；要防止滑坡、塌方，必要时加固在建工程。

3）做好原材料、成品、半成品的防雨防潮工作。

4）在雨期前对现场房屋及设备加强排水与防雨措施。

5）备足排水所用的水泵及有关器材，准备好塑料布、油毡等防雨材料。

（二）混凝土工程雨期施工注意事项

大雨天禁止浇筑混凝土，已浇筑部位要加以覆盖。现浇混凝土应根据结构情况，考虑多留设几道施工缝。

模板涂刷隔离剂应避开雨天，支撑模板的地基要密实，并在模板支撑和地基间加好垫板，雨后及时检查有无下沉。

雨期施工时，应加强对混凝土粗细集料含水量的测定，及时调整混凝土搅拌时的用水量。并须在有遮掩的情况下运输、浇筑。雨后要排除模板内的积水，并将雨水冲坏混凝土而形成的松散砂、石清除掉，然后按施工缝的要求处理。

大体积混凝土浇筑前，要了解2~3d的天气预报，尽量避开大雨。混凝土浇筑现场要预备大量的防雨材料，以备浇筑时突然遇雨加以覆盖。

第六章

市政管道工程施工

管道施工主要分为室内管道施工与室外管道施工两大部分。在土石方工程完成后，敷设管道之前应检查堆土位置是否符合规定，检查管道地基情况，施工排水设施，沟槽边坡布管是否堵塞道路交通以及管材与配件是否符合工程设计要求等。一切准备工作就绪后，方可做管道敷设工程。

第一节　管道开槽施工

管道施工程序为：沟槽放线与挖土→基底处理→下管→清理管膛、管口→在管道接口处下挖工作坑并将管身放平（排管）→稳管→管道连接口处理→检验→养护→试压验收→回填土。

一、管道加工

管道加工主要指管子的切断、调直、弯管及制作异形管件等过程。

（一）钢管加工

钢管的公称直径通常采用15~450mm。

（1）钢管切断　即按管路安装的尺寸将管子切断成管段的过程，常称为“下料”。管子切口要平正，不影响管子连接，不产生断面收缩，管口内外要求无毛刺和铁渣。钢管切断的方法很多，应根据具体情况灵活选用。

1）手工钢锯。对于管径为50mm以下的小管一般采用手工钢锯来锯切。手工钢锯在锯管时不能采用未锯完而掰断的方法，以免切口残缺、不平整而影响管子连接。

2）滚刀切管器。对于管径为40~150mm的管子可以采用滚刀切管器（又称管子割刀）切管。滚刀切管器的切管速度较快，切口平正，但管口产生收缩，因此必须用绞刀刮平缩口部分。

3）砂轮切割机。砂轮切割机是靠高速旋转的高强砂轮片与管壁摩擦切削，将管壁磨透切断。砂轮切割机的切管速度快，移动方便，适合于钢管、铸铁管及各种型钢的切断，但噪声大。

4）射吸式割炬（又称气割枪）。气割枪是利用氧气及乙炔气的混合气体作热源，将管子切割处加热呈熔融状态后，用高压氧气将熔渣吹开，使管子切断。

（2）钢管调直　钢管在运输装卸、堆放、安装的过程中易产生弯曲。调直的方法一般有冷调直和热调直两种。当管径较小且弯曲程度不大时可用冷调直法。当管子弯曲度较大或管径较大时常采用热调直法。

(3) 弯管加工　在管道安装工程中，需要大量各种角度的弯管。弯曲方法有钢管冷煨弯、热煨弯、模压弯管、焊接弯管等。钢管弯管的弯曲半径 R 根据管径和使用场所不同而定。

(二) 铸铁管加工

铸铁管的公称直径通常采用100～1000mm。铸铁管的加工主要是把一整根管子进行切断。由于铸铁管硬而脆，切断方法与钢管不同。常用的方法有人力錾切断管、液压断管机断管、砂轮切割机断管、电弧切割断管等。人工錾切断管既费时又费力，切口往往不整齐。

(三) 铜管加工

铜管按材质分类有纯铜管和黄铜管，土建中常用纯铜管。

(1) 铜管切断　一般对于小口径管子采用手工钢锯锯切。对于管壁较厚的铜管，可用切割机或气割枪等切割。

(2) 铜管调直　对于纯铜管一般采用冷调直，黄铜管采用热调直。厚壁管可以直接调直，薄壁管应在管内灌砂或管内衬金属软管后在固定模具下调直，以避免管子变形。

(3) 弯管加工　可参照钢管。但铜管的管壁较薄时，往往采用成品管件连接来形成所需角度的弯管。

(4) 铜管翻边　当管道采用锁母连接阀件、卫生器具或设备时，常需将管口进行翻边加工。对于纯铜管可以直接扩张，对于黄铜管应先行退火后扩张。一般采用扩管器进行扩张。翻边应均匀、光滑、无裂纹、边宽一致。翻边管口直径应与连接件协调。

(四) 塑料管加工

塑料管材要求管件内壁光滑，管壁厚度均匀，不得有裂纹、裂痕及扭动等缺点。塑料管材的公称外径通常在20～315mm。塑料管材加工主要有切割、弯管、管口扩张、管口翻边等。

(1) 塑料管切割　一般采用细齿手工锯或木工圆锯切割，切割口无毛刺、平整。对于聚丁烯管还可用专用截管器切断。

(2) 弯管加工　一般采用热煨管。弯管时，应用无杂质的干细砂填实管内，以防止弯曲变形，然后将管子需弯曲段均匀加热到110～150℃后，迅速放入弯曲胎模内弯曲，冷却后成型。

(3) 塑料管管口扩张　塑料管采用承插口连接或扩口松套法兰连接时，须将管子一端的管口扩张成承口。将管子口扩张端均匀加热，将带有外坡口的插口管段插入变软的扩张端口内，冷却后即成。

(4) 塑料管翻边　塑料管采用卷边松套法兰连接或锁母丝接时，必须先进行管口翻边。先将管子需翻边的一端均匀加热，取出后立即套上法兰，并将预热后的塑料管翻边内胎模插入变软的管口，使管子翻成垂直于管子轴线的卷边，成型后退出翻边胎模，并用水冷却。翻成的卷边不得有裂缝和皱折等缺陷。

(五) 混凝土管与钢筋混凝土管加工

这类管材由于抗压能力好，故常被用作地下埋管，公称直径通常在150～1500mm。切断混凝土及钢筋混凝土管子的方法，常用的有錾切断管法（同铸铁管）、气割断管法、导爆索断管法、锯石机切割法。为防止混凝土炸裂，在作气割断管时，应在切口处涂酸性防爆剂。

（六）陶土管、缸瓦管、陶瓷管加工

由于这类管材是属于脆性材料，不能进行调直与弯管加工，故在管材成型制作时要求管口平面与纵轴垂直，无裂缝，管口不得有残缺，涂釉完整等。

这类管材的加工一般采用锯片为合金钢的切割机断管，并且切割时应用水冷却切割断面。

（七）铝塑复合管加工

管子的调直一般到施工现场操作，用手工调直即可。管子的切断则需使用专用的管剪，也可使用手工锯及其他切割工具。管子一般采用弯管弹簧直接用手工弯曲，无需加热弯曲。

二、下管

下管是在沟槽和管道基础已经验收合格后进行。为了防止将不合格或已经损坏的管材及管件下入沟槽，下管前应对管材进行检查与修补。管子经过检验、修补后，在下管前应先在槽上排列成行（称排管），经核对管节、管件无误方可下管。

管道一般从最下游开始逆水流方向敷设，管道若为承插铸铁管时，承口应朝向介质流来的方向，以插口去对承口，在坡度较大的地段，承口应朝上，为便于施工，由低处向高处敷设。

下管的方法要根据管材种类、管节的质量和长度、现场条件及机械设备等情况来确定，一般分为机械下管和人工下管两种形式。

（一）人工下管

人工下管多用于施工现场狭窄、不便于机械操作或质量不大的中小型管子，以方便施工，操作安全为原则。常用的下管方法有压绳下管法和塔架下管法及立管溜管法。

（1）压绳下管法　压绳下管法在人工下管中应用较广，方式也较多，如人工压绳下管法和立管压绳下管法（见图 6-1 和图 6-2）。人工压绳下管法适用于管径为 400～600mm 的管子，立管压绳下管法适用于较大管径。它们的基本操作方法是在管子两端各套一根大绳，然后由人工再借助一些工具（如撬棍、立木或管子）控制大绳，使管子沿槽壁徐徐溜入槽底。

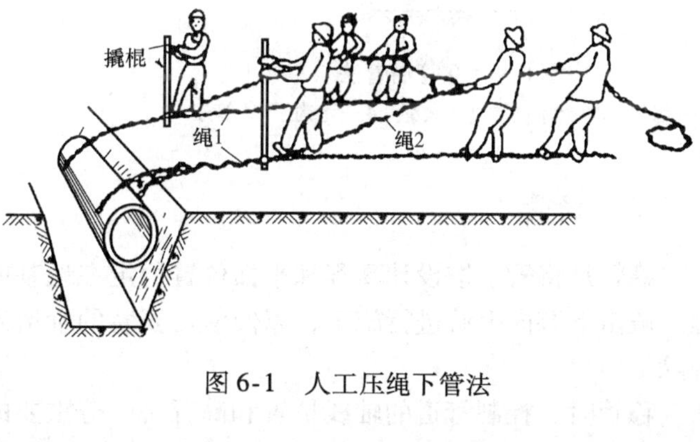

图 6-1　人工压绳下管法

（2）塔架下管法　利用装在塔架下的吊链进行下管。其方法是先将管子滚至架下横跨沟槽的横梁上，然后将它吊起，撤掉横梁后，将管子下到槽底。塔架的种类有三脚塔架、四脚塔架及高凳等，如图 6-3 所示。

（3）立管溜管法　将由两块木板组成的三角木槽斜放在沟槽内，管子的一端用带有铁钩的大绳钩住，绳子的另一端由人工控制将管子沿木槽溜入沟槽内（图 6-4）。此法适用于管径小于 300mm 的混凝土管、缸瓦管。

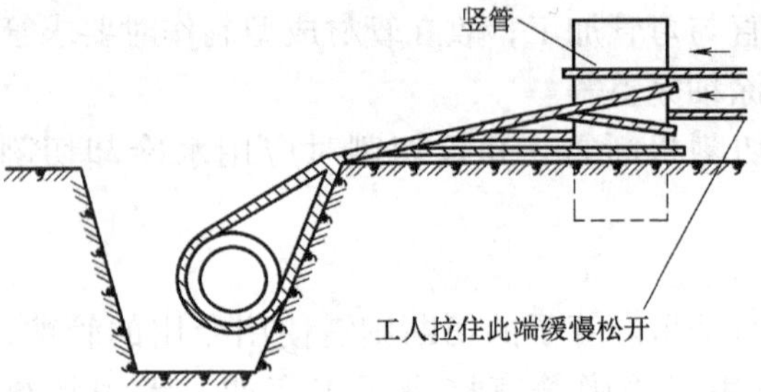

图 6-2 立管压绳下管法

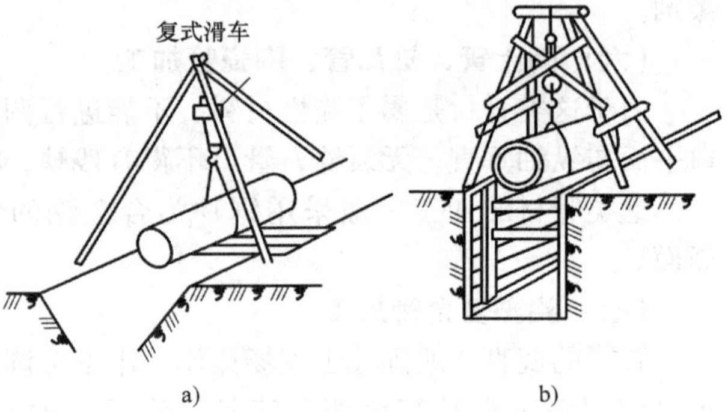

图 6-3 塔架下管法

a）三脚塔架下管 b）高凳下管

（二）机械下管

机械下管一般是用汽车式或履带式起重机械进行下管。机械下管有分段下管和长管段下管两种方式。分段下管是由起重机械将管子分别吊起后下入沟槽内，这种方式适用于大直径的铸铁管和钢筋混凝土管。长管段下管是将钢管节焊接成长串管段，用 2 ~ 3 台起重机联合起吊下管。由于长管段下管需要多台起重机共同工作，操作要求高，故每段管道一般不宜多于 3 台起重机联合下管。长管段下管方式如图 6-5 所示。

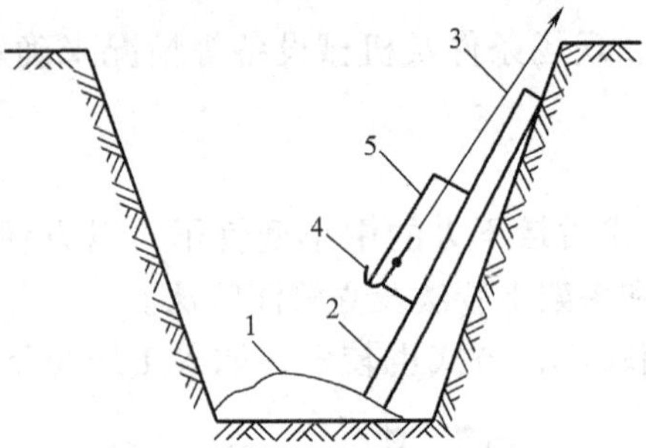

图 6-4 立管溜管法

1—草袋 2—木溜子 3—大绳 4—绳钩 5—管子

图 6-5 长管段下管方式

三、稳管

稳管是将管子按设计高程和平面位置稳定在地基或基础上。对距离较长的重力流管道工程一般由下游向上游进行施工，以便使已安装的管道先期投入使用，同时也有利于地下水的排除。

稳管时，控制管道的轴线位置和高程是十分重要的，也是检查验收的主要项目。管道轴线位置的控制常用的有中心线法和边线法。高程控制是沿管线每 10 ~ 15m 埋设一坡度板（又称龙门板、高程样板），板上有中心钉和高程钉，如图 6-6 所示，利用坡度板上的高程钉进行控制。

（一）高程控制

在稳管前，由测量人员将管道的中心钉和高程钉测设在坡度板上，两高程钉之间的连线即为管底坡度的平行线，称为坡度线。坡度线上的任何一点到管内底的垂直距离为一常数，称为下返数。稳管时用一木制样尺（或称高程尺）垂直放入管内底中心处。根据下返数和坡度线则可控制高程，如图 6-6 所示。

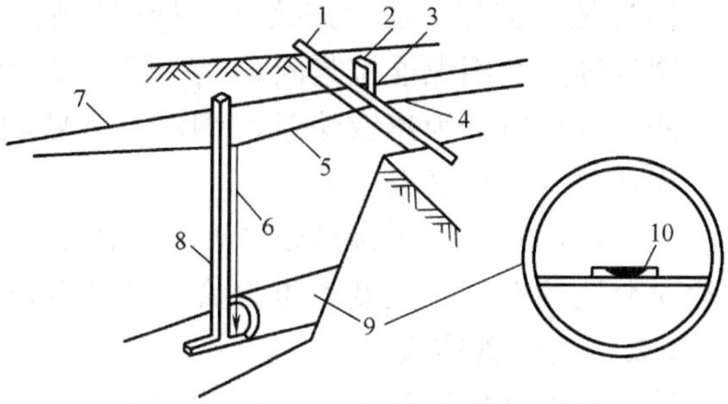

图 6-6　坡度板中线法稳管

1—坡度板　2—高程板　3—高程钉　4—中心钉　5—中线　6—垂球　7—高程线　8—高程尺　9—管子　10—水平尺

（二）轴线位置控制

（1）中心线法　在连接两块坡度板的中心钉之间的中线上挂一垂球，在管内放置一块带有中心刻度的水平尺，当垂球线穿过水平尺的中心刻度时，表示针子已对中，如图 6-7a 所示。

（2）边线法　在管子同一侧钉一排边桩，边桩高度接近管中心处，在每个边桩上钉一小钉，其位置距离管道轴线的水平位置为一常数。稳管时，在边桩的小钉上挂边线，使管外皮与边线保持同一距离，管道即处于中心位置，如图 6-7b 所示。

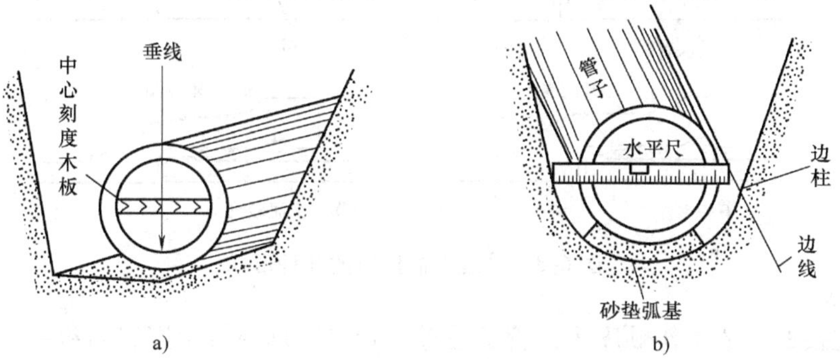

图 6-7　中心控制

a）中心线法　b）边线法

四、管道连接

（一）钢管连接

钢管常用的连接方式有螺纹连接、焊接、法兰连接。

（1）螺纹连接　它是在管段端部加工螺纹，然后拧上带内螺纹的管子配件或阀件等，再和其他管段连接起来构成管道系统。

螺纹连接也称为螺扣连接，适用于管径在 100mm 以下，尤其是 $DN\leqslant$80mm 的钢管。可用于介质工作压力不超过 1MPa 的给水管道，温度不超过 120℃ 的热水管道。螺纹之间按介质性质选用填料麻丝或四氟乙烯胶带连接。

（2）焊接　钢管焊接是将管子接口处用焊条加热使金属呈熔化状态后，把两个钢管连接成一个整体的过程。这种连接方法适用于各种口径的非镀锌钢管。

焊接连接的优点是接口的强度和严密性高而成本又低。其缺点是不可拆卸，操作工艺复杂。一般管道工程上最常采用的焊接方法有电弧焊、氧乙炔焊等。由于电焊缝的强度比气焊强度高，且电焊成本较低，所以应优先采用电焊。

(3) 法兰连接 法兰连接是一种连接强度较高而又便于拆卸的连接方法，它是将两段管、阀件等法兰用螺栓拉紧固定在一起构成管路系统。这种方法用金属较多，故造价较高。

法兰按材质分为铸铁法兰、钢法兰和塑料法兰等。法兰按与管子连接方法分为螺纹法兰、焊接法兰、松套法兰等。

法兰连接时，为了接口处严密、不渗漏必须加垫片。法兰垫片厚度和材质应根据管道系统输送介质的性质、温度和压力值以及管道公称直径大小来进行选择。

(二) 铸铁管连接

铸铁管的常用连接方式是承插式连接。承插式连接是指把管子或管件的插口（俗称小头）插入另一根管子或另一个管件的承口（俗称喇叭口）内，之后在承插口处填入适当填料或涂抹有机粘结剂等的连接方式。通常承插式连接是以填料的种类来命名，常用的填料有油麻、石棉水泥、水泥、青铅、膨胀水泥砂浆及橡胶圈等。管道承插接口的几种形式如图 6-8所示。

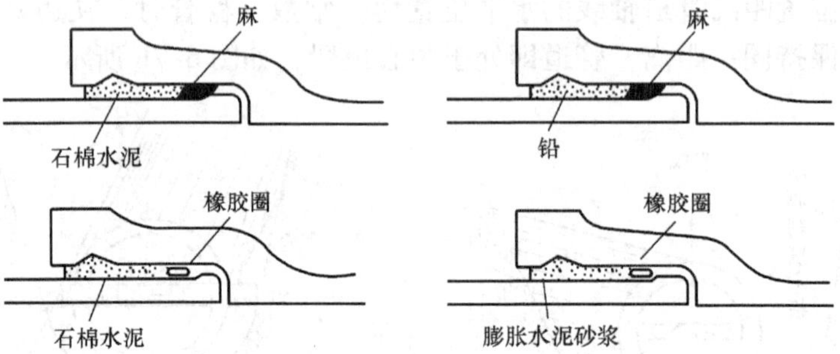

图 6-8 管道承插接口的几种形式

承插式连接的一般操作顺序为：管子检查→管口清理→打填嵌缝填料→打填敛缝填料→养护→检验。

(三) 铜管连接

铜管连接常用的方法主要有焊接、承插式钎焊连接、法兰连接及螺纹连接等。焊接连接方法与钢管焊接相同，采用氧乙炔焊方法，但氧气与乙炔之比应大于 1.2，且焊条应采用铜焊条，并在接口外涂抹硼砂、氯化钠或硼酸混合物等溶剂。承插式钎焊连接是指在承插接口外用熔化的填充金属把不熔化的基本金属连接在一起的焊接方法，适用于小口径铜管。

(四) 塑料管连接

塑料管连接的方法主要有焊接连接、法兰连接、粘结连接、套管连接、承插连接、管件螺纹接等。塑料管材属于软管或半硬管，故在连接时用硬管强制支撑以防管口变形。

(1) 焊接连接 按焊接方法分为热风焊接和热熔压焊接（又称对焊或接触焊接）；按坡口形式分为承插口焊接、套管焊接、对接焊接。塑料管焊接过程中，会分解出少量氯化氢气体，对人体有害，故在施工操作时应戴上口罩，且焊接地点要保持空气流通。

(2) 法兰连接 法兰连接有三种情况。一种是将塑料管法兰直接焊接在塑料管上，即将管端及法兰管孔处加工成坡口，将管端插入法兰内，与法兰密封面保持平齐，之后进行内外焊接。一种是焊环活（松）套法兰连接，即在管端先焊接挡环，管子连接时将法兰套上即可使用（图 6-9）。一种是扩口松套法兰连接，即先将法兰套在塑料管端口并对该管端加热扩口为承口，再在承口内焊接加强环，使承口与加强环焊接牢固，然后用螺栓连接紧固（图 6-10）。

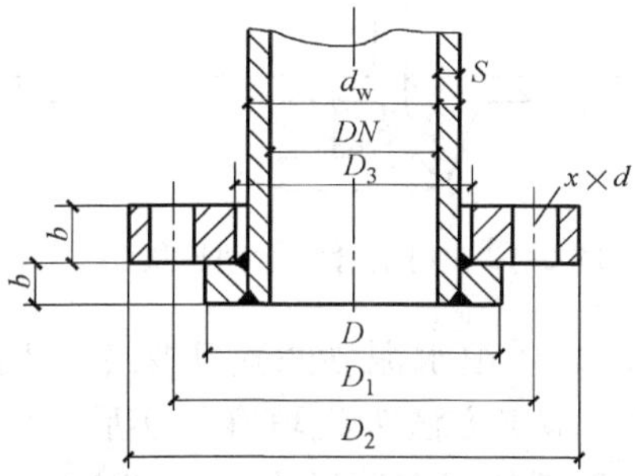

图 6-9　焊环活套法兰连接

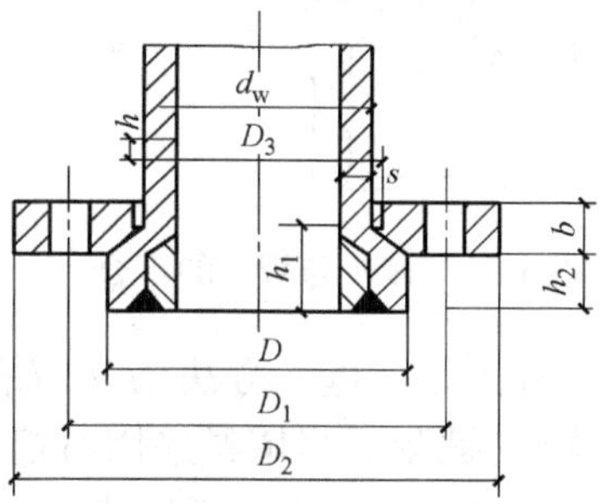

图 6-10　扩口松套法兰连接

（3）粘结连接　粘结连接是将管子一端加热扩口为承口，之后用砂纸打磨成粗糙面，均匀地将粘合剂涂到粘结面上，将插口插入承插口内即可。这种承插式粘结其强度较高。

（4）套管连接　此方法适用于聚乙烯和聚丙烯管材的连接。套管连接是将管端加热变软后套入特制的管件上，并用 12 号钢丝扎紧。

（5）承插连接　根据承插口的填料不同有刚性连接和柔性连接。塑料管的承插式刚性连接施工方法，是先将管子一端加热扩口成为承口，将管子插入承口内，填麻捣实，一次性灌满树脂玛琋脂，即成为刚性连接；而柔性连接的施工方法是先扩口，之后将塑料焊条烤热并围在管子插口上部和下部用焊接法焊牢作为上、下弦杆，在上、下弦杆之间套上橡胶圈，将焊有上、下弦杆及套有橡胶圈的插口，强力插入承口而成为柔性连接。塑料管的承插连接适用于管径大于 50mm 的塑料管连接。

（6）管件螺纹接　此类管道连接方法适用于小口径塑料管道的连接，并要求有特殊的管件与之配合使用。

（五）铝塑复合管连接

此管的连接是先用整圆扩孔器将管口整圆扩孔，之后将螺母及密封环套在管端，再将管件本体内芯插进管口内，用扳手将螺母拧固在管件本体外螺纹上即完成连接，如图 6-11 所示。接头管件由管件接头本身及螺母组成，其材质为黄铜或黄铜镀镍，其中管件接头带外螺纹。

（六）陶土管类的管道连接

此类管道的连接均采用承插连接，如图 6-12 所示，常用的接口填料为水泥砂浆。施工方法为先填麻股两圈并捣实，填砂浆捣实抹平，最后在接口处外围用水泥砂浆做成 45°坡角。当管道输送介质为特殊液体时（如强酸、强碱等），其管道承接口处的填料要用硫黄水泥、耐酸沥青胶砂或环氧聚酰胺材料。

（七）钢筋混凝土管类的管道连接

此类管道连接主要有承插连接、套管连接和抹带连接等。

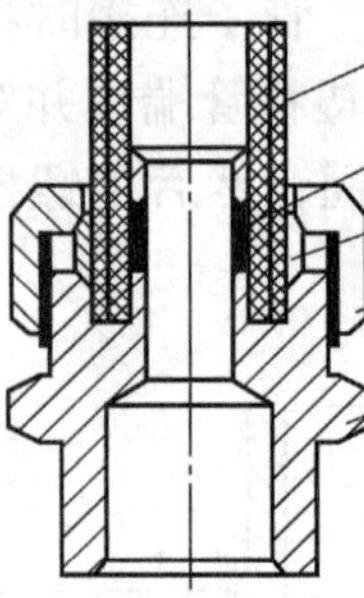

图 6-11　接头与管子的配合

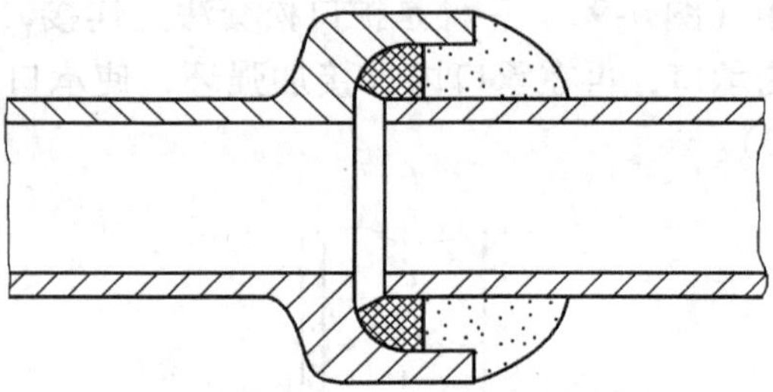

图 6-12　陶土管的承插连接

（1）承插连接　施工方法为先填麻股并捣实，之后填水泥砂浆捣实抹平，最后在接口处外圈做成45°坡角。当填料采用石棉水泥接口时，施工方法为先填麻打实后，将石棉水泥材料分层填入接口，并分层用捻凿和锤子加力打实至锤打时有回弹为止，打实后，填料应与承口平齐。当填料采用橡胶圈时，只打入橡胶圈即可。

（2）套管连接　此类连接方法与接口处填料种类均类似于承插式连接施工方法。其套管材料一般采用钢、铸铁、现浇钢筋混凝土或预制钢筋混凝土等。套管连接适用于平口管，当管道地基条件很差时，管道套管材料通常采用现浇钢筋混凝土。

（3）抹带连接　抹带接口分刚性接口和柔性接口，如图 6-13、图 6-14 所示。

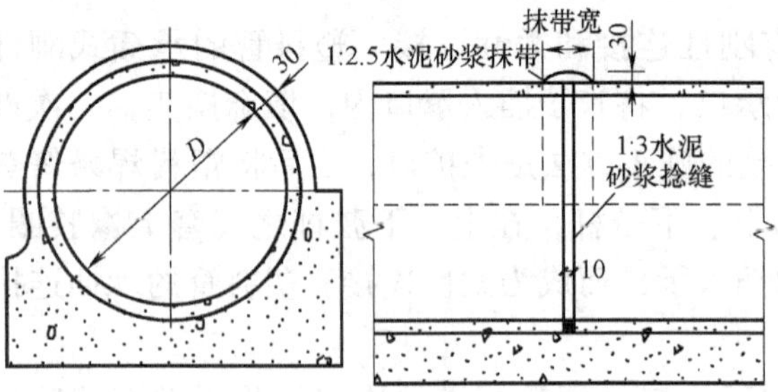

图 6-13　钢筋混凝土管刚性接口抹带连接

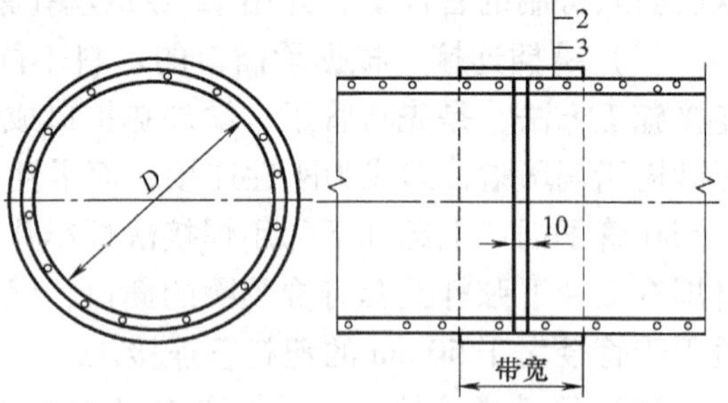

图 6-14　钢筋混凝土管柔性接口抹带连接

1—沥青砂浆　2—石棉沥青卷材　3—沥青玛瑞脂

五、管道质量检查与验收

管道试压是管道施工质量检查的重要措施，其目的是衡量施工质量，检查接口质量，暴露管材及管件强度、缺陷、砂眼、裂纹等弊病，以达到设计质量要求，符合验收条例。

（一）给水管道试压

1. 确定试验压力值（表 6-1）

2. 试验前的准备工作

（1）分段　试压管道不宜过长，否则很难排尽管内空气，影响试压的准确性；管道在部分回填土条件下试压，管线太长，查漏困难；在地形起伏大的地段敷管，须按各管段实际工作压力分段试压；管线分段试压有利于对管线分段投入运行，可及早产生效益。

表 6-1　管道水压试验压力值的确定要求　（单位：MPa）

管材类型	工作压力 p	水压试验压力值
钢管	p	$p+0.5$ 且不应小于 0.9
铸铁及球墨铸铁管	≤0.5	$2p$
	>0.5	$p+0.5$
预应力钢筋混凝土管	≤0.6	$1.5p$
	>0.6	$p+0.3$
现浇钢筋混凝土管渠	≥0.1	$1.5p$
塑料管及复合管	p	$1.5p$ 且不应小于 0.6
水下管道	p	$2.0p$ 且不应小于 1.2

试压分段长度一般采用 500～1000m；管线转弯多时可采用 300～500m；对湿陷性黄土地区的分段长度应取 200m；管道通过河流、铁路等障碍物地段须单独进行试压。

（2）排气　试压前必须排气。由于管内空气的存在，受环境温度影响，压力表显示结果不真实；试压管道发生少量漏水时，压力表就难以显示。

排气孔通常设置在起伏的顶点处，对长距离水平管道，须进行多点开孔排气。灌水排气须保证排出水流中无气泡，水流速度不变。

（3）泡管　管道灌水应从低处开始，以便于排除管内空气。灌水之后，为使管道内壁与接口填料充分吸水，需要一定的泡管时间。一般要求铸铁类管与钢管泡管 1～2 昼夜；钢筋混凝土类管（渠）泡管 2～4 昼夜。但遇到管道施工期间地下水位较高，外界养护条件较好时，泡管时间可酌情减少。

（4）仪表及加压设备　为了观察管内压力升降情况，需在试压管段两端分别装设压力表，为此，需在管端的法兰堵板上开设小孔，以便连接。压力表精度不应低于 1.5 级，最大量程宜为试验压力的 1.3～1.5 倍。

加压设备可视试压管段管径大小选用。一般，当试压管的管径小于 300mm 时，采用手摇试压泵加压；当试压管径大于或等于 300mm 时，采用电动试压泵加压。

（5）支设后背　试压时，管道堵板以及转弯处会产生很大的压力，试压前必须设置后背或支墩。

3. 水压试验方法

（1）管道强度试验（又称落压试验）　该法的试验原理是，漏水量与压力下降速度成正比。其试验设备布置如图 6-15 所示。

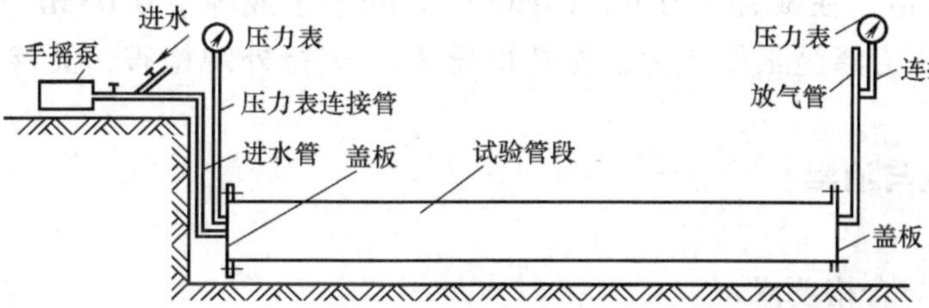

图 6-15　落压试验设备布置

强度试验操作程序如下：

1）用试压泵向管内灌水分级升压，每升压一级应检查后背、支墩、管身及接口，当无异常时，再继续升压。

2）水压升至试验压力，保持恒压10min，检查接口、管身无破损及漏水现象时，管道强度试验即为合格。

3）严禁在试压过程中对试验管段接口及管身进行敲打或修补缺陷、渗漏点。若试验管段有渗漏或缺陷，应及时卸压修补、更换。检修过后，应再行对试验管段重复上述试验过程，直到管道强度试验满足规定为止。

（2）管道严密性试验（又称渗水量试验） 该法的试验原理是，在同一管段内，压力降落相同，则其渗水总量也相同。其试验设备布置如图6-16所示。

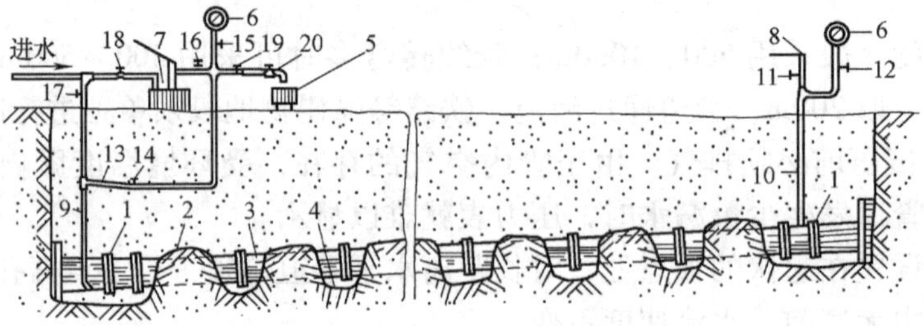

图6-16 渗水量试验设备布置

1—封闭端 2—回填土 3—试验管段 4—工作坑 5—水筒 6—压力表 7—手摇泵 8—放气口 9—水管 10、13—压力表连接管 11、12、14、15、16、17、18、19—闸门 20—水龙头

严密性试验操作程序如下：

1）用试压泵向管内灌水分级升压，当管道加压到试验压力后即停止加压，记录降压0.1MPa所需时间T_1(min)。

2）再将压力重新加至试验压力后，打开放水龙头，将水注入量筒，并记录第二次降压0.1MPa所需时间T_2(min)，与此同时，量取量筒内水量W(L)。

3）根据试验管长度L(km)，按下列公式计算其实测渗水量q值：

$$q = W/(T_1 - T_2)L \tag{6-1}$$

当求得的q值小于表6-2的规定值时，即认为试压合格。

4）当管内径$D \leqslant 400$mm且长度$L \leqslant 1$km的管道，在试验压力下，10min压力降小于或等于0.05MPa时，可认为严密性试验合格。

5）非隐蔽性管道，在试验压力下，10min压力降小于或等于0.05MPa且管道及附件无损坏，然后使试验压力降至工作压力，保持恒压2h，进行外观检查，无渗水现象认为严密性试验合格。

（二）管道冲洗与消毒

1. 管道冲洗

（1）冲洗目的与合格要求

1）冲洗管内的污泥、脏水与杂物，使排出水与冲洗水色度和透明度相同，即视为合格。

表 6-2　压力管道水压试验允许渗水量

管径/mm	允许渗水量 Q/[L/(min · km)]		
	铁　管	铸铁管、球墨铸铁管	预（自）应力钢筋混凝土管
100	0.28	0.70	1.40
125	0.35	0.90	1.56
150	0.42	1.05	1.72
200	0.56	1.40	1.98
250	0.70	1.55	2.22
300	0.85	1.70	2.42
350	0.90	1.80	2.62
400	1.00	1.95	2.80
450	1.05	2.10	2.96
500	1.10	2.20	3.14
600	1.20	2.40	3.44
700	1.30	2.55	3.70
800	1.35	2.70	3.96
900	1.45	2.90	4.20
1000	1.50	3.00	4.42
1100	1.55	3.10	4.60

2）将管内投加的高浓度含氯水冲洗掉，使排出水符合饮用水水质标准即为合格。

（2）冲洗注意事项

1）冲洗管内污泥、脏水及杂物应在施工后进行，冲洗水流速大于或等于 1.0m/s；冲洗时应避开用水高峰，一般在夜间作业；若排水口设于管道中间，应自两端冲洗。

2）冲洗含氯水应在管道液氯消毒完成后进行。将管内含氯水放掉，注入冲洗水，水流速度可稍低些，分析与化验冲洗出水的水质。

3）冲洗时应保证排水管路畅通安全，使冲洗、消毒以及试压等作业有组织地排水。

（3）冲洗水来源

1）利用城市管网中的自来水，冲洗前先通知用户可能引起压力降或水压不足，通常用于续建工程。

2）取用水源水冲洗，适用于拟建工程。

2. 管道消毒

生活给水管道消毒应采用氯离子含量不低于 20mg/L 的清洁水浸泡 24h，再次冲洗，直至水质管理部门取样化验合格为止。

（三）排水管道闭水试验

污水、雨污水合流及湿陷土、膨胀土地区的雨水管道，回填土前应采取闭水法进行严密性试验。试验管渠应按井距分隔，长度不宜大于 1km，带井试验。试验前，管道两端堵板承载力经核算应大于水压力的合力，应封堵坚固，不得漏水。

管道闭水试验的试验水头应符合下述规定：

1）当试验段上游设计水头不超过管顶内壁时，试验水头应以试验段上游管顶内壁加 2m 计。

2）当试验段上游设计水头超过管顶内壁时，试验水头应以试验段上游设计水头加2m计。

3）当计算出的试验水头小于10m，但已超过上游检查井井口时，试验水头应以上游检查井井口高度为准。

进行管道严密性试验时，还应进行外观检查，不得有漏水现象，且符合实测渗水量不大于排水管道闭水试验允许渗水量规定时，试验合格。在水源缺乏地区，当管道内径大于700mm时，可按井段数量抽检1/3。

闭水试验允许渗水量，见表6-3。

表6-3 排水管道闭水试验允许渗水量

管材	管道内径 D/mm	允许渗水量 Q/[m^3/(d·km)]	管材	管道内径 D/mm	允许渗水量 Q/[m^3/(d·km)]
混凝土管、钢筋混凝土管、陶土管及管渠	200	17.60	混凝土管、钢筋混凝土管、陶土管及管渠	1200	43.30
	300	21.62		1300	45.00
	400	25.00		1400	46.70
	500	27.95		1500	48.40
	600	30.60		1600	50.00
	700	33.00		1700	51.50
	800	35.35		1800	53.00
	900	37.50		1900	54.48
	1000	39.52		2000	55.90
	1100	41.45			

注：当管道内径大于2000mm时，允许渗水量应按 $Q=1.25D^{1/2}$ 计算确定；异形截面管道可按周长折算为圆形管来计算允许渗水量。

(四) 管道安装允许偏差与检验方法

1. 位置及高程

检验方法：检查测量记录或用经纬仪、水准尺、直尺、拉线和尺量检查。

允许偏差：见表6-4。

表6-4 管道坐标、高程的允许偏差

管材类别	项目	管道内径/mm	允许偏差/mm
钢管、铸铁管、球墨铸铁管、塑料类管、复合管	轴线位置		30
	高程		±20
预应力、自应力钢筋混凝土管	轴线位置		30
	高程	$D=1000$	±20
		$D>1000$	±30
现浇钢筋混凝土管	轴线位置		15
	高程		±10
水下敷设管道	轴线位置		50
	高程		0~200

2. 其他尺度

检验方法：用水平尺、直尺、拉线、吊线和尺量检查。

允许偏差：见表6-5。

表6-5　其他尺度安装允许偏差

管材类别	项目		允许偏差/mm
铸铁管、球墨铸铁管	水平纵横方向弯曲	直段（25m以上）起点—终点	40
钢管、塑料类管、复合管	水平纵横方向弯曲	直段（25m以上）起点—终点	30
钢管	立管垂直度	每米	3
		5m以上	≤8
塑料类管、复合管	立管垂直度	每米	2
		5m以上	≤8
铸铁管		每米	3
		5m以上	≤10
成排管段和成排阀门	在同一平面上间距		3

（五）管道工程验收

管道工程因大都是地下工程，施工中需要进行隐蔽工程的中间验收，施工完毕后要进行竣工验收。由于管道工程工作面分散，中间验收是分段进行的，竣工验收可分段验收，也可全工程整体验收。

管道工程验收的内容包括外观验收、断面验收、严密性验收和水质检查验收。外观验收是对管道基础、管材及接口、节点及附属构筑物进行验收；断面验收是对管道的高程、中线和坡度进行验收；严密性验收是对管道进行水密性试验或气密性试验；水质检查验收是对给水管道进行细菌等项目的检查验收。

1. 中间验收

中间验收包括对管基、管接口、排管、土方回填、节点组合、井室砌筑等进行的外观验收和严密性验收。中间验收应根据验收的内容不同，分别填写有关的验收记录。下列隐蔽工程应进行中间验收。

1）管道及附属构筑物的地基和基础。

2）管道的位置及高程。

3）管道的结构和断面尺寸。

4）管道的接口、变形缝。

5）管道及附属构筑物的防腐层。

6）地下管道的交叉处理。

7）土方回填的质量。

2. 竣工验收

（1）竣工验收条件　竣工验收时，应提供的文件及资料如下：

1）施工设计图及工程预算。

2）施工执照、土地征借函件及开工通知单。

3）原地面高程、地形测量记录、纵横剖面图。

4）地上、地下障碍拆迁平面图和重要记录。

5）设计变更文件。

6）竣工图、竣工说明及工程决算。

7）主要材料和制品的合格证及验收记录。

8）管道位置及高程测量记录。

9）预埋件、预留孔位置、高程。

10）各种堵头位置与做法。

11）混凝土、砂浆、防腐、防水及检验记录。

12）管道的水压试验或闭水试验记录。

13）中间验收记录及有关资料。

14）回填土压实度的检验记录。

15）预留工程观测设施实测记录。

16）工程质量检验评定记录。

17）给水管道的冲洗及消毒记录。

18）工程质量事故处理记录。

19）工程全面验收的凭证。

20）其他。

（2）竣工验收鉴定　竣工验收时，应核实竣工验收资料，并进行必要的复验和外观检查。对下列项目应作出鉴定，并填写竣工验收鉴定书。

1）管道的位置及高程。

2）管道及附属构筑物的断面尺寸。

3）给水管道配件安装的位置和数量。

4）给水管道的冲洗及消毒。

5）外观。

6）其他。

市政给水排水管道工程竣工验收后，建设单位应将有关设计、施工及验收的文件和技术资料立卷归档。

第二节　管道不开槽施工

地下管道不开槽施工是指一切在地下敷设或修复旧管道，利用少开挖或不开挖技术的施工方法。采用这一方法不需要在地面全线开挖，而只要在管线的特定部位开始，采用暗挖的方法就可在地下敷设管道。改明挖敷设为暗挖敷设是管道不开槽施工的特点。这一特点对交通繁忙、人口密集、地面建筑物众多、地下构筑物和管线复杂的城市来说是非常重要的。敷设新的煤气、热力、电力、给水、排水等地下管道以及地下通道，沿用以往开槽敷设方法已感到越来越困难。为了减少对交通、市民正常活动的干扰，减少房屋的拆迁，改善市容和环境卫生，地下管道的不开挖施工目前已成为市政基础设施施工中的最佳方案。

地下管道不开槽施工的方法很多，常用的有以下几种：顶管法、盾构法、定向钻敷管、气动矛敷管和夯管锤敷管等。

一、顶管施工

（一）顶管施工概况

（1）顶管技术的发展 顶管施工是当前一种常用的管道不开槽施工技术。早在20世纪50年代，北京和上海就有用顶管方法穿越铁路和堤坝的先例。北京首次顶管是在铁路路基下顶进钢筋混凝土管，上海首次顶管是顶进穿越黄浦江江堤的钢管。

20世纪70年代，工业大口径水下长距离顶管技术在上海首先取得成功。1978年，研制成功三段双绞型工具管，解决了百米顶管技术难题，三段双铰型工具管获国家发明三等奖；1981年，ϕ2600mm的管道穿越甬江，第一次应用中继环获得成功，顶进长度达581m；1987年，引入计算机控制、激光指向、陀螺仪定向等先进技术，管道顶进长度超千米，达1120m，使我国的顶管施工技术处于世界领先地位，并获得国家科技进步一等奖。从此以后，顶管技术开始被工业、市政建设方面广泛采用。

上海的混凝土顶管首先在小口径顶管上得到突破。1985年引进日本的*DN*85遥控顶管掘进机，在消化吸收的基础上，1989年研制成功第一台泥水平衡遥控掘进机*DN*1200，1992年研制成功第一台外径为1440mm的土压平衡掘进机。同时混凝土管的制作和接头技术都有了很快的提高。1989年，上海第一期合流污水工程中引进德国的大口径混凝土顶管技术，从此大口径混凝土顶管得到了较快的发展。1992年，上海奉贤开发区污水排海顶管工程中，将一根*DN*1600的钢筋混凝土管，向杭州湾深水区单向一次顶进1511m，成为我国第一根依靠自主力量单向一次顶进超千米的钢筋混凝土管。

混凝土顶管技术成熟后，曲线顶管应运而生，在上海污水治理二期工程中得到比较广泛的应用：过黄浦江的污水管道采用了竖向曲线顶管；在陆上多处采用曲线顶管，并且取得了成功，这对在旧城区改造中采用曲线顶管具有重要的意义。

顶管技术的迅速发展，具有代表性的是超长距离顶管的不断出现，截至2005年，单向一次顶进千米以上的顶管已达15根。按用途分：上水管5根，下水管7根，天然气管3根。按穿越对象分：穿越黄浦江1根，穿越黄河4根，穿越海峡1根，深海排放污水管6根，穿越地面建筑物3根。按管材分：钢管11根，钢筋混凝土管4根。其中，1997年4月完成的上海黄浦江上游引水工程中的长桥支线顶管，将ϕ3500mm的钢管单向一次顶进1743m，再创钢管顶管的世界纪录。2001年12月完成的浙江省嘉兴污水排海顶管，将一根*DN*2000的钢筋混凝土管单向顶进2050m，刷新了顶管一次顶进长度的世界纪录，使我国的长距离顶管技术，无论是钢管还是混凝土管，都处于世界领先地位。

我国钢管顶管的最大口径是上海黄浦江上游引水工程中的长桥支线顶管ϕ3500mm；混凝土顶管的最大口径是上海合流污水一期工程中的*DN*3500顶管，内径为3500mm，外径为4160mm。

我国顶管管材和其他国家一样，主要是钢筋混凝土管和钢管，其中钢管主要用于上水管，混凝土管主要用于下水管。随着玻璃钢制管技术的引进，上海周边地区玻璃钢顶管已经起步。2001年，在浙江省上虞污水工程中，将直径1200mm的玻璃纤维增强夹砂玻璃钢管，用顶管法分别穿越一级公路和运河，各顶进84m和74m，都获得了成功。

世界上混凝土顶管首次超千米的是德国的汉堡下水道顶管工程，将一根直径为2.6m、壁厚350mm的钢筋混凝土管，从一只工作井单向顶进1200m，其中包括500m直线段、

400m 曲线段和 300m 的直线段，采用全气压施工，工程于 1970 年完成。

世界上顶管管道的最大口径是 4.4m，也在德国。世界上顶管最快的速度是英国在 1980 年创造的，在 9.5h 内将 ϕ1524mm 的钢筋混凝土管道顶进 49m。

（2）顶管法　顶管施工的基本程序是：敷设管道前，在管线的一端建造一个工作坑（也称竖井）。在工作坑内的顶进轴线后方布置后背墙、千斤顶，将敷设的管道放在千斤顶前面的导轨上，管道的最前端安装工具管。当管道高程、中心位置调整准确后，开启千斤顶使工具管的刃角切入土层，此时，工人可进入工作面挖掘刃角切入土层的泥土，随时将弃土通过运土设备运至顶进坑，并吊运至地面。顶管施工程序如图 6-17 所示。

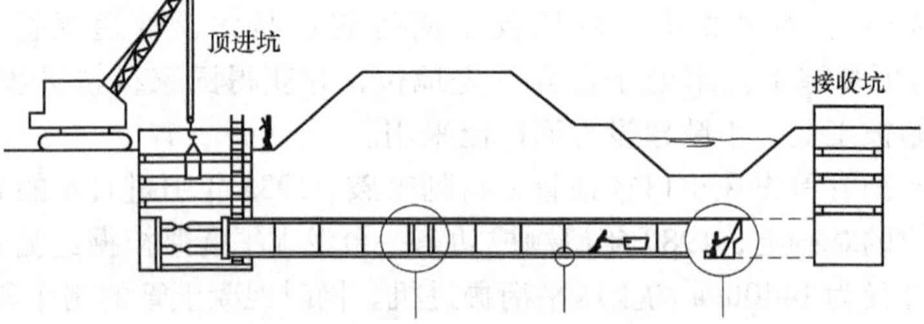

图 6-17　顶管示意图

当千斤顶达到最大行程后缩回，放入顶铁，继续顶进。如此不断加入顶铁，管道不断向土中延伸。当坑内导轨上的管道几乎全部顶入土中后，缩回千斤顶，吊去全部顶铁，将下一节管段吊下坑，安装在管段的后面，继续顶进。

管道顶进的过程包括挖土、顶进、运土、测量、纠偏等工序。随着顶进管段的加长，所需顶力也逐渐加大，为了减小顶力，在管道的外围可注入润滑剂或在管道中间设置中继间，以使顶力始终控制在顶进单元长度所需的顶力范围内。

（3）顶管法分类　顶管法的分类方法很多，将国内已被广泛采用的顶管法按不同的分类原则进行分类，见表 6-6。

表 6-6　顶管法的分类方法

分类方法	内容	备注
按管道口径	小口径：$d<800$mm；中口径：$d=800\sim1800$mm；大口径：$d\geqslant1800$mm	小口径管指不适宜进入操作的管道
按顶进距离	中段距离：≤300m；长距离：300～1000m；超长距离：≥1000m	
按管道材料	钢管、钢筋混凝土管和其他（铸铁、玻璃钢、复合）管材顶管	其他管材在国内尚未广泛应用，玻璃钢管顶管是发展方向
按地下水位	管道顶进土层有地下水和无地下水	直接影响施工方法的选择
按顶管轴线	直线顶管和曲线（管道轴线弯曲）顶管	

（二）顶管施工设备

1. 顶管工具管

工具管是顶管的关键机具，一般应具有以下功能：掘进、防塌、出泥和导向等。不同的工具管有不同的特性，所以应依据工程的特点、地质情况和设计要求选择工具管。工具管可由专业生产工具管的制造商生产，也可由施工单位自行制作，但专业化程度不高。

按功能不同，工具管分类如下：

掘进功能（手掘式、挤压式、半机械式、机械式、水力挖掘式）、防塌功能（机械平衡式、泥水平衡式、土压平衡式、气压平衡式）和出泥功能（干出泥、泥水出泥）工具管。

（1）简易工具管　简易工具管一般是指刃口工具管。这种工具管纠偏简单，人工挖掘，如图6-18a所示，这是顶管发展初期最早采用的一种工具管，至今在特定的土质条件下仍然被采用。这是因为刃口工具管构造简单，只要土质好，适合掘进，施工成本是比较低的。

1）构造。刃口工具管有两类：无纠偏装置和有纠偏装置（图6-18b、c）。刃口又分为有格栅和无格栅两种。有无格栅应根据管径的大小和土体稳定程度而定，一般而论，管径较大的应有格栅。但也有这种情况，管径虽大而土体稳定的也可以不用格栅。合理的办法是格栅做成活动的，可拆可装，根据实际情况决定装或拆。

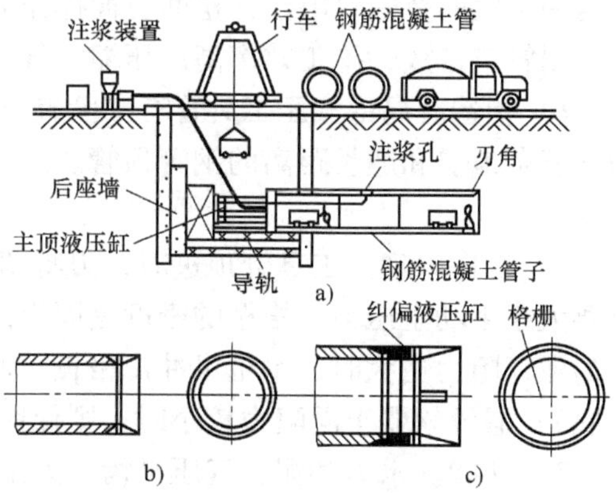

图6-18　简易工具管

a）人工掘进顶管　b）无纠偏装置、无格栅刃口工具管　c）有纠偏装置、有格栅刃口工具管

2）原理。刃口工具管的原理是：刃口起切土作用并保护钢筋混凝土管，另外还起导向作用。

有纠偏装置的刃口，依靠纠偏液压缸改变刃口的方向，实现纠偏。无纠偏装置的刃口工具管纠偏方法参见本节测量与纠偏部分。

3）特点。刃口切土，人工掘进，格栅防塌，简易纠偏。

4）适用范围。① 适用土质。适用于无地下水（包括降水）并对沉降无严格要求的粗砂、细砂、粉砂、砂质粉土、黏质粉土。不适用于渗透系统较大的土层，例如含水卵石层、砂土、粉土。也不适用于含水量较高的淤泥。②适用管径为中、大口径。③适用距离为中、短距离。

（2）挤压式工具管　挤压式工具管是由刃口发展而来的。对含水量较高、孔隙比较大的淤泥质土和部分淤泥，可采用挤压式工具管。

1）构造。将刃口工具管的刃口锥面向内延长成喇叭状，即成挤压式工具管（图6-19）。

2）原理。挤压式工具管的工作原理是，当工具管在顶力的作用下向前推进时，工具管正面的土体向压力较低的方向流动，从进泥口进入工具管。

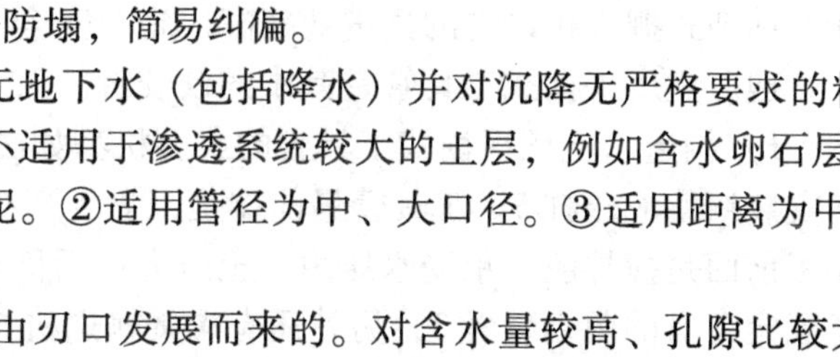

图6-19　挤压式工具管

3）特点。刃口切土，挤压出泥，挤压防塌，简易纠偏。

4）适用范围。① 适用土质为淤泥质土和部分淤泥；② 适用管径为中、小口径；③ 适用距离为中、短距离；④ 沉降要求不高。

(3) 局部气压工具管　局部气压工具管是由全气压工具管发展而来的。以往在地下水位以下的土层中顶管，一般要降低地下水位。降水的方法有管内明排，管外降水。但是渗透量很大或在水域下施工，则无法实现。在这种情况下，压缩空气排水法成为顶管施工的有效手段。早期的压缩空气排水法是将作业面全部加压缩空气，人员和车辆的出入都需要经过变压舱，这就是全气压施工。这一方法最早是在盾构施工中采用，并为人们所熟知。1970 年，世界上第一根千米顶管，汉堡的下水道顶管工程，就是采用全气压施工。

全气压施工的主要缺点是劳动条件差、施工效率低，气压冒顶对工程和人员安全构成较大的威胁。在总结全气压施工的基础上，我国研究成功了局部气压施工方法。局部气压施工将压缩空气的范围仅限于开挖面，而操作人员仍在常压下工作，因而大大改善了劳动条件；弃土用管道排放，施工效率高；压缩空气万一冒顶，不对工程和人员构成威胁。

1）构造。局部气压工具管有三段有铰式和二段无铰式两种。早期为三段双铰型，主要用于复杂地层和超长距离的钢管顶管。后来又开发了二段无铰型，主要用于土层比较单一的顶管。

2）工作原理。工具管顶进时，刃脚切土，格栅挤土，使顶力小于正面被动土压力，同时要大于主动土压力。格栅的密度是固定的，遇到较硬的土层阻力较大时，水枪要冲掉格栅上的泥；阻力更大时，水枪可冲出格栅，将工具管正面冲空，形成一锅底（形如立起来的锅底）；遇较软弱土层阻力较小时，则保留格栅上的土塞。

3）功能。水力冲泥，气压平衡，人工排障，测力纠偏。

4）适用范围。①适宜土质为淤泥质土、黏性土、砂性土、碎石层、砾石层。不适用于岩层和承载力极低的淤泥；②适用管径为大于 1600mm 的中大口径；③适用距离为中距离、长距离、超长距离。不宜在短距离的顶管中采用。

(4) 土压平衡式工具管　随着顶管技术的发展，出现了众多的机械掘进机的机型。全断面钻削式掘进机以它的掘进效率高、施工安全、适用土层广、弃土方便等各方面优点而受到欢迎。土压平衡式工具管是其中的佼佼者。

1）构造。土压平衡式工具管的典型机型如图 6-20 所示，分前后两段 1 和 7，前后段之间安装纠偏液压缸 5。工具管最前端是刀盘 4，刀盘后面是隔板 2。隔板把前段分成两部分：隔板前面是搅拌舱，承受水压力、土压力；后面是动力舱，处于常压。隔板通过刀盘的轴，还固定刀盘的驱动装置 3，另外还有螺旋输送机 6 的出口。工具管的后段与跟进管段联结。

2）原理。随着工具管的顶进，刀盘在不断转动，开挖面钻削下来的泥土进入搅拌舱，被搅拌成软塑状态的均质土。不能软化的天然土，要加入水、黏土或其他物质使其塑化，搅拌成具有一定塑性和流动性的弃土，由螺旋输送机排出搅拌舱，再由其他输送设备排放到管外。

所谓土压平衡，是指搅拌舱内的土压力可以人为地控制在某一压力范围内，与掘进机所处地层的土压力抗衡，以减少施工对土体的扰动和损失。

3）适用范围。①适用土质为黏土、粉质黏土以及黏粒和粉粒含量大于 30% 的黏质粉土。在砂性土、砂砾石中，必须加黏土或土体改良剂。②适用于小、中、大口径。③适用于中、长距离。

(5) 泥水平衡式工具管　泥水平衡式工具管是全断面钻削式掘进机的另一种机型。全断面切削的土压平衡式工具管适用的经济土层是黏性土，在砂性土中施工并不经济，而泥水

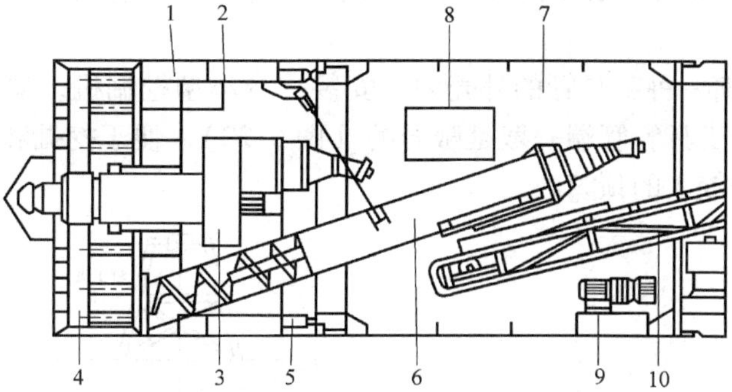

图6-20　土压平衡式工具管

1—前段　2—隔板　3—刀盘驱动装置　4—刀盘　5—纠偏液压缸　6—螺旋输送机　7—后段　8—操纵台　9—液压泵站　10—皮带运输机

平衡式恰巧与其相反，它的经济土层是砂性土而不是黏性土，可以说泥水平衡式工具管是土压平衡式工具管的互补机型。

1）构造。泥水平衡式工具管（图6-21）分前后两段5和7，段与段之间安装纠偏液压缸1。前段的端部是刀盘，刀盘为面板式，在刀架处有开口，刀架上的刀可以双向切削，并可前后伸缩。前伸时切削量增加，开口度增加，进泥量加大；缩回时，切削量减少，开口度也因刀架后退而减小，进泥量减小。刀架的前伸和后缩是通过进泥口的调节装置6来实现的。刀盘的后面是隔板，将前段分成两部分，隔板的前方是泥水舱，承受泥水压力；后方是动力舱，处于常压。刀盘的主轴通过隔板，轴座固定在隔板上。隔板的下方，左右排列进排泥管8和9，进排泥管上各有控制阀门。工具管的后段与顶进管段相连。

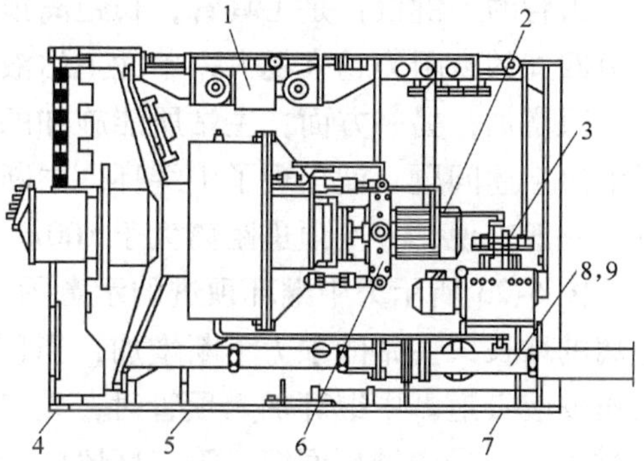

图6-21　泥水平衡式工具管

1—纠偏液压缸　2—驱动电动机　3—液压装置　4—切削刀盘　5—前段　6—开口度调节装置　7—后段　8—进泥管　9—排泥管

2）原理。随着工具管的推进，刀盘在不断转动，进泥管不断供泥水，排泥管不断将混有弃土的泥水排出泥水舱。泥水舱要保持一定的压力，使刀盘在有泥水压力的情况下向前钻进。泥水平衡式工具管是一种以全断面切削土体，以泥水压力来平衡土压力和地下水压力，又以泥水作为输送弃土介质的机械式工具管。

泥水平衡式工具管的基本原理是泥水护壁。在泥水式顶管施工中，要使挖掘面保持稳定，必须向泥水舱注入一定压力的泥水。泥水在压力作用下向土体内部渗透，在开挖面形成一层泥皮。泥皮的作用，一方面阻止泥水继续向土体内部渗透，另一方面，泥水的压力通过泥皮作用在开挖面上，防止坍塌。

3）适用范围。①土质为渗透系数小于10^{-3}cm/s的砂性土，其他土质都要采取附加措施；②管径为小、中、大管径都适用；③距离为中、长距离。

（6）机械挖掘式工具管　全断面钻削式掘进机有许多优点，但最大的弱点是不宜在有大石块或有地下障碍物的土层中施工。挖掘式工具管在某些方面弥补了全断面掘进机的不足。

1）构造。在任何一种工具管的外壳内，安装一台小型挖掘机，便成为一台机械挖掘式工具管。机械挖掘式工具管管端一般是敞开的（图6-22），便于挖掘和排除障碍。这种形式的工具管只适合管径较大的顶管。

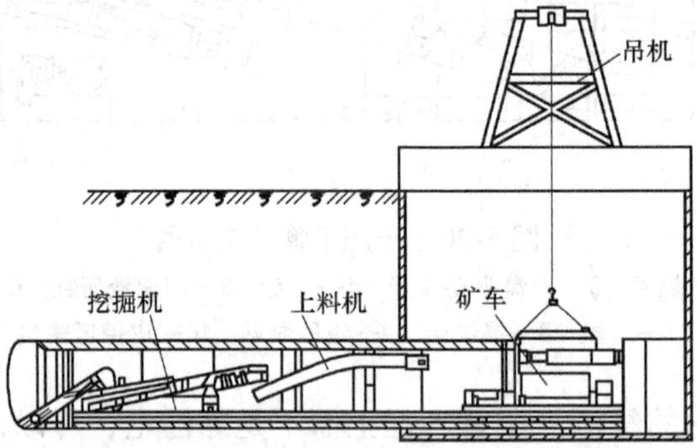

图6-22 机械挖掘式工具管工作示意图

2）适用范围。①土质为无地下水或水量不大而能明排的土层，如黏性土、砂性土、砂砾层、杂填土；②管径为中、大口径管；③距离为中、短距离较为适合。

2. 中继环

顶管的关键设备是工具管，长距离顶进的关键设备是中继环。顶进距离较长的管道，因管道四周的摩阻力越来越大，单凭主站液压缸顶推是不够的。一方面主站的顶力有限，不可能无限增加；另一方面，主站所能施加的顶力受到管道允许顶力和后背允许顶力的制约。为了解决上述问题，就出现了中继环。中断环的作用是分散主站的顶力，管道由中继环分段顶进。一般来说，一次顶进距离大于100m时应采取中继环技术。

图6-23所示为中继环顶进的示意图。最前面的是工具管，紧跟着的是管道，随着顶进距离的增长，主站的顶力不断增加，当顶力增加到预定顶力时，安装第一只中继环。中继环后再安装管道。中继环加入顶管时，先启动第一只中继环，承担第一区段管道的顶进。主站顶进时，一号中继环回缩，第二区段的管道被主站顶进。距离再增加，用同样的方法再增加二号中继环、三号中继环。采用中继环顶管，就是将一根长管道分成数个区段，区段与区段之间加入中继环，每只中继环只承担顶推前面区段的管道，后面区段由它后面的中继环顶推，最后区段由主站承担顶推。一般主站的顶力要大于中继环的顶力。

（1）钢管中继环　钢管顶管中继环是一种早期使用的中继环，构造简单，加工成本低，但是密封不够可靠，不宜用于超长距离顶管和曲线顶管。

（2）钢筋混凝土管中继环　钢筋混凝土顶管中继环前后的管段是特制的。在前后管段之间加入一只钢护套管，钢护套管与管段套接，也有在预制时浇筑在一起的。不论是前者还是后者，中继环动作时，钢护套管与前方管段相对是静止的。

这种钢筋混凝土管中继环的优点是密封圈的压缩率可调，密封圈磨损后，再次压紧可以继续使用。与钢管中继环相比，可以承受较高的水压力，使用寿命较长。但更换密封圈仍然比较困难，同样需要在气压下进行。不适用于超长距离顶管。

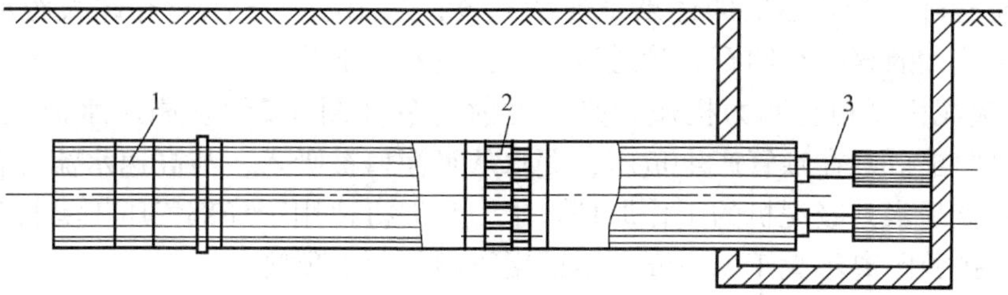

图 6-23　中继环顶进示意图
1—工具管　2—中继环　3—主液压缸

(3) 组合密封中继环　组合密封中继环是在综合钢管和钢筋混凝土管中继环优点的基础上设计而成的，其密封装置可拆、可装、可调节、可组合、可在常压下调换密封圈，从而克服了在高水头、复杂地质条件下由于中继环密封圈的磨损而造成中继环渗漏的技术难题，满足了各种复杂地质条件下的超长距离直线和曲线的顶管需要。经专家评定，一致认为该成果总体水平达到了国际先进水平。该密封装置既可以用于钢管顶管，又可用于钢筋混凝土顶管。

3. 设备安装

(1) 导轨　导轨不仅使管节在未顶进以前起稳定位置的作用，更重要的是它能导引管节沿着要求的中心线和坡度向土中推进。因此，导轨的安装是保证顶管工程质量的关键一环。导轨应选用钢质材料制作，两导轨应顺直、平行、等高，其纵坡应与管道设计坡度一致。安装后的导轨应牢，不得在使用中产生位移，并应经常检查校核。

(2) 千斤顶与液压泵　千斤顶宜固定在支架上，并与管道中心的垂线对称，其合力的作用点应在管道中心的垂线上；千斤顶合力作用点除与管道中心的垂线对称外，其提高的位置，一般位于管子总高 1/4～1/5 处。若提高值过大则促使管节愈顶愈低。当千斤顶多于一台时，宜取偶数，且其规格宜相同；当规格不同时，其行程应同步，并应将同规格的千斤顶对称布置。

液压泵宜设置在千斤顶附近，油管应顺直、转角少；液压泵应与千斤顶相匹配，并应有备用液压泵。液压泵安装完毕，应进行试运转；顶进开始时，应缓慢进行，待各接触部位密合后，再按正常顶进速度顶进；顶进中若发现油压突然增高，应立即停止顶进，检查原因并经处理后方可继续顶进；千斤顶活塞退回时，油压不得过大，速度不得过快。

(3) 顶铁　顶铁是顶进管道时，千斤顶与管道端部之间临时设置的传力构件。其作用有二：一是将千斤顶的合力通过顶铁比较均匀地分布在管端；二是调节千斤顶与管端之间的距离，起到伸长千斤顶活塞的作用。因此，顶铁应有足够的强度和刚度；精度必须符合设计标准。

4. 起重设备

起重设备主要作用是下管、提升坑内堆积的挖掘出土到地面。设备的选用应根据最大提升质量考虑。使用时应注意安全，严禁超负荷运行。

5. 出泥设备

顶管出泥设备有管道输送和车辆输送两类。出泥的效率往往制约着顶管施工进度，因此出泥设备的选择要与工具搭配。

(1) 管道运输　管道运输的优点是连续高效，适用于中长距离和超长距离顶管。缺点是不适合输送较大的碎石和卵石。管道运输的方法有以下几种：

1) 水力吸泥机（也称水力机械）是一种射流泵（图6-24）。高压水流从进水口进入，从喷嘴高速射向出口，在喉管产生负压，泥水从吸泥口被吸入，与高速水流混合经过扩散管向后排放，这就是水力吸泥机的工作原理。水力吸泥机适用于局部气压工具管和其他水力挖掘式工具管。排放距离不大于1000m，不适用于超长距离顶管。

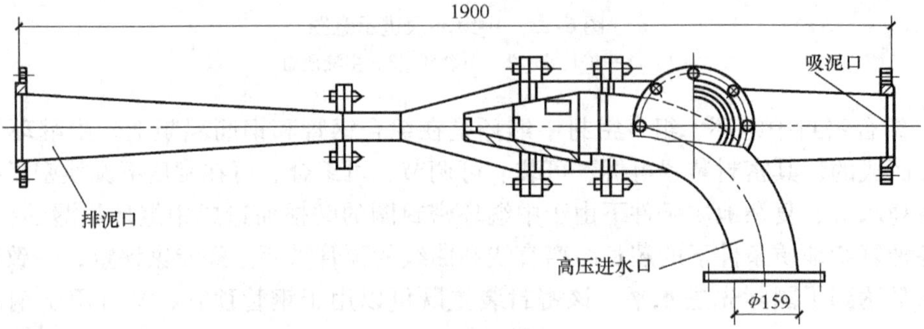

图6-24　水力吸泥机

2) 泥浆泵。泥浆泵有两种：管道型无堵塞排污泵和螺旋不堵塞泵。排泥工作情况如图6-25所示。

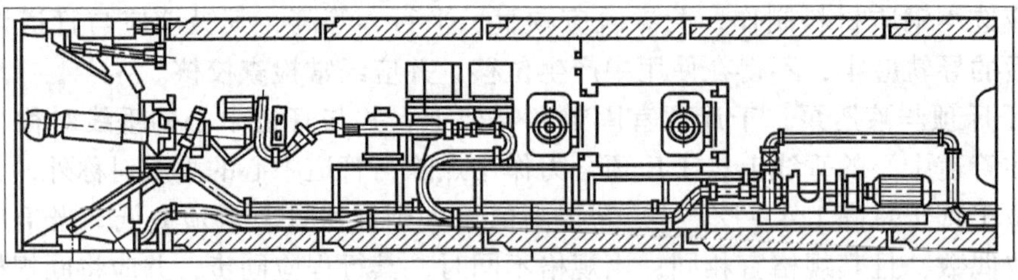

图6-25　泥浆泵排泥示例

泥浆泵串联后，排放距离可以不断增加，但用电量也不断增加，串联后的群泵必须实现自动起动和自动停止，才能满足顶管的要求。

泥浆泵的优点是可以不受顶进距离的限制，可输送较大的粒径。缺点是管内供电量增加。

3) 泥泵。上述两种设备输送的都是泥水。泥水污染环境，处置困难，而泥泵能输送挖掘下来的泥。泥泵输送的泥要求塑性，而且要有自润滑性，这类土就是有一定含水量的黏性土、粉质黏土和部分黏质粉土。也就是说，土压平衡式工具管输送出来的土都能用泥泵输送。土压平衡式工具管出泥是连续的，要求排放也是连续的，所以用泥泵与土压平衡式工具管搭配是最好的组合。

(2) 车辆运输　车辆运输有两种：有轨矿车和无轨矿车。矿车可由电动车牵引也可由绞车牵引，但不能用内燃机车牵引，因为内燃机车会污染管道内的空气。

适用工具管：干出泥的各类工具管。

(三) 测量与纠偏

1. 测量

顶管施工中的测量，应建立地面与地下测量控制系统，控制点应设在不易扰动、视线清楚、方便校核、利于保护处。在管道顶进的全部过程中应控制工具管前进的方向，并应根据测量结果分析偏差产生的原因和发展趋势，确定纠偏的措施。测量工作应及时、准确，以使管节正确地就位于设计的管道轴线上。测量工作应频繁地进行，以便及时发现管道的偏移。当第一节管就位于导轨上以后即进行测量，符合要求后开始进行顶进。一般在工具管刚进入土层时，应加密测量次数。常规做法为每顶进 30cm，测量不少于 1 次，进入正常顶进作业后，每顶进 100cm，测量不少于 1 次，每次测量都以测量管子的前端位置为准。纠偏时应增加测量次数；全段顶完后，应在每个管节接口处测量其轴线位置和高程；有错口时，应测出相对高差。测量记录应完整、清晰。高程测量可用水准仪测量。轴线测量可用经纬仪监测。转动测量可用垂球测量。

如采用较先进的测量方法，可采用激光经纬仪测量。测量时，在工作坑内安装激光发射器，按照管线设计的坡度和方向将发射器调整好。同时在管内装上接受靶，靶上刻有刻度线（图 6-26），当顶进的管道与设计位置一致时，激光点直射靶心，说明顶进质量良好，没有偏差。

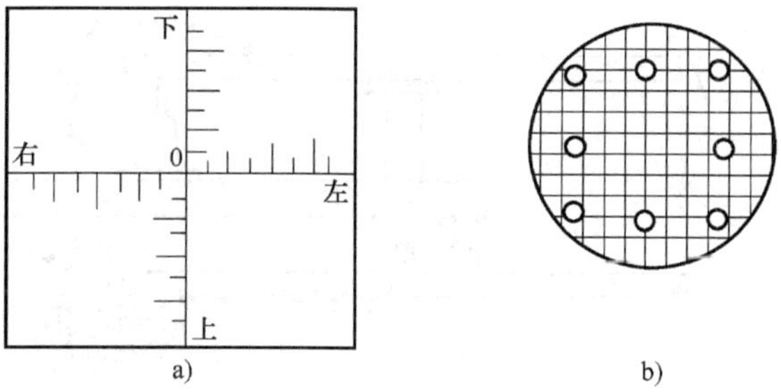

图 6-26 接受靶

a）方形靶 b）装有硅光电池的圆形靶

2. 纠偏

为了保证管道的施工质量，必须及时纠偏，做到“勤顶、勤挖、勤测、勤纠”。

尤其是在开始顶进阶段，更应及时纠偏。纠偏时首先分析产生偏差的原因，再采取相应的纠正措施，才是比较有效的。

（1）挖土校正法 这是采用在不同部位增减挖土量的办法，以达到校正的目的。校正误差范围一般不要大于 10～20mm。该法多用于黏土或地下水位以上的砂土中，如图 6-27 所示。

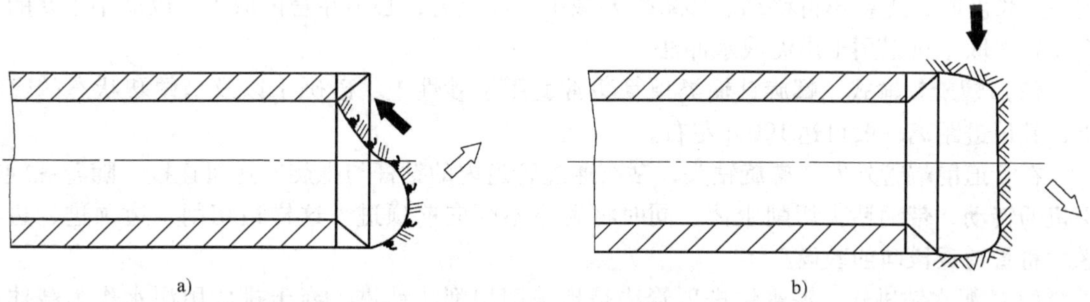

图 6-27 挖土纠偏示意图

a）管内挖土纠偏 b）管外挖土纠偏

具体纠偏方法如下：

管内挖土纠偏：开挖面的一侧保留土体，另一侧被开挖，顶进时土体的正面阻力移向保留土体的一侧，管道向该侧纠偏。

管外挖土纠偏：管内的土被挖净，并挖出刃口，管外形成洞穴。洞穴的边缘，一边在刃口内侧，一边在刃口外侧，顶进时管道顺着洞穴方向移动。

（2）工具管纠偏　有纠偏装置的工具管，可以依靠纠偏千斤顶改变刃口的方向，实现纠偏。

（3）强制纠偏法　当偏差大于20mm时，用挖土法已不易校正，可用圆木或方木顶在管子偏离中心的一侧管壁上，另一端装在垫有钢板或木板的管前土壤上，支架稳固后，利用千斤顶给管子施力，使管子得到校正，如图6-28所示。

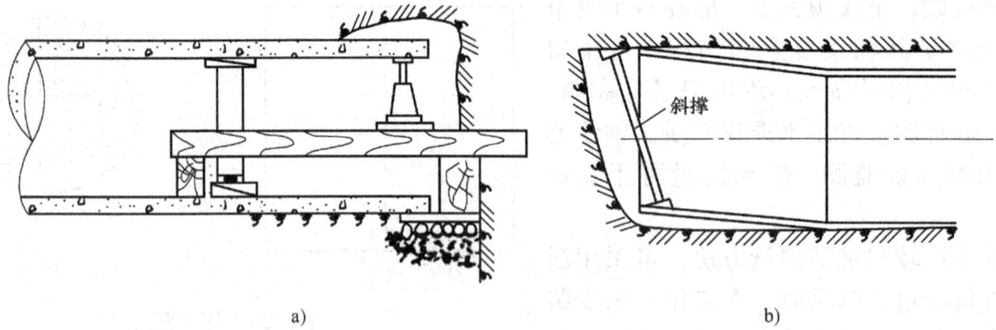

图6-28　强制纠偏

a）支托法　b）斜撑法

（四）小口径顶管法

小口径顶管是指顶进内径小于800mm的管道。常用的小口径顶管管材有无缝钢管、有缝钢管、混凝土管（包括钢筋混凝土管）和铸铁管。这种小口径管道一般不易顶进或者无法顶进，不可能进行管内操作，因此顶管施工方法完全不同于大口径管道。

小口径顶管常用的施工方法有挤压式、螺旋钻输式、泥水钻进式和扩管式四种。

（1）挤压式　挤压类施工法常适用于软土层，如淤泥质土、砂土、软塑状态的黏性土等，不适用于土质不均或混有大小石块的土层。其顶进长度一般不超过30m。

为了减小正面阻力，可以将管端呈开口状，顶进时土体挤入管内形成土塞。当土塞增加到一定长度时，土塞不再移动。如果仍要减小正面阻力，必须在管内取土，以减小土塞的长度。管内取土可采用干出泥或水冲法。

（2）螺旋钻输式　螺旋钻输类顶管法常适用于砂性土、砂砾土以及呈硬塑状态的黏性土，其顶进距离一般可达100m左右。

在管道前端管外安装螺旋钻头，钻头通过管道内的钻杆与螺旋输送机连接。随着螺旋输送机的转动，带动钻头切削土体，同时将管道不断向前顶进，这样边切削、边顶进、边输送，将管道逐段向前敷设。

（3）泥水钻进式　泥水钻进顶管法是指采用切削法钻进，弃土排放用泥水作为载体的一类施工方法，常适用于硬土层、软岩层及流砂层和极易坍塌的土层。

由于碎石型泥水掘进机具有切削和破碎石块的功能，故而常采用碎石型泥水掘进机来顶进管道，一次可顶进100m以上，且偏差很小。顶进过程中产生的泥水，一般用由送水管和排泥管构成的流体输送系统来完成输送。

（4）扩管式　扩管式顶管法也是小口径顶管中常用的一种工艺。它是先把一根直径比较小的管道顶好，然后在这根管道的末端安装上一只扩管器，再把所需管径的管道顶进去，或者把扩管器安装在已顶管子的起端，将所需的管道拖入。

二、盾构法

盾构是集地下掘进和衬砌为一体的施工设备，广泛应用于地下管沟、地下隧道、水下隧道、水工隧洞、城市地下综合管廊等工程。

（一）盾构的构造

盾构是一个钢制壳体，由切削环、支撑环、盾尾三部分组成，其内部设有挖掘、推进、拼装拱环等机构，如图6-29所示。

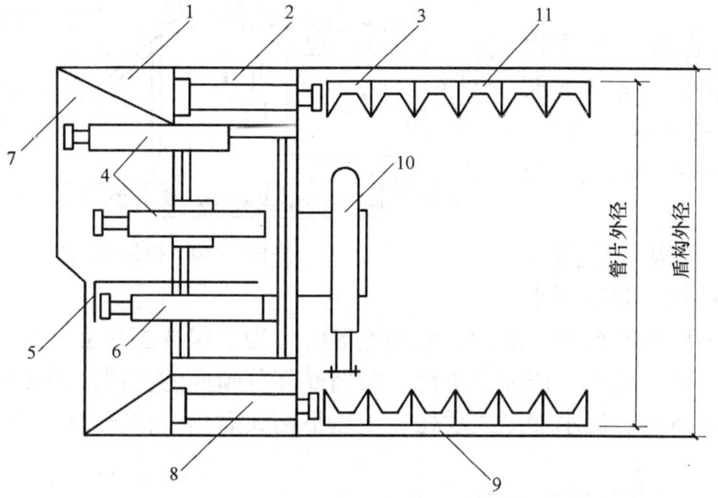

图6-29　盾构构造图

1—切削环　2—支撑环　3—盾尾　4—支撑千斤顶　5—活动平台　6—平台千斤顶　7—切口　8—盾构推进千斤顶　9—盾尾空隙　10—管片拼装器　11—管片

切削环位于盾构壳体的前部，其前面为挖土工作面，对工作面具有支撑作用；同时，切削环也可作为一种保护罩，在环内安装挖土设备，或者由工人在切削环内进行挖土和出土施工。支撑环位于壳体中部，环内常安装液压千斤顶等推进装置；衬砌环位于盾尾，用于衬砌砌块。盾尾一般由盾构外壳钢板延长构成，主要用于掩护管道衬砌块的安装工作。盾尾末端设有密封装置，以防止水、土及注浆材料从盾尾与衬砌块之间进入盾构。

（二）盾构的施工原理

盾构施工时，应先在某管段的首尾两端各建一个竖井，然后把盾构从始端竖井的开孔处推入土层，沿管道设计轴线，在地层中向尾端接受竖井不断推进。盾构借助支撑环内设置的千斤顶提供的推力不断向前移动。千斤顶推动盾构前移时，千斤顶的反力由千斤顶传至盾构尾部已拼装好的预制管道的管壁上，继而再传至竖井的后背上。当砌完一环砌块后，以已砌好的砌块做后背，由支撑环内的千斤顶顶进盾构本身，开始下一循环的挖土和衬砌。

盾构施工时，是靠盾构支撑环内千斤顶将盾构推进的，又由于盾构每次推进只是克服盾构自身所产生的摩擦力，其顶力始终是固定值，与敷设的管道长度无关，故较顶管施工所需的顶力小很多。

盾构适合于较大的管径，管径越大越显示其优越性。由于盾构的机动性，盾构法施工可以实现曲线顶进。

（三）盾构的分类

确定盾构形式时，要考虑掘进段的土质、施工段长度、地面情况、管廊形状、管廊用途、工期等因素。

根据挖掘形式，盾构可分为手工挖掘盾构、半机械化盾构和机械化盾构；根据切削环与工作面的关系，可分为开放式和密闭式。

（1）开放式盾构　开放式盾构适用于土质良好、无地下水干扰的条件，包括手掘式盾构、半机械化盾构和挤压式盾构（图6-30）三种。

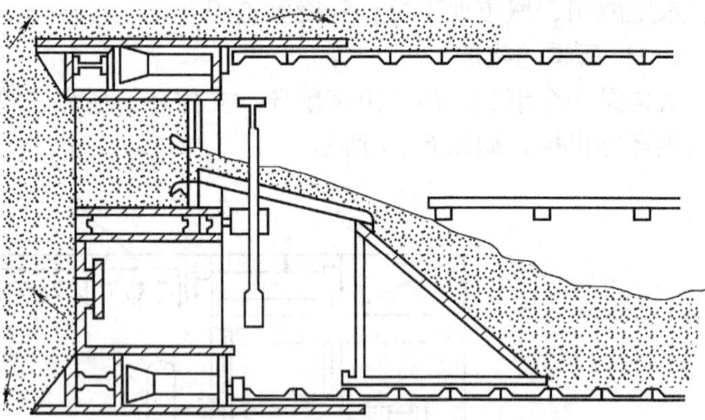

图6-30　挤压式盾构

（2）密闭式盾构　密闭式盾构适用于土质松软、有地下水的条件，当土质为松散的粉砂、细砂、液化土等时，为了保持工作面稳定，也应采用密闭式盾构。当土质较差时，应在工作面上进行全断面或部分断面的支撑。当需要对工作面进行支撑时，可采用气压盾构、泥水加压式盾构、土压平衡式盾构（图6-31）等。

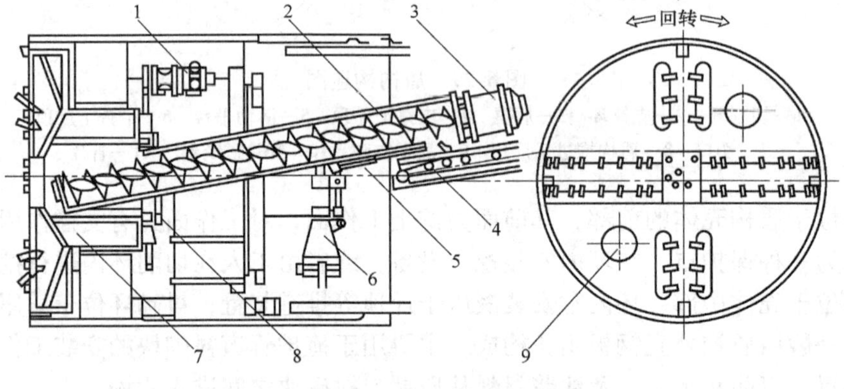

图6-31　土压平衡式盾构

1—刀盘用液压马达　2—螺旋运输机　3—螺旋运输机液压马达　4—带运输机
5—闸门千斤顶　6—管片拼装器　7—刀盘支架　8—隔壁　9—紧急出入口

（四）盾构施工要点

管道或管廊采用盾构施工过程时应做好下列工作：盾构的选型、制作和安装；工作坑的设计；管片的制作、运输；现场勘察；盾构始顶；挖土与顶进；衬砌与注浆等。

（1）下放和始顶　整体盾构可用起重机设备下放到起点井，类似顶管施工时的下管。大直径盾构难以进行整体搬运时，可在现场组装或在工作坑内装配。

盾构的始顶是指盾构下放至工作坑导轨上后，自起点井开始至完全没入土中的这一段距离。它常需借助另外的千斤顶来进行顶进。

盾构千斤顶是以已砌筑好的砌块环为支撑结构来推进盾构的，在始顶阶段，尚未有已砌筑的砌块环，在此情况下，常常通过设立临时支撑结构支撑盾构千斤顶。一般情况下，砌块环的长度约为30～50m。在盾构初入土中后，可在起点井后背与盾构衬砌环内，各设置一个其外径和内径均与砌块环的外径与内径相同的圆形木环。在两木环之间砌半圆形的砌块环，而在木环水平直径以上用圆木支撑，如图6-32所示，作为始顶段的盾构千斤顶的支撑结构。随着盾构的推进，第一圈永久性砌块环用粘结料紧贴木环砌筑。

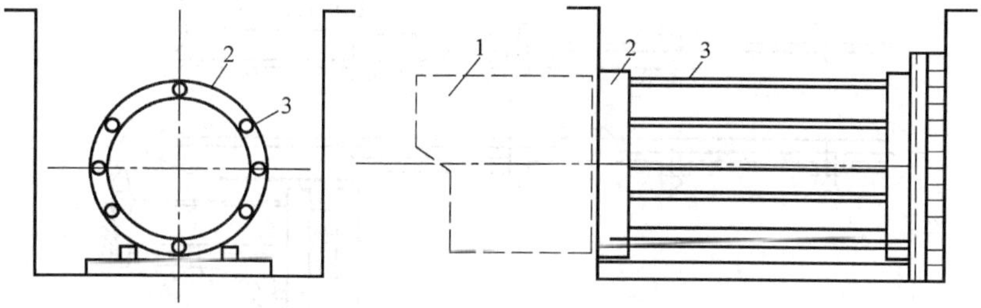

图6-32　始顶段盾构千斤顶支撑结构

1—盾构　2—木环　3—撑杠

（2）挖土及顶进　在地质条件较好的工程中，手工挖土依然是最好的一种施工方式。挖土工人在切削环保护罩内接连不断地挖土，工作面逐渐呈现锅底形状，其挖深应等于砌块的宽度。为减少砌块间的空隙，贴近盾壳的土可由切削环直接切下，其厚度为100～150mm。如果是在不能直立的松散土层中施工，可将盾构刃脚先行切入工作面，然后由工人在切削环保护罩内施工。

对于土质条件较差的土层，可以支设支撑，进行局部挖土，如图6-33所示。局部挖土的工作面在支设支撑后，应依次进行挖掘。局部挖掘应从顶部开始，当盾构刃脚难以先切入工作面时，如砂砾石层，可以先挖后顶，但必须严格控制每次掘进的纵深。

（3）管片安装与注浆　盾构顶进后应及时进行衬砌工作，其使用的管片通常采用钢筋混凝土或预应力钢筋混凝土砌块，其形状有矩形、梯形、中缺形等，如图6-34所示。预制钢筋混凝土管片应满足设计强度及抗渗规定，且不得有影响工程质量的缺损。管中应进行整环拼装检验，衬砌后的几何尺寸应符合质量标准。

根据施工条件和盾构的直径，可以确定每个衬砌环的分割数量。矩形砌块形状简单，容易砌筑，产生误差时容易纠正，但整体性差；梯形砌块的衬砌环的整体性要比矩形砌块好。为了提高砌块环的整体性，也可采用中缺形砌块，但安装技术水平要求高，而且产生误差后不易调整。

砌块有平口和企口两种连接形式，可根据不同的施工条件选择不同的连接。企口接缝防水性好，但拼装不易；有时也可采用粘结剂进行连接，只是连接较易偏斜。常用的粘结剂有沥青胶或环氧胶泥等。

拼装前应清理盾尾底部，并检查起重设备运转是否正常；拼装每环中的第一块时，应准确定位；拼装次序应自下而上，左右交叉对称安装，前后封顶成环。拼装时应逐块拧环向和纵向螺栓；成环后环面平整时，复紧环向螺栓。继续推进时，复紧纵向螺栓。拼装成环后应进行质量检测，并记录、填写报表。

随着施工技术的不断进步，施工现场常采用杠杆式拼装器或弧形拼装器等砌块拼装工

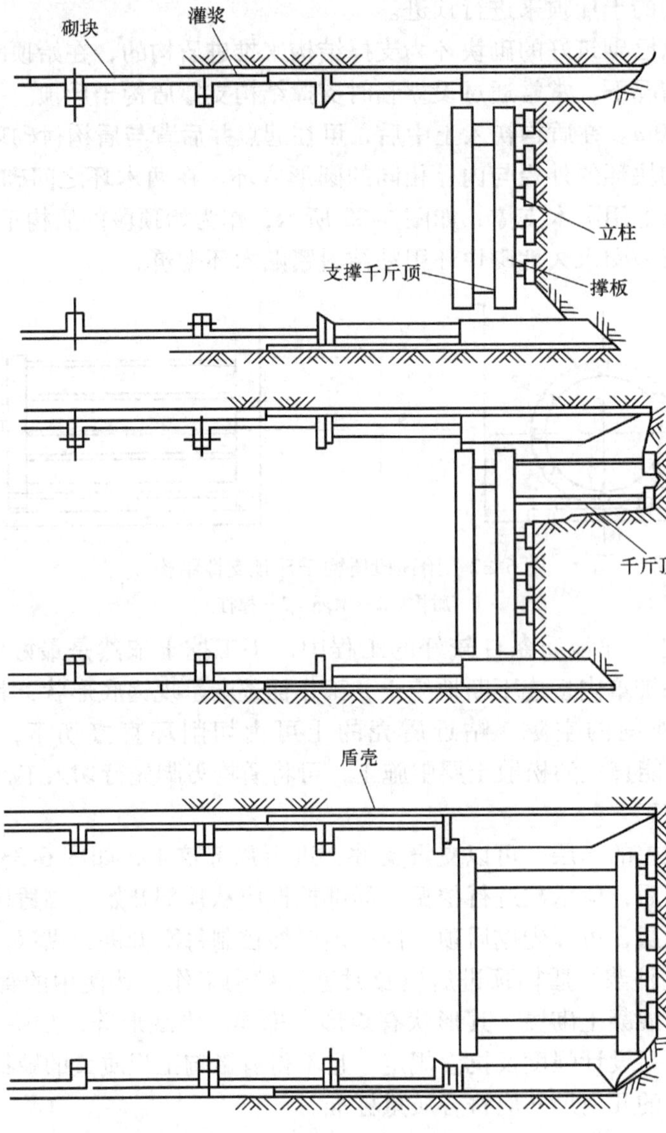

图6-33 手挖盾构的工作面支撑

具，不但可提高施工速度，也使施工质量得到大大提高。为了提高砌块的整圆度和强度，有时也采用彼此间有螺栓连接的砌块。

盾构衬砌的目的是使砌块在施工过程中作为盾构千斤顶的后背，承受千斤顶的顶力；在施工结束后作为永久性承载结构。

衬砌脱出盾尾后，应及时进行壁后注浆。注浆应多点进行，使空隙全部填实。注浆完毕后，压浆孔应在规定时间内封闭。

常用的填灌材料有水泥砂浆、细石混凝土、水泥净浆等；灌浆材料应不产生离析、不丧失流动性、灌入后体积不减小，早期强度不低于承受压力。灌入顺序应当自下而上、左右对称地进行，以防止砌块环周的孔隙宽度不均匀。

在一次衬砌质量完全合格的情况下，可进行二次衬砌，常采用浇灌细石混凝土或喷射混

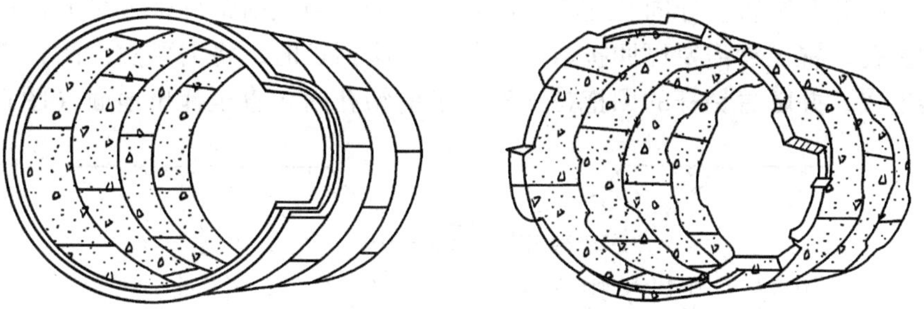

图 6-34　盾构砌块
a）矩形砌块　b）中缺形砌块

凝土的方法。对在砌块上留有螺栓孔的螺栓连接砌块，也应进行灌浆。

（五）质量验收标准

盾构法施工的给水排水管道允许偏差见表 6-7。

表 6-7　盾构法施工的给水排水管道允许偏差

项　　目		允许偏差
高程	排水管道	+15 ~ -150mm
	套管或管廊	每环 ±100mm
轴线位移		150mm
圆环变形		0.8%
初期衬砌相邻环高差		≤20mm

三、定向钻敷管法

定向钻在管道非开挖施工中对地面破坏最小，施工成本低，施工速度最快。管轴线一般呈曲线，可以非常方便地穿越河道、道路、地下障碍物。目前已在天然气、自来水、电力和电信部门广泛采用。

定向钻的轴线一般是各种形状的曲线，管道在敷设中要随之弯曲，所以用水平定向钻敷设的管道受到直径的限制，不能太大。随着施工技术和定向精度的提高，定向钻敷管的管径也在增大，长距离穿越的最大管径已达 1016mm。

定向钻敷管法适用的土层为黏性土和砂土，且土的相对密度宜小于 30，若混有砾石，其粒径宜在 150mm 以下。常用管材是聚氯乙烯管（PVC）、高密度聚乙烯管（HDPE）和钢管。

（一）施工方法

用定向钻敷管分两步进行：

第一步，先钻导向孔。定向钻一般不设工作坑，只有在管道纵向刚度较大，或者施工场地较小等特殊情况下才设工作坑。钻机直接从地面以小角度下钻，钻头在受控的情况下穿过河床、穿越公路或铁路、绕过地下障碍物，最后在管轴线的另一侧钻出地面，完成导向孔的施工。

第二步，扩孔和敷管。导向孔完成后将钻杆回拖。回拖前钻杆末端装上扩孔器，在回拖过程中同时扩孔，视工程需要可回扩数次。最后一次回扩时，将需要敷设的管道通过回转接头与扩孔器连接，并随着钻杆的回拖拉入扩大了的钻孔内，直至拖出地面（图6-35）。

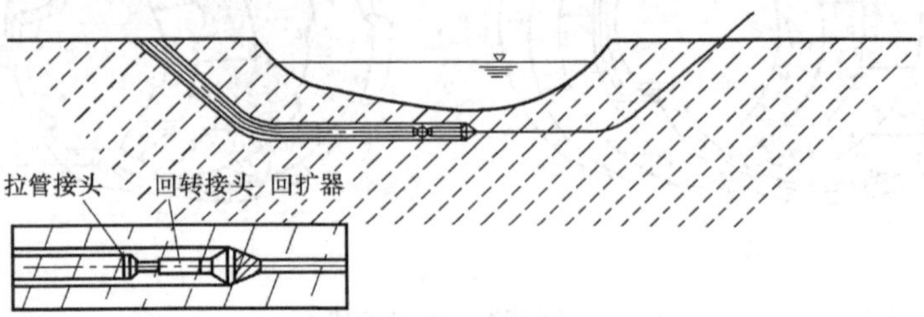

图6-35　定向钻敷管示意图

导向孔施工和扩孔时一般采用循环泥浆从钻杆尾部压向钻头，起到润滑、冷却钻头，减小钻杆与土层阻力，防止孔壁坍塌，输送弃土的作用。

定向钻敷管工程的施工难易程度与穿越长度、穿越深度、管径、管壁厚度、管材和地层性质有关。通常均质黏土地层最容易钻进，砂土层要难一些，处于地下水位以下的不稳定土层更难；在砾石层中钻进会加速钻头的磨损。

（二）钻机

水平定向钻机是定向钻敷管法的主要机具。水平钻机可大致分为两类：地表发射的和坑内发射的。其中地表发射的最为普遍。

坑内发射钻机固定在发射坑中，利用坑的前、后壁承受给进力和回拉力。采用这类钻机，施工用地较小，一般用于穿越长度较短、轴线比较平缓的工程。

地表发射钻机一般用锚固桩固定。固定方式较多，其中用液压方式固定较为方便。这类钻机通常为履带式，依靠自身的动力自行开进工地。敷设新管时它们不需要发射坑和接受坑。

定向钻的导向钻进速度很快，砂性土中的钻进速度为60～80m/d，软弱的黏性土中钻进速度可达200m/d，但遇到坚硬的地层或大块的砾石，速度会下降很多。

（三）导向系统

定向钻钻孔时一般要依靠导向系统定向。导向系统有两大类。最常用的是手持式导向系统，它由安装在钻头后部空腔内的探头（信号棒）和地面接收器组成，探头发出的无线信号由地面接收器接收。从接收器除可以得知钻头的位置、深度外，还可得知钻头倾角、钻头斜面的面向角、电池电量和探头温度等。

另一种是有缆式导向系统。有缆式导向系统仍要求在钻头后部安装探头，通过钻杆内的电缆向控制台发送信号，可以得知钻头倾角、钻头斜面的面向角、电池电量和探头温度等，但不能提供深度信号，因此仍然需要地面接收器。虽然电缆线增加了施工的操作，但由于不依靠无线传送信号，因此避免了手持式导向系统的不足，适用于长距离穿越。

四、气动矛敷管法

（一）气动矛

气动矛类似于一只卧放的风镐，在压缩空气的驱动下，推动活塞不断打击气动矛的头部，将土排向周边，并将土体压密（图 6-36），同时气动矛不断向前行进，形成先导孔。先导孔完成后，管道便可直接拖入或随后拉入，也可以通过拉扩法将钻孔扩大，以敷设更大直径的管道。

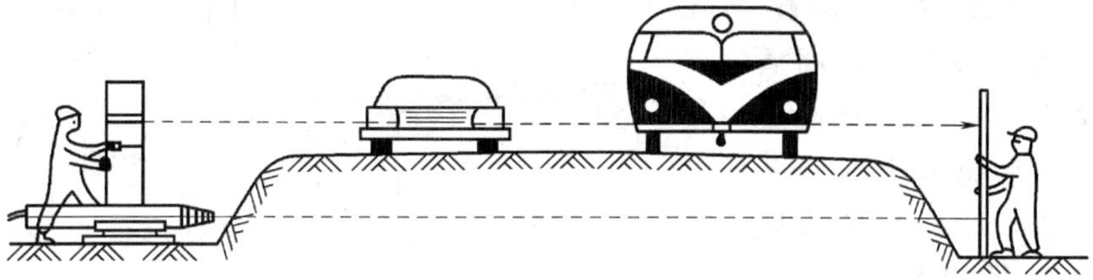

图 6-36　气动矛敷管示意图

定向气动矛将传感器置于气动矛前腔室内，借助于标准的导向仪引导方向，给显示器提供倾角及转动信息，从而提高施工精度和质量。地面上的手动定位装置可精确跟踪气动矛的位置和深度。

（二）施工方法

气动矛是不排土的，因此要求覆盖层有一定厚度，一般为管径的 10 倍。不排土施工的问题是成孔后要缩孔，因此要求敷设成品管的管径应比气动矛的外径小 10%~15%，具体尺寸还须根据土质而定。成品管管径要小的另一个原因是为了减小送管时的摩擦阻力。

（三）适用范围

气动矛适用地层一般是可压缩的土层，例如淤泥、淤泥质黏土、软黏土、粉质黏土、黏质粉土、非密实砂土等。在砂层和淤泥中施工，则要求在气动矛之后直接拖入套管或成品管，这样做不仅可以保护孔壁，而且可提供排气通道。

气动矛适用于管径为 150mm 及其以下的 PVC、PE 和钢管。

五、夯管锤敷管法

夯管锤敷管法只适用于钢管施工，除有大量岩体和有大量地下水以外的所有地层均可使用，但在坚硬土层、干砂层和卵石含量超过 50% 的地层中敷管难度较大。

（一）夯管锤

夯管锤类似于卧放的气锤，是与气动矛互补的机型。夯管锤和气动矛都以压缩空气为动力，所不同的是：夯管锤敷设的管道直径比气动矛大；夯管锤施工时与气动矛相反，始终处于管道的末端；夯管锤敷管不像气动矛那样对土有挤压，因此管顶覆盖层可以较浅。

夯管锤敷设较短距离、较大直径的管道具有其突出的优点，适用于排水、自来水、电力、通信、油气等管道穿越公路、铁路、建筑物和小型河流，是一种简单、经济、有效的施工设备。

（二）施工方法

夯管锤施工比较简单，只需要在平行的工字钢上正确地校准夯管锤与第一节钢管轴线，使其一致，同时又与设计轴线符合就可以了，不需要牢固的混凝土基础和复杂的导轨。为了避免损坏第一根钢管的管口，并防止变形，可装配上一个外径较大、内径较小的钢质切削管头（图 6-37），这样就可以减少土体对钢管内外表面的摩擦，同时也对管道的内外涂层起到保护作用。

夯管锤依靠锤击的力量将钢管夯入土中。当前一节钢管入土后，后一节钢管焊接接长再夯，如此反复直至夯入最后一节钢管。钢管到位后，取下管头，再将管中的土排出管外。排土可用高压水枪，冲成泥浆后流出管外。

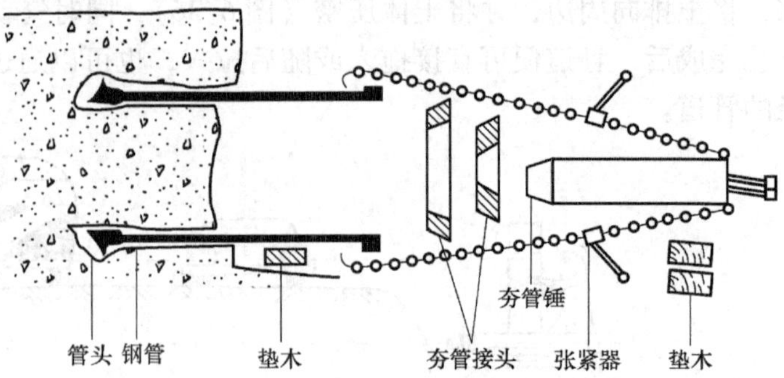

图 6-37 夯管锤与管道连接示意图

夯管锤敷管长度与土质好坏、锤击力大小、管径的大小、要求轴线的精度有关，一般在 80m 左右。如果使用适当，还可增加，最长已达 150m。

夯管锤敷管效率高，每小时可夯管 10 ~ 30m。施工精度一般可控制在 2% 范围内。

六、旧管更新

城市旧管道破损不能再使用，新管道敷设需要新的安设位置、施工场地、中断交通、处理废弃物等，从环境保护、节省投资出发要求尽量减少对环境的污染，这就需要用不开槽施工法更新旧管。

利用气动矛破碎旧管道是一种更新办法，如图 6-38 所示。气动矛前段系上一根钢丝绳，由地面绞车拖着前进，气动矛的作用是将旧管道破碎，并挤向四周，新管道随气动矛跟进。如果管道较长，还可以在工作井加顶力。

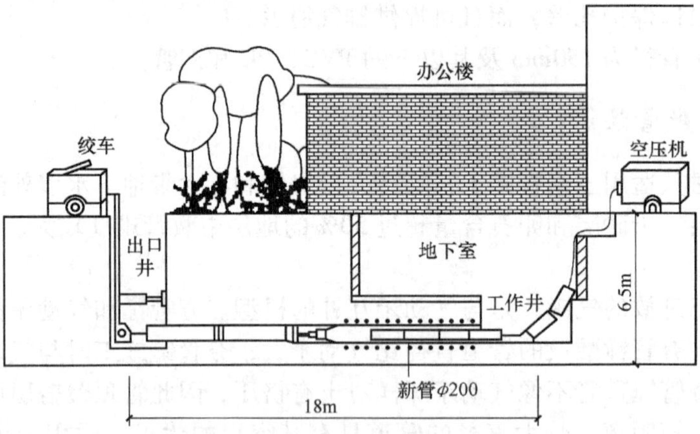

图 6-38 用气动矛更新旧管

采用上述方式施工有一定限制：①旧管道必须是混凝土管，无配筋；②周围土体必定是可以压缩的；③适用于同口径管道更新。

第三节 管道阀门的安装施工

闭路阀门就一般定义来说，是指在管道工程中起开启和关闭作用的阀门，如闸阀、截止阀、蝶阀、旋塞阀、隔膜阀、节流阀、止回阀等。在环保水处理工程中，闭路阀类的阀门中应用最广泛的是闸阀、截止阀和蝶阀。

（一）阀门安装的一般规定

搬运阀门时不允许随手抛掷，以免损坏和变形。堆放时，碳钢阀门同不锈钢阀门及有色金属阀门应分开。阀门吊装时，钢丝绳索应拴在阀体与阀盖的连接法兰处，切勿拴在阀杆或手轮上，以免损坏阀杆和手轮。

阀门安装位置不应该妨碍设备、管道及阀门本身的拆装、维修和操作。安装高度应以方便操作、维修为宜。水平管道最好将阀门垂直向上或将阀杆安装在上半圆范围内，但不得将阀杆朝下安装。垂直管道上的阀门阀杆、手轮必须顺着操作巡回线方向安装。

对于有方向性的阀门，安装时应根据管道的介质流向确定其安装方向。如安装截止阀时，应使介质自阀盘下面流向上面，俗称低进高出。安装旋塞阀、闸板阀时，允许介质从任一端流出。安装止回阀时，必须特别注意介质的流向，才能保证阀盘能自动开启，重要的场合还要在阀体外明显地标注箭头，指示介质流动方向。对于旋启式止回阀，应保证其插板的旋转轴装在水平位置。对于升降式止回阀，应保证阀盘中心线与水平面垂直。

管道上安装螺纹连接的阀门时，在阀门附近一定要安装活接头，以便拆装。

辅助系统管道进入车间应设置切断阀，当车间停车检修时，可与总管道切断。这些阀门的安装高度一般较高，应尽可能布置在一起，以便设置固定操作平台。

安装高压阀门前，必须复核产品合格证和试验记录。高压阀门多为角阀，使用时常为两只串联，开启时启动力大，必须设置阀架以支撑阀门和减小启动应力，其安装高度以0.6～1.2m为宜。

机泵、换热器、塔或容器上的管接口不应承受阀门和管道的质量，公称直径$DN>80$mm的阀门应架设支架。

衬里、喷涂及非金属材质阀门本身质量大，强度较低，除考虑工艺要求外，应尽可能做到集中布置，便于阀架设计。即便是单独一个阀门，也应固定在阀架上。水平管道上安装重型阀门时，要考虑在阀门的两侧加设支架。

安装法兰连接的阀门，要保证与之连接的两个法兰端面与阀门法兰平行并同轴线。尤其是安装铸铁等材质较脆的阀门时，更应避免因安装位置不正确和受力不均匀而造成阀门损坏。拧紧法兰螺栓时，应采用对称或十字交叉的方法，分几次逐渐拧紧。

安装螺纹联接的阀门时，应保证螺纹完整无缺，要根据工作条件选用填料，拧紧到位时阀杆的位置应符合安装要求。拧紧时，必须用扳手咬牢拧入管子一端的阀门六方体，以保证阀体不致拧变形和损坏。法兰或螺纹联接的阀门应在关闭状态下安装。

并排管线上的阀门，其手轮间净距不得小于100mm。为了减小管道间距，并排布置的阀门最好错开布置。

（二）阀门的安装位置

为了便于开关阀门，手够不到的地方不能配置阀门。应安装在用手开关不产生困难的位置。

凡有可能以不安全姿态操作阀门的位置，或者有危险的地方，都不能配置阀门。应安装在能以安全的姿态操作阀门的位置。因为阀门容易成为碰头、踢脚的障碍物，故在主要通道、检查通道、易撞到头或绊倒的危险地方，特别是在特殊场合下操作的阀门和开关，其安全退让通道绝对不能配置阀门。阀门应安装在不妨碍操作人员操作的位置。对于有压力表、流量计等装置的情况，一般应把阀门设置到能看到压力表、流量计的位置，使操作人员一面检查确认，一面能方便地操作、维修阀门。如从操作阀门的地方不易看见表指示的结果，就不能正确及时地开闭阀门，非常不便。

在流量计测点的管内产生偏流，会影响流量计的可靠性，故装在流量计前面的阀门一定要离开流量计一定的距离。因为靠近流量计的前后装阀，容易引起流体的偏流。

（三）阀门安装前的检查

阀门安装前，应仔细核对所用阀门的型号规格是否与设计相符，或者按前述的原则选用能否满足使用要求。根据阀门的型号和出厂说明书，检查、对照阀门可否在所要求的条件下应用。检查阀门开启是否灵活，有无卡涩和歪斜现象。待这些检查合格后，应根据管道工程国家验收规范的规定，低压阀门应从每批（同一制造厂，同规格，同型号，同到货）中抽查10%（至少1个），进行强度和严密性试验。试验后若有不合格者，再抽查20%，如仍有不合格者则需逐个检查。高、中压和有毒、剧毒及甲、乙类火灾危险介质的阀门，应逐个进行强度和严密性试验。阀门的强度和严密性试验，应在专门的阀门试验台上进行。阀门强度试验的标准如下：

1）公称压力小于或等于32MPa的阀门，其试验压力为公称压力的1.5倍。

2）公称压力大于32MPa的阀门，其试验压力按表6-8中的数据执行。

表6-8 阀门的强度试验

公称压力/MPa	40	50	64	80	100
试验压力/MPa	56	70	90	110	130

3）试压过程的技术要求：①往阀门内充水时，应将阀门内的空气排净后再升压；②阀门进行水压强度试验时，应使阀门处于开启状态；③压力应缓慢升至试验压力；④当压力达到试验压力后，应保持不少于5min的时间，压力保持不变，壳体、填料无渗漏为合格。

4）下列用途的阀门应进行严密性试验：①用于输送汽油、煤油、石油液化气、氯气的管道阀门；②汽机的主气阀，特殊要求的高压蒸汽阀；③各种有腐蚀性介质，有毒，剧毒，甲、乙类火灾危险物质的阀门。

5）其他阀门可采取煤油加压试验法。

（四）闭路阀门的安装

安装阀门时，应仔细核对阀门的型号与规格是否符合设计要求。阀体上标示的箭头，应与介质流动方向一致。安装应确保安全，有利于操作、维修和拆装。

用手轮、手柄操作的阀门，宜直立安装，阀门的操作机构离操作地面宜在1～1.2m。当阀门的中心和手轮离地面超过1.8m时，应对操作频繁的阀门设置操作平台。阀门较多的管道，阀门尽量集中安装在平台上，便于操作。

高度超过1.8m并且不经常操作的单个阀门，可采用链轮、延伸杆、活动平台以及活动梯等设施。当阀门安装在操作地面以下时，应设置伸长杆或阀门井，阀门井应加井盖。

水平管道上的阀门，其阀杆最好垂直向上，必要时，也可向上倾斜一定的角度，但不允许将阀杆朝下安装。阀杆朝下安装不仅操作、维修不便，阀门还容易腐蚀。落地阀门安装位置倾斜，也会使操作不便。如果装在难以接近的地方或者较高的地方时，为了操作方便，可以将阀杆水平安装。

并排安装在管道上的阀门，应有操作、维修、拆装的空间位置，其手轮之间的净距不得小于100mm；如间距较窄，应将阀门交错排列。

各种阀门安装一定要满足阀门的特性要求，如升降式止回阀导向装置一定要铅垂，旋转式止回阀的销轴一定要水平。

对开启力矩大、强度低、脆性和质量较大的阀门，应设置阀架，以便支撑阀门，并应减少支管道上的阀门，尽量将阀门安装在靠近总管道的位置上。

承插式钢阀门安装时管子不应插足承口，应留有1～2mm的间隙，否则管子热胀时会产生过大的热应力，损坏阀门。

阀门的传动或电动装置，动作要灵活，指示要准确。电动阀门的电动机转向要正确。若阀门开启或关闭到位后电动机仍继续运转，应检修好行程开关以后才可投入运行。

不许用杠杆或其他工具强行启、闭阀门。

第四节　附属构筑物

一、阀门井

（一）阀门井概述

管网中的附件一般应安装在阀门井内。为了降低造价，配件和附件应布置紧凑。阀门井的平面尺寸取决于水管直径以及附件的种类和数量，但应满足阀门操作和安装拆卸各种附件的最小尺寸。井的深度由水管埋设深度确定。但是井底到水管承口或法兰盘底的距离至少为0.1m，法兰盘和井壁的距离宜大于0.15m，从承口外缘到井壁的距离应在0.3m以上，以便于接口施工。

阀门井一般用砖砌，也可用石砌或钢筋混凝土建造。无地下水时，可选用砖砌立式闸阀井；有地下水时应采用钢筋混凝土立式闸阀井。

闸阀井的形式根据所安装的附件类型、大小和路面材料而定。例如直径较小、位于人行道上或简易路面以下的阀门，可采用阀门套筒（图6-39）。但在寒冷地区，因阀杆易被渗漏的水冻住而影响开启，所以一般不采用阀门套筒。安装在道路下的大阀门，可以采用图6-40所示的阀门井。位于地下水位较高处的阀门井，井底和井壁应不透水，在水管穿越井壁处应保持足够的水密性。阀门井应有抗浮的稳定性。

（二）阀门井施工

（1）材料要求　用于井室浇筑的钢筋、水泥、粗细集料及混凝土外加剂等材料，应有出厂合格证，并经取样试验合格，其规格、型号符合要求。各种材料在施工现场的储存和防护应满足要求。

（2）基坑开挖　基坑开挖坡度可根据土壤性质进行适当调整，一般不应大于45°。当地基土是很软的淤泥土时，基坑开挖至标高后应相应地再挖深些，挖至老土或一般的淤泥土为止，然后以中粗砂回填至设计标高。

（3）井身砌筑和混凝土浇筑施工要求　井室除底板外应在敷好管道、装好阀门之后着手修筑，接口和法兰不得砌于井外，且与井壁、井底的距离不得小于0.25m。雨天砌筑井室，须在敷筑管道时一并砌好，以防雨水汇入井室而堵塞管道。当盖板顶面在路面时，盖板顶面标高与路面标高应一致，误差不超过25mm；当不在路面时，井口略高于地面，且做0.02的比降护坡。

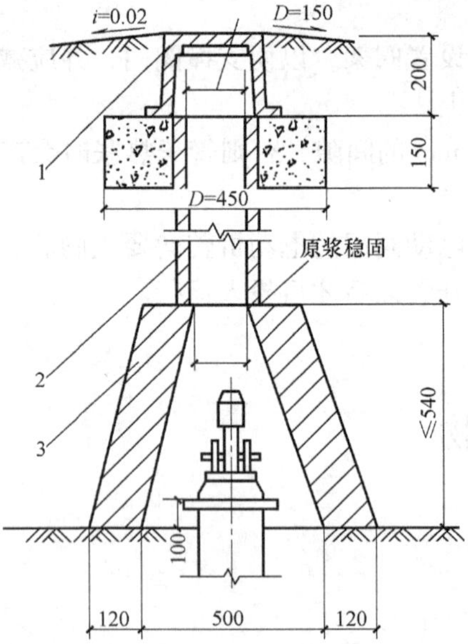

图 6-39 阀门套筒

1—铸铁阀门套筒 2—混凝土管 3—砖砌井

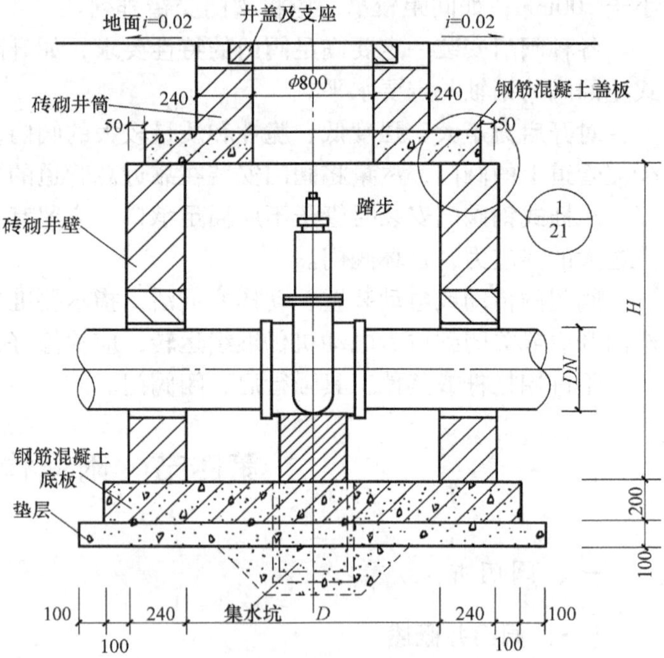

图 6-40 砖砌立式闸阀井

施工中应严格执行有关规范和操作规程，并应符合设计图要求。在井室砌筑时，应同时安装踏步，位置应准确。踏步安装后，在浇筑混凝土未达到规定抗压强度前不得踩踏。砖砌圆形检查井的施工应在管线安装之后，首先按设计要求浇筑混凝土底板，待底板混凝土强度大于或等于 5MPa 后方进行井身砌筑。

井盖须验筋合格方可浇筑。现浇筑混凝土施工应严格遵守常规混凝土浇筑和养护的要求，保证拆模后没有露筋、蜂窝和麻面等现象，留出试块进行强度试验。井室完工后，及时清除聚积在井内的淤泥、砂浆、垃圾等物。

（4）土方回填 回填工作在管道安装完成，并经验收合格后进行。槽底杂物要清除干净。井室等附属构筑物回填要求四周对称同时进行，分层夯实，压实系数不小于 0.95。无法夯实之处，必要时可回填低强度等级混凝土。与本管线交叉的其他管线或构筑物，回填时要妥善处理。

二、检查井

（一）检查井的形式

检查井按井身的平面形状，可分为圆形、方形、矩形或其他各种不同的形状。方形和矩形检查井用在大直径管道的连接处或交汇处。图 6-41 所示为大直径管道上改向的扇形检查井平面图。

按通过的介质成分的不同，可分为污水检查井、雨水检查井、耐腐蚀检查井等。

按检查井深度的不同，可分为不下人的浅检查井和可以下人的深检查井。深检查井设置在埋深较大的排水管道上。浅检查井和深检查井如图 6-42 和图 6-43 所示。

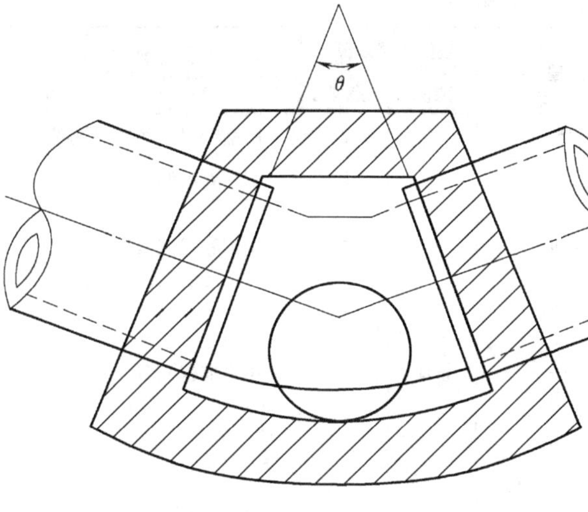

图 6-41　扇形检查井

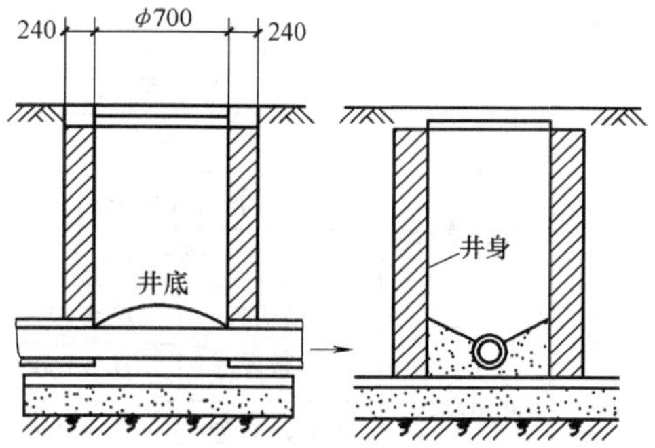

图 6-42　浅检查井

（二）检查井的施工要点

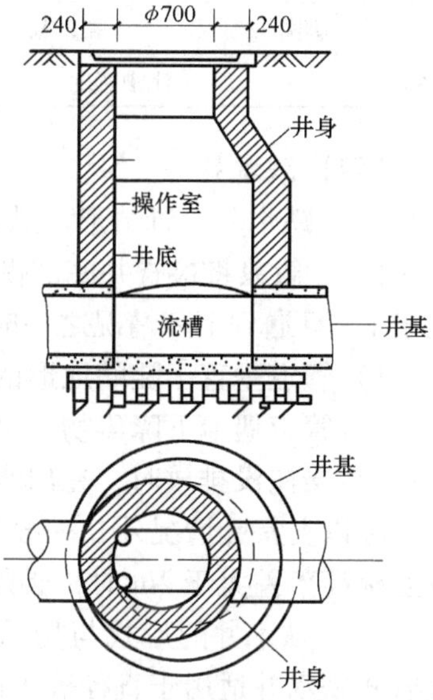

图 6-43　深检查井

以砖砌检查井为例，介绍一下检查井的施工。检查井的井壁厚度常为 240mm，采用全丁式或一顺一丁式的方式砌筑。砌筑时应注意以下几点：

1）检查井的流槽应在井壁砌到管底时即开始砌筑。当采用砖石砌筑时，表面应用水泥砂浆分层压实抹光。

2）井室内的踏步和脚窝应随砌随安（留），其尺寸要符合设计规定，砌筑砂浆未达到规定强度前不得踩踏。

3）各种预留支管应随砌随安，管口应伸入井内 30mm，其管径、方向和标高均应符合设计要求，管与井壁衔接处应严密不得漏水。如用截断的短管时，其断管破茬不得朝向井内，以免伤人。

4）砖砌圆形检查井时，应随时检测直径尺寸，当需要收口时，如为四面收进，则每次收进应不超过 30mm；如为偏心收进，则每次收进最大不超过 50mm。

5）检查井接入较大直径圆管时，管顶应砌砖旋加固，当管径大于或等于 1000mm 时拱圈高应为 250mm；当管径小于 1000mm 时，拱圈高应为 125mm。

6）检查井的井室、井筒内壁应用原浆勾缝。如有抹面要求时，内壁抹面应分层压实，外壁应用砂浆搓缝严实。并且盖座下的井室最上一层须是丁砖。

7）检查井应边砌边回填土，每层高不宜超过 300mm，必要时可采用灰土或填砂处理。

（三）检查井施工质量要求

砌筑检查井时，不得有通缝，砂浆要饱满，灰缝平整，抹面压光，不得有空鼓、裂缝等现象。井内流槽应平顺，踏步安装应牢固准确，井内不得有建筑垃圾等杂物。井盖要完整无损，安装平稳，位置正确。检查井施工的允许偏差见表 6-9。

表 6-9 井室的允许偏差

检查项目				允许偏差/mm	检查数量		检查方法
					范围	点数	
1	平面轴线位置（轴向、垂直轴向）			15	每座	2	用钢卷尺、经纬仪测量
2	结构断面尺寸			+10，0		2	用钢卷尺测量
3	井室尺寸	长、宽		±20		2	用钢卷尺测量
		直径					
4	井口高程	农田或绿地		+20		1	用水准仪测量
		路面		与道路规定一致		2	
5	井底高程	开槽法管道敷设	$D_i \leqslant 1000$	±10			
			$D_i > 1000$	±15			
		不开槽法管道敷设	$D_i < 1000$	+10，-20			
			$D_i \geqslant 1000$	+20，-40			
6	踏步安装	水平及垂直间距、外露长度		±10		1	用尺量测偏差较大值
7	脚窝	高、宽、深		±10			
8	流槽宽度			+10			

（四）跌水井

（1）跌水井设置情形　跌水井是有消能设施的检查井。当上、下游管底标高落差小于1m时，一般只将检查井底部做成斜坡，不采取专门的跌水措施。当上、下游管底标高落差大于1m且遇到下列情况之一时，应设跌水井：

1）管道垂直于陡峭地形的等高线布置，按照原定坡度将要露出地面处。

2）管道遇地下障碍物，必须跌落才能通过处。

3）当淹没排放时，在出水口前的一个检查井处。

除以上特殊情况外，一般上、下游管底标高落差在1～2m时宜设跌水井，当上、下游管底标高落差大于2m时，必须设跌水井。

（2）跌水井的形式与构造　目前，常用的跌水井有两种形式，即竖管式和溢流堰式。竖管式跌水井适用于直径等于或小于400mm的管道。当管径不大于200mm时，一次落差不宜超过6m；当管径为300～400mm时，一次落差不宜超过4m。这种跌水井一般不作水力计算，其构造如图6-44所示。

溢流堰式跌水井适用于直径在400mm以上的管道。它的主要尺寸（包括井长、跌水水头高度）及跌水方式等均应通过水力计算求得。这种跌水井的构造如图6-45所示，它可用阶梯形跌水方式代替。

（3）跌水井施工　跌水井施工方法同检查井。

（五）水封井

（1）水封井的设置位置　当生产污水能产生引起爆炸或火灾的气体时，其排水管道系统中必须设水封井。水封井应设在产生上述污水的生产装置、贮罐区、原料贮运场地、成品仓库、容器洗涤车间等的污水排出口处以及适当距离的干管上，不宜设在车行道和行人众多的地段，并应适当远离产生明火的场地。

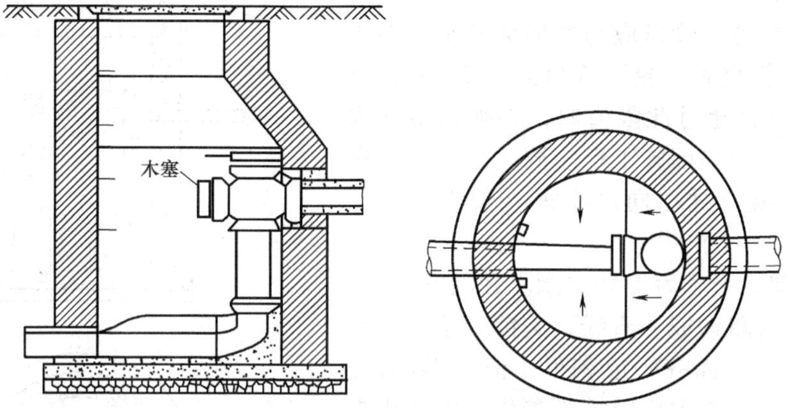

图 6-44 竖管式跌水井

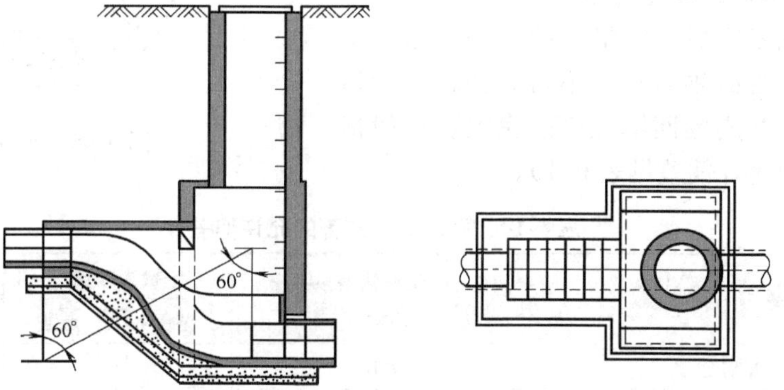

图 6-45 溢流堰式跌水井

（2）水封井的构造 水封井的构造如图 6-46 所示，水封深度一般为 0.25m，井上宜设通风管，井底宜设沉泥槽。

（3）水封井施工 水封井施工方法同检查井。

三、雨水口

（一）雨水口的施工要点

以砖砌井筒的雨水口为例介绍雨水口的施工。砌筑前按道路设计边线和支管位置，定出雨水口的中心线桩，使雨水口一条长边必须与道路边线重合。按雨水口中心线桩开槽，注意留出足够的施工宽度，开挖至设计深度。槽底要仔细夯实，遇地下水时应排除地下水并浇筑 C15 混凝土基础。如槽底为松软土时，应夯筑 3∶7 灰土基础，然后砌筑井墙。砌井墙时，应按如下工艺进行：

1）按井墙位置挂线，先砌筑井墙层，然后核对方正。一般井墙内口尺寸为 680mm × 380mm 时，对角线长 779mm；内口尺寸为 680mm × 410mm 时，对角线长 794mm，内口尺寸为 680mm × 415mm 时，对角线长 797mm。

2）井墙厚 240mm，采用 MU10 砖和 M10 水泥砂浆按一顺一丁的形式砌筑。砌筑时随砌随刮平缝，每砌高 300mm 应将墙外井槽及时回填夯实。砌至雨水连接管或支管处应满卧砂浆，砌砖已包满管道时应将管口周围用砂浆抹严抹平，不能有缝隙，管口应与井墙面齐平。当支管与井墙必须斜交时，允许管口入墙 20mm，另一侧凸出 20mm，超过此限值时，必须调整雨水口位置。井口应与路面施工配合同时升高，井底用 C15 细石混凝土抹出向雨水连接管集水的泛水坡。

3）井墙砌筑完毕后安装井圈。井圈安装时，内侧应与边石或路边成一直线，满铺砂浆，找平坐稳。井圈顶与路面齐平或稍低，但不得凸出。井圈安装好后，应用木板或铁板盖住，以防止在道路面层施工时被压坏。

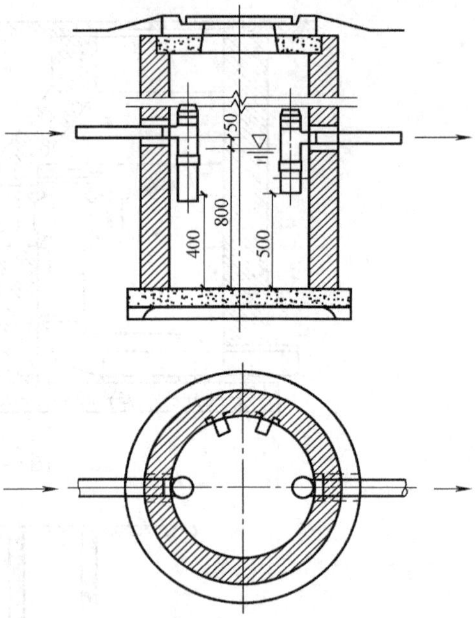

图 6-46 水封井

（二）雨水口施工质量检查

雨水口砌筑完毕后，内壁抹面必须平整，不得起壳裂缝，支管必须直顺，不得有错口，管口应与井壁平齐，井周围回填土必须密实。一般情况下，雨水口的允许偏差见表 6-10。

表 6-10 雨水口、支管的允许偏差

检查项目		允许偏差/mm	检查数量		检查方法
			范围	点数	
1	井框、井箅吻合	≤10	每座	1	用钢卷尺量测较大值（高度、深度亦可用水准仪测量）
2	井口与路面高差	-5，0			
3	雨水口位置与道路边线平行	≤10			
4	井内尺寸	长、宽：+20，0			
		深：0，-20			
5	井内支、连管管口底高度	0，-20			

四、进出水口构筑物施工

进出水口一般分为一字式翼墙和八字式翼墙两种。一字式用于与渠道顺连，八字式用于与渠道成 90°~135°交错相接。进出水口若采用石砌时，可采用片石、料石、块石等。有冰冻情况下不可采用砖砌。

（一）施工要求

进出水口构筑物宜在枯水期施工。构筑物的基础应建在原状土上，当地基土松软或被扰动时，可采用砂石回填、块石砌筑或浇筑混凝土等方法来保证地基符合设计要求。

进出水口的泄水孔必须通畅，不得倒流。

翼墙变形缝应位置准确，安设顺直，上下贯通，其宽度允许偏差为 0~5mm。翼墙背后填土应分层夯实，其压实度不得小于 95%；填土时墙后不得有积水；填土应与反滤层铺设同时进行。

管道出水口防潮闸门井的混凝土浇筑前，应将防潮闸门框架的预埋件固定，预埋件中心位置允许偏差应为3mm。

护坡干砌时，嵌缝应严密，不得松动；浆砌时灰缝砂浆应饱满，缝宽均匀，无裂缝、无鼓起，表面平整。干砌护坡应使砌体边沿封砌整齐、坚固，不被掏空，必要时应加强护坡。

护坡砌筑的施工顺序应自下而上，石块间相互交错，使砌体缝隙严密，砌块稳定，坡面平整，并不得有通缝、叠砌和架空现象。

（二）质量要求

砌筑护坡坡度不应陡于设计规定；坡面及坡底应平整；坡脚顶面高程允许偏差应在±20mm范围内；砌体厚度不应小于设计规定。

五、管道支墩施工

压力管道为防止管道内水压通过弯头、三通、堵头和叉管等处产生拉力，以至接头产生松动脱节现象，致使管道受到破坏，应根据管径大小、转角、管内压力、土质情况以及设计要求设置支墩或锚定结构。

支墩及锚定结构所采用砖的强度等级应大于或等于MU7.5，片石的强度等级应大于或等于MU20，混凝土或钢筋混凝土的抗压强度应大于或等于C10，砌筑用砂浆的强度等级应大于或等于M5。

管道及管道附件的支墩和锚定结构的位置以及尺寸应准确，锚定必须牢固。

支墩应在坚固的地基上修筑。当无原状土作后背墙时，应采取措施保证支墩在受力情况下不致破坏管道接口。当采用砌筑支墩时，原状土与支墩间应采用砂浆填塞。

管道支墩应在管道接口做完，管道位置固定后修筑。管道安装过程中的临时固定支架，应在支墩的砌筑砂浆或混凝土达到规定强度后方可拆除。

第七章 防水与防腐工程

第一节 防水工程

一、卷材防水

（一）地下工程卷材防水层施工

地下防水的油毡除应满足强度、延伸性、不透水性要求外，更要有耐腐蚀性。因此，宜优先采用沥青矿棉纸油毡、沥青玻璃布油毡、再生橡胶沥青油毡等。

铺贴油毡用的沥青胶的技术标准与油毡屋面要求基本相同。由于用在地下，其耐热度要求不高；在侵蚀性环境中宜用加填充料的沥青胶，填充料应耐腐蚀。

卷材防水层应铺设在混凝土结构主体的迎水面上。卷材防水层用于建筑物地下室，应铺设在结构主体底板垫层至墙体顶端的基面上，在外围形成封闭的防水层。

地下油毡防水层的施工方法，有外防外贴法和外防内贴法。

1. 外防外贴法施工

（1）基本规定　铺贴卷材应先铺平面，后铺立面，交接处应交叉搭接；临时性保护墙应用石灰砂浆砌筑，内表面应用石灰砂浆做找平层，并刷石灰浆。如用模板代替临时性保护墙时，应在其上涂刷隔离剂；从底面折向立面的卷材与永久性保护墙的接触部位，应采用空铺法施工。与临时性保护墙或围护结构模板接触的部位，应临时贴附在该墙上或模板上，卷材铺好后，其顶端应临时固定；主体结构完成后，铺贴立面卷材时，应先将接槎部位的各层卷材揭开，并将其表面清理干净，如卷材有局部损伤，应及时进行修补。卷材接槎的搭接长度，高聚物改性沥青卷材为150mm，合成高分子卷材为100mm。当使用两层卷材时，卷材应错槎接缝，上层卷材应盖过下层卷材。

（2）施工方式　外防外贴法简称外贴法，如图7-1所示，待混凝土垫层及砂浆找平层施工完毕，在垫层四周砌保护墙的位置干铺油毡条一层，再砌半砖保护墙高300～600mm，并在内侧抹找平层。干燥后，刷冷底子油1～2道，再铺贴底面及砌好保护墙部分的油毡防水层，在四周留出油毡接头，置于保护墙上，并用两块木板或其他合适材料将油毡接头压于其间，从而防止接头断裂、损伤、弄脏。然后在油毡层上做保护层。再进行钢筋混凝土底板及砌外墙等结构施工，并在墙的外边抹找平层，刷冷底子油。干燥后，铺贴油毡防水层（先贴留出的接头，再分层接铺到要求的高度）。完成后，立即刷涂1.5～3mm厚的热沥青或加入填充料的沥青胶，以保护油毡。随即继续砌保护墙至比油毡防水层稍高的地方。保护墙与防水层之间的空隙用砂浆随砌随填。

2. 外防内贴法施工

(1) 基本规定 主体结构的保护墙内表面应抹 1∶3 水泥砂浆找平层，然后铺贴卷材，并根据卷材特性选用保护层；卷材宜先铺立面，后铺平面。铺贴立面时，应先铺转角，后铺大面。

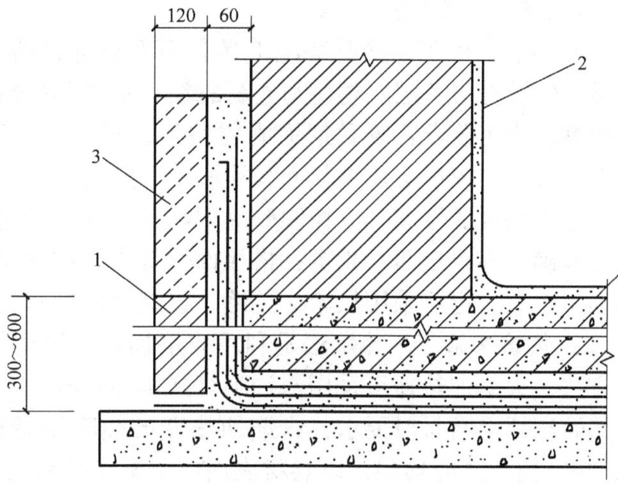

图 7-1 外贴法施工
1—永久保护墙 2—基础外墙
3—临时保护墙 4—混凝土底板

油毡防水层施工时，气温不宜低于5℃，最好在 10 ~ 25℃时进行。沥青胶的浇涂厚度，一般为 1.5 ~ 2.5mm，最大不超过 3mm。油毡长、短边的接头宽度不小于 100mm；上下两幅油毡压边应错开 1/3 幅油毡宽；各层油毡接头应错开 300 ~ 500mm。两垂直面交角处的油毡要互相交叉搭接。

(2) 施工方式 外防内贴法简称内贴法，如图 7-2 所示，先做好混凝土垫层及找平层，在垫层四周干铺油毡一层并在其上砌一砖厚的保护墙，内侧抹找平层，刷冷底子油 1 ~ 2 遍，然后铺贴油毡防水层，完成后，表面涂刷 2 ~ 4mm 厚热沥青或加填充料的沥青胶，随即铺撒干净、预热过的绿豆砂，以保护油毡。接着进行钢筋混凝土底板及外墙等结构施工。

(二) 地上工程卷材铺贴要求

冷底子油涂刷于基层表面，要求满涂而不留空隙，涂得薄而均匀，对表面较粗糙的基层可涂两道冷底子油。大面积可采用喷涂方法。

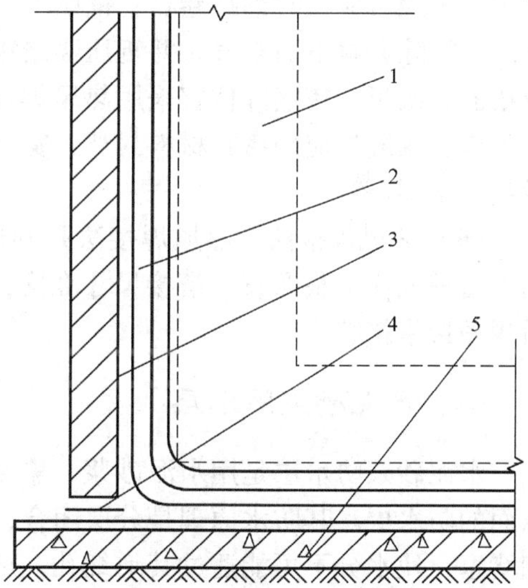

图 7-2 内贴法施工
1—尚未施工的地下室墙 2—卷材防水层 3—永久保护墙 4—干铺油毡一层 5—混凝土垫层

卷材铺贴时要按规定进行搭接，在墙面上卷材应垂直于底面方向铺贴，在底面上宜平行于长边铺贴。相邻卷材搭接宽度应不小于 100mm，上下层卷材的接缝应相互错开 1/3 卷材宽度以上，上下层卷材不得相互垂直铺贴。铺贴的卷材如需接长时，长边搭接不应小于 100mm，短边搭接不应小于 150mm，应用错槎形接缝连接，上层卷材盖过下层卷材。

在墙面铺贴卷材应自下而上进行，先将卷材下端用沥青胶粘贴牢固，向卷材和墙面交接处浇油，压紧卷材推油向上，用刮板将卷材压实压平，封严接口，刮掉多余的沥青胶。沥青胶应均匀涂布，厚度为 1.5 ~ 2.5mm，一层全部铺贴完后，再铺贴上一层。

防水卷材在立面或大坡面铺贴时，应采用满黏法，并宜减少短边搭接。排气道可采用条贴法、点贴法、空铺法。

（1）冷黏法施工　冷黏法施工是利用毛刷将胶黏剂涂刷在基层或卷材上，然后直接铺贴卷材，使卷材与基层、卷材与卷材黏结，不需要加热施工。

冷黏法施工要求：胶黏剂涂刷应均匀、不漏底、不堆积；排气屋面采用空铺法、条黏法、点黏法，应按规定位置与面积涂刷；铺贴卷材时，应排除卷材下的空气，并辊压粘贴牢固；根据胶黏剂的性能，应控制胶黏剂与卷材铺贴的间隔时间；铺贴卷材时应平整顺直，搭接尺寸准确，不得扭曲、皱折；搭接部位接缝胶黏剂应满涂、辊压黏结牢固，溢出的胶黏剂随即刮平封口，也可采用热熔法接缝，接缝口应用密封材料封严，宽度不小于10mm。

（2）热熔法施工　热熔法是利用火焰加热器熔化热熔型防水卷材底层的热熔胶进行粘贴的方法。火焰加热器可采用汽油喷灯或煤油焊枪。

热熔法铺贴卷材时要求：火焰加热器的喷嘴距卷材面的距离应适中（一般为0.5m左右），幅宽内加热应均匀，以卷材表面熔融至光亮黑色为度，不得过分加热或烧穿卷材；卷材表面热熔后应立即滚铺卷材，滚铺时应排除卷材下面的空气使之展平，不得皱折，并应辊压黏结牢固；搭接缝部位以溢出热熔的改性沥青为度并随即刮封接口；铺贴卷材时应平整顺直，搭接尺寸准确，不得扭曲。采用条黏法时，每幅卷材的每边粘贴宽度不应小于150mm。

（3）自黏法施工　自黏法是采用带有自黏胶的防水卷材，不用热施工，也不需涂胶结材料，而进行黏结的方法。

自黏法铺贴高聚物改性沥青防水卷材时要求：铺贴卷材前，基层表面应均匀涂刷基层处理剂，干燥后应及时铺贴卷材；铺贴卷材时，必须将自黏胶底面隔离纸完全撕净；铺贴卷材时，应排除卷材下面空气，并辊压黏结牢固；铺贴的卷材应平整顺直，搭接尺寸应准确，不得扭曲、皱折；搭接部位宜采用热风焊枪加热，加热后随即粘贴牢固，溢出的自黏胶随即刮平封口；接缝口应用密封材料封严，宽度不小于10mm；铺贴立面、大坡面卷材时，应加热后粘贴牢固。

（4）热风焊接法　热风焊接法是利用热空气焊枪进行防水卷材搭接黏合的方法。焊接前卷材铺放应平整顺直，搭接尺寸准确；焊接缝的结合面应清扫干净；应先焊长边搭接缝，后焊短边搭接缝。

二、水泥砂浆防水层

水泥砂浆防水层是用水泥砂浆、素灰（纯水泥浆）交替抹压涂刷的四层或五层的多层抹面的防水层。其防水原理是分层闭合，构成一个多层整体防水层，各层的残留毛细孔道互相堵塞，使水分不可能透过其毛细孔，从而具有较好的抗渗防水性能。

（一）材料要求

应采用强度等级不低于32.5MPa的普通硅酸盐水泥、硅酸盐水泥、特种水泥（膨胀水泥），严禁使用过期或受潮结块水泥；砂宜采用中砂，含泥量不大于1%，硫化物和硫酸盐含量不大于1%。

配合比按工程需要确定。水泥净浆的水灰比宜控制在0.37～0.40或0.55～0.60范围内。水泥砂浆灰砂比宜用1:2.5，其水灰比为0.6～0.65，稠度宜控制在7～8cm。如掺外加剂或采用膨胀水泥时，其配合比应执行专门的技术规定。

（二）水泥砂浆防水层施工

（1）施工准备 施工前，必须对基层表面进行严格而细致的处理，包括清理、浇水、凿槽和补平等工作，保证基层表面平整、坚实、粗糙、清洁，并充分湿润、无积水，可增强防水层与结构层表面的黏结力。

（2）施工方式 水泥砂浆防水层应分层铺抹或喷射，铺抹时应压实、抹平，最后一层表面应提浆压光。

防水层的第一层是在基面抹素灰，厚2mm，分两次抹成。第二层抹水泥砂浆，厚4～5mm，在第一层初凝时抹上，以增强两层黏结。第三层抹素灰，厚2mm，在第二层凝固并有一定强度，表面适当洒水湿润后进行。第四层抹水泥砂浆，厚4～5mm，同第二层操作，若采用四层防水时，则此层应表面抹平压光。若采用五层防水时，第五层刷水泥浆一遍，随第四层抹平压光。

结构物阴阳角、转角均应做成圆角。水泥砂浆防水层各层应紧密贴合，每层宜连续施工；如必须留槎时，采用阶梯形槎；接槎应依层次顺序操作，层层搭接紧密；层次要清楚，可留在地面或墙面上，离开阴阳角200mm左右。接缝时，先在阶梯形处均匀涂刷水泥浆一层，然后依次层层搭接。

普通水泥砂浆防水层终凝后，应及时进行养护，养护温度不宜低于5℃，养护时间不得少于14d，养护期间应保持湿润。

三、防水混凝土

防水混凝土是以调整混凝土配合比或掺外加剂等方法，来提高混凝土本身的密实性和抗渗性，使其具有一定防水能力的特殊混凝土。防水混凝土具有取材容易、施工简便、工期较短、耐久性好、工程造价低等优点，因此在地下工程中得到了广泛的应用。目前，常用的防水混凝土，主要有普通防水混凝土、外加剂防水混凝土等。

（一）材料要求

（1）水泥 水泥的强度等级不应低于32.5MPa；在不受侵蚀性介质和冻融作用时，宜采用普通硅酸盐水泥、硅酸盐水泥、火山灰质硅酸盐水泥、粉煤灰硅酸盐水泥、矿渣硅酸盐水泥，使用矿渣硅酸盐水泥必须掺用高效减水剂；在受冻融作用时，应优先选用普通硅酸盐水泥，不宜采用火山灰质硅酸盐水泥和粉煤灰硅酸盐水泥。

（2）砂、石 石子最大粒径不宜大于40mm，泵送时其最大粒径应为输送管径的1/4；吸水率不应大于1.5%；不得使用碱活性集料。砂宜采用中砂。

（3）外加剂 防水混凝土可根据工程需要掺入减水剂、膨胀剂、防水剂、密实剂、引气剂、复合型外加剂等外加剂。

（4）防水混凝土的性能与配制 防水混凝土的配制：水泥用量不得少于320kg/m^3；掺有活性掺合料时，水泥用量不得少于280kg/m^3；砂率宜为35%～40%，泵送时可增至45%；灰砂比宜为1:1.5～1:2.5；水灰比不得大于0.55；普通防水混凝土坍落度不宜大于50mm。掺加引气剂或引气型减水剂时，混凝土含气量应控制在3%～5%。

防水混凝土拌合物必须采用机械搅拌，搅拌时间不应少于2min。掺外加剂时，应根据外加剂的技术要求确定搅拌时间。防水混凝土拌合物在运输后如出现离析，必须进行二次搅拌。当坍落度损失后不能满足施工要求时，应加入原水灰比的水泥浆或二次掺加减水剂进行搅拌，严禁直接加水。

（二）防水混凝土工程施工

防水混凝土工程的模板应平整且拼缝严密不漏浆，并有足够的强度和刚度，吸水率要小。一般不宜用螺栓或钢丝贯穿混凝土墙固定模板；当墙较高需用螺栓贯穿混凝土墙固定模板时，应采取止水措施。一般可在螺栓中间加焊一块100mm×100mm的止水钢板，阻止渗水通路。

为了阻止钢筋的引水作用，迎水面防水混凝土的钢筋保护层厚度不得小于30mm，底板钢筋均不能接触混凝土垫层。墙体的钢筋不能用铁钉或钢丝固定在模板上。严禁用钢筋充当保护层垫块，以防止水沿钢筋浸入。

浇筑时应严格做到分层连续进行，每层厚度不宜超过400mm。两层浇筑时间间隔不应超过2h，夏季适当缩短。混凝土进入终凝（一般浇筑后4～6h）即应覆盖，浇水湿润养护不少于14d。

防水混凝土必须采用高频机械振捣密实，振捣时间宜为10～30s，以混凝土泛浆和不冒气泡为准，应避免漏振、欠振和超振。

第二节 管道的防腐

一、金属管道的防腐

安装在地下的钢管或铸铁管均会遭受地下水和各种盐类、酸与碱的腐蚀，以及杂散电流的腐蚀（靠近电车线路、电气铁路）、金属管道表面不均匀电位差的腐蚀。由于化学和电化学作用，管道会遭受破坏；设置在地面上的管道，同样会受到空气等其他条件腐蚀；预（自）应力钢筋混凝土管敷筑在地下水位以下或地下时，若地下水位或土壤对混凝土有腐蚀作用，也会遭受腐蚀。因此，对上述几种管道均应作防腐处理。

（一）管道外层腐蚀的防止方法

1. 覆盖式防腐处理

（1）非埋地钢管的油漆防腐 非埋地钢管的油漆防腐施工工序见表7-1。

表7-1 非埋地钢管的油漆防腐施工工序

管道种类	钢管		镀锌钢管	
	无装饰与标志要求	有装饰与标志要求	无装饰与标志要求	有装饰与标志要求
底漆	防锈漆两遍	防锈漆两遍	不刷油	防锈漆两遍
面漆（不保温）	银粉漆两遍	色漆两遍	不刷油	色漆两遍
面漆（保温）	不刷油	保温层外色漆两遍	不刷油	保温层外色漆两遍

（2）埋地钢管的外防腐层 埋地钢管的外防腐层可采用石油沥青涂料（表7-2）或环氧煤沥青涂料制作（表7-3）。

外防腐层质量应符合表7-4的规定。

（3）预（自）应力钢筋混凝土管防腐 当预（自）应力钢筋混凝土管敷筑于地下水位以下或土壤对混凝土有腐蚀作用的地区时，可采用沥青麻布防腐层包扎在管外壁予以防腐。

表 7-2　埋地钢管石油沥青涂料外防腐层做法

防腐层层数（从金属表面算起）	防腐层种类		
	三油二布	四油三布	五油四布
1	底漆	底漆	底漆
2	沥青涂层	沥青涂层	沥青涂层
3	玻璃布一层	玻璃布一层	玻璃布一层
4	沥青涂层	沥青涂层	沥青涂层
5	玻璃布一层	玻璃布一层	玻璃布一层
6	沥青涂层	沥青涂层	沥青涂层
7	外包保护层	玻璃布一层	玻璃布一层
8		沥青涂层	沥青涂层
9		聚氯乙烯工业薄膜一层	玻璃布一层
10			沥青涂层
11			聚氯乙烯工业薄膜一层
防腐层厚度	共 7 层（≥4.0mm）	共 9 层（≥5.5mm）	共 11 层（≥7.0mm）

表 7-3　埋地钢管环氧煤沥青涂料外防腐层做法

防腐层层数（从金属表面算起）	防腐层种类		
	二油	三油二布	四油二布
1	底漆	底漆	底漆
2	面漆	面漆	面漆
3	面漆	玻璃布	玻璃布
4		面漆	面漆
5		面漆	玻璃布
6			面漆
7			面漆
防腐层厚度	共 3 层（≥0.2mm）	共 5 层（≥0.4mm）	共 7 层（≥0.6mm）

表 7-4　外防腐层质量标准

<table>
<tr><th rowspan="2">材料种类</th><th rowspan="2">构造</th><th colspan="5">检 查 项 目</th></tr>
<tr><th>厚度/mm</th><th>外观</th><th colspan="2">电火花试验</th><th>粘附性</th></tr>
<tr><td rowspan="3">石油沥青涂料</td><td>三油二布</td><td>≥4.0</td><td rowspan="6">涂层均匀，无褶皱、空泡、凝块</td><td>18kV</td><td rowspan="6">用电火花检漏仪检查无打火花现象</td><td rowspan="3">以夹角为 45°～60°、40～50mm 的边切口，从角尖端撕开防腐层；首层沥青层应 100%地粘附在管道的外表面</td></tr>
<tr><td>四油三布</td><td>≥5.5</td><td>22kV</td></tr>
<tr><td>五油四布</td><td>≥7.0</td><td>26kV</td></tr>
<tr><td rowspan="3">环氧煤沥青涂料</td><td>二油</td><td>≥0.2</td><td>2kV</td><td rowspan="3">以小刀割开一舌形切口，用力撕开切口处的防腐层，管道表面仍为漆皮所覆盖，不得露出金属表面</td></tr>
<tr><td>三油二布</td><td>≥0.4</td><td>3kV</td></tr>
<tr><td>四油二布</td><td>≥0.6</td><td>5kV</td></tr>
</table>

沥青麻布防腐层一般做法为两油两布，即两层沥青涂料，两层沥青麻布或沥青纤维布。

沥青涂料的配制是先将85%的石油沥青加热到135～150℃，然后使其冷却到90℃左右，再将1%的石棉粉徐徐加入，随之搅拌均匀即成。

沥青麻布的做法是先将石油沥青加热熔化，然后冷却到70～80℃，再将洁净的麻布或纤维布放进熔液中浸透，取出冷却到50℃左右即缠于管子上。

2. 电化学防腐法

（1）排流法　金属管道受到来自杂散电流的电化学腐蚀，管道发生腐蚀的地方是阳极电位，在此处管道与电源的负极（如变电站负极或钢轨）之间用低电阻导线（即排流线）连接起来，使杂散电流不经过土壤而直接流回电源，即达到防腐目的。此法可分为以下两种类型：

1）直接排流法。当金属管道与变电站负极连接起来进行排流时，其中仅有一个变电站电源，而且电源不可能流入逆电流，两者直接采用排流线连接即可。

2）选择排流法。在排流线上加装一个可以阻止逆电流，只许可正向电流通过的单向选择装置与排流线串联起来。

（2）阴极保护法　由外部施加一部分直流电流给金属管道，由于阴极电流的作用，将金属管道表面上不均匀电位去除，消除腐蚀电位差，以保证金属免受腐蚀。此法可分为如下两种类型：

1）牺牲阳极法。采用比被保护金属管道电位更低的金属材料做阳极，与金属管道连接起来，利用两种金属固有的电位差，产生防蚀电流的防腐方法。

2）外加电流法。通过外部直流电源装置，将必要的防腐电流通过地下水或埋置于水中的电极，流入金属管道的方法。所用直流电源一般是由交流电经过硒整流的过程而变作直流电的。

（二）防止管道内腐蚀的办法

1. 常用的内衬材料及其配合比

（1）水泥砂浆涂衬　其配合比为：水泥∶砂∶水＝1.0∶（1.0～1.5）∶（0.4～0.32）。其中，水泥为强度等级不小于42.5级的硅酸盐水泥、普通硅酸盐水泥或矿渣水泥；砂的级配应根据施工工艺、管径、现场施工条件确定，粒径小于或等于1.2mm，无杂物，含泥量不大于2%。水泥砂浆抗压强度应大于或等于30N/mm^2。

防腐层裂缝宽度小于或等于0.8mm，沿管道纵向长度不应大于管道的周长，且小于或等于2.0m。防腐层厚度允许偏差以及麻点、空窝等表面缺陷的深度应符合表7-5的规定。缺陷面积小于或等于5cm^2/处。

表7-5　水泥砂浆涂衬质量标准　（单位：mm）

管　径	防腐层厚度	防腐层厚度允许偏差	表面缺陷允许深度
≤1000	5～7	±2	2
1000～1800	7～9	±3	3
>1800	>9	+4 −3	4

（2）聚合物改性水泥砂浆涂衬　其配合比如下：

1）强度等级为42.5级普通硅酸盐水泥的量若为100kg。

2）“D505”聚醋酸乙烯乳剂（含固体约50%）为2%～3%（按固体含量）。

3）“850”水溶性有机硅（含甲基硅烷钠盐固体约30%）为1.2%（按固体含量）。

4）粒径为0.5～1.00mm的石英砂约为灰的50%~100%（砂灰比为0.5～1.0）。

5）水灰比为0.32～0.38，视现场气温、材料与施工条件调整。

2. 涂衬操作要点

1）涂衬前，应清洗管内壁铁垢、锈斑、油污、泥砂与沥青涂层等杂物。

2）防腐层可采用机械喷涂、人工抹压、拖筒或离心预制法施工。

3）离心预制法施工时，应准确地计算水泥与砂子用量，拌和配制水泥砂浆，将拌合料均匀倒入管内。启动离心涂管机，速度由慢渐快，保证涂层均匀。

4）人工抹压法施工时，应分层抹压。

5）管道端点或施工中断时，应预留搭槎。

6）防腐层成形后，应立即将管道封堵，终凝后进行湿养护。养护时间视气温决定，一般为7～14d。视气候条件，夏天用草袋覆盖管子洒水养护，冰冻期间须采取防冻措施。

7）当$DN=500\sim1200$mm时，采用聚合物改性水泥砂浆涂层的厚度约为3～4mm为宜，过薄不易达到要求的机械强度，也不易覆盖未除尽的锈斑。涂层表面应尽量保持光洁。

二、钢筋混凝土防腐

近年来一些环境科研、设计及涂料生产单位根据污水处理工艺和腐蚀特点，研制生产的涂料在品种、质量、应用范围方面，基本上解决了污水处理中钢结构的防腐问题。人们对一些工矿装置的废气、废液、废渣和某些工业产品对混凝土的侵蚀有比较清楚的认识，并采取防腐措施，而对于气候环境、土壤及地下水等对混凝土工程，尤其是地下同地表面交接处混凝土基础工程的腐蚀破坏往往还没有足够的重视。如某地炼油厂修建的循环塔钢筋混凝土框架在使用较短年限内平台及梁柱混凝土脱落露筋，地面上500mm高范围内框架柱严重腐蚀，钢筋外露危及上部结构；大量混凝土电杆地面以上500mm范围内腐蚀严重，而一些惯用的防腐方法并不适用于污水或水下防腐要求。

（一）腐蚀原因

最主要的腐蚀介质是酸、碱、盐类等，侵蚀原理和方式各有不同。酸介质首先破坏混凝土保护层进而破坏钢筋钝化膜使钢筋腐蚀；在干湿交替环境中含有盐类介质的水浸入混凝土内部产生结晶而体积膨胀，在内部产生应力，使混凝土逐渐剥落，钢筋外露，造成腐蚀；各种有害介质对钢筋混凝土的腐蚀，主要表现在对结构混凝土和钢筋的腐蚀破坏。

混凝土虽然自身有较强的碱性，对钢筋有一定保护作用，但外部较多的碱介质逐渐侵入后，尤其在潮湿环境中，由于交替作用，混凝土易遭破坏。北方寒冷地区还要设防多次冻融循环的作用，因为冻胀的破坏较其他介质还要严重和危险。酸、碱、盐介质的腐蚀过程不尽相同，但其破坏的最终结果是相似的，都是通过构件表面的微小细孔和裂缝向内渗透并发生作用而生成结晶盐，或使混凝土产生内应力进而使钢筋生锈膨胀、疏松、开裂、降低强度，使结构丧失承载力，遭受破坏。

（二）腐蚀防治措施

1. 提高混凝土自身耐腐蚀性能

1）适当增加钢筋保护层的厚度。施工中，尤其在基础潮湿部分，一定要保证混凝土保护层厚度。如规定混凝土水池底板保护层厚度为35mm，在干湿交替环境中保护层厚度应增加5~10mm；对处于特殊介质环境中的结构，宜将厚度增加15~25mm，并应在表面涂刷保护层，以阻止介质的直接侵蚀，减缓腐蚀速度。

2）增加混凝土的密实度。最主要的是控制水灰比。水灰比小于0.5，以减少水分蒸发后的通道及空隙。每立方米混凝土的水泥用量大于350kg，其碱性随水泥用量的增加而提高，对钢筋起到有效的保护作用。集料采用二级配，砂率大于38%，混凝土的强度高，空隙小，则混凝土中性化速度缓慢。防腐混凝土强度等级一般不应低于C30。

3）适当加入复合外加剂，互相发挥作用，减轻锈蚀。针对氯离子破坏钢筋，可掺入适量的阻锈剂，如亚硝酸盐或重铬酸盐等。如美国开发的石蜡混凝土，在拌合物中加入3%石蜡，硬化养生后采用加热方法使其中蜡熔化充满空隙。用聚丙烯加强的水泥混凝土，其内部空隙小于0.01mm，对冻融和磨耗的抵抗性成倍增长。

4）限制裂缝宽度。混凝土结构的各种裂缝是难以避免的，但采取措施限制表面裂缝宽度对防止侵蚀的作用重大。许多研究资料表明，主要构件裂缝允许宽度以限制在不大于0.2mm为宜。

处于水位变化、多次干湿交替或冻融部位的结构物，宜采用抗硫酸盐水泥、矿渣水泥或矾土水泥，或铝酸三钙含量小于6%的32.5级硅酸盐水泥或普通硅酸盐水泥，以提高结构设计强度等级。根据建筑类型和地下、地上腐蚀类型，选用耐酸或耐碱的集料。其中二氧化硅含量越高则耐酸性能越好，如常用的花岗岩、玄武岩和石英岩等为耐酸性较好的石料；氧化钙、氧化镁含量高则耐碱性能好，如白云石、石灰石和大理石等。设计施工中应提高结构自身的防腐能力。

在恶劣条件下采用电化学保护是有效的方法。对沿海、盐碱严重的地段及海水中的钢筋混凝土结构，采用同介质相接近的阴极保护，其电位范围在-185~-1500mV，外加电流方法一般用不溶阳极（不溶阳极多用镁阳极）。

除此之外，还要加强清除集料中的有害杂质，特别是集料中可溶盐类结晶体等。在施工方法和养护方法上也要加强管理，保证其耐腐蚀质量。防止早期受冻，不得用蒸汽养护。

2. 结构外部采取涂刷包裹防腐

1）涂层防腐。在混凝土结构表面涂刷各种耐腐蚀涂料。常用的如氯碳化聚乙烯防酸盐碱涂料、沥青漆、环氧涂层煤焦油等防腐涂刷材料。

2）板块材贴面防腐。在混凝土结构的防腐蚀部位用耐腐蚀胶泥贴一层耐腐板块。常用板块材有耐酸陶瓷板、花岗岩板、铸石板、耐酸缸砖等；常用粘贴材料有沥青胶泥、沥青砂浆、硫黄胶泥、砂浆及水玻璃胶泥等。

3）卷材贴面防腐。一般基础采用一毡二油或两毡三油防腐，重要工程的外露部位贴2~3层玻璃钢，利用卷材把结构同外部腐蚀土壤或地下水隔离。

4）抹面防腐。在普通混凝土结构表面抹一层耐腐蚀胶泥或砂浆，常用的材料是环氧煤焦油胶泥、树脂胶泥或砂浆等。

三、砖砌体防腐

地处土壤盐碱、干旱和地下水位较高的农场和城镇，砖砌体或砖水池，无论是清水还是混水墙体，腐蚀和粉化的情况都比较严重。粉化脱落的部位多发生在墙基以上的勒脚部位且最为严重，最高范围在600mm以内。被粉化的砖墙呈层层松散状态，而抹面墙皮即胀挠起壳，内存很厚的粉末，稍有振动、触及，粉末即大量脱落。腐蚀较轻的建筑交付使用几年，墙体被粉化得斑点不平，有的交工后几个月就掉皮脱落，外观感觉很差，严重的则危及建筑物的使用寿命和安全。

砖墙腐蚀的主要原因是砖内水泥及水中含有较多的可溶性碱盐，水分的蒸发将这些碱盐溶解并析出。如果是干燥的墙面不会腐蚀粉化。污水、地下水、雨水、地表水及雨雪融化的水，长期不断沿砖墙内毛细孔渗透到墙身内，就会使墙体腐蚀。

（一）墙身防潮的方法

1）防水砂浆作防潮层。用1:2.5~1:3水泥砂浆另加水泥质量占5%的防水粉拌制成防水砂浆，在基础顶面抹30mm厚面层，形成一道与地下水的隔断层。由于防水粉是一种颗粒微小而又不易溶于水的材料，可以堵塞水泥砂浆中的孔隙。

2）用防水砂浆砌防潮层。在基础找平层上用防水砂浆砌筑砖墙，高度应在室内地坪以上60mm，但以3~5皮为宜，采用与砌体同强度等级的砂浆加5%防水粉拌制。砌筑必须砂浆饱满，并在室内侧砖表面抹防水砂浆，厚度不小于20mm，施工操作简单，效果明显。

其他防腐方法同钢筋混凝土结构的防腐。

（二）防腐、防水层做法

砖砌体防水可采用柔性或刚性防水层，也可采取刚柔结合防水措施。

随着科研成果的不断涌现，防腐工艺也将随之改进。只要按质量标准施工，采取严格的防腐措施，大胆采用防腐新工艺、新材料、新技术，就可能将危害建（构）筑物、管线和设备安全运行的腐蚀破坏降低到最低限度。

第八章

环保设备安装

第一节　除尘设备安装

一、除尘设备安装程序

除尘设备安装，应按设计规定，坚持“先安装除尘器、烟气预处理器和通（引）风机，后安装管道、除尘阀门、管道支架和附属设施”的程序，科学组织安装工程。空载试车合格后，再进行涂装和保温工程。

（一）施工组织及人员配备

除尘设备安装单位必须持有相关的安装许可证，安装工作应由熟悉除尘设备安装业务的技术工人来承担。

除尘工艺设计图已经审批和会审，组织安装人员学习和熟悉图样，设计图应当包括：除尘设备（系统）总图（系统图）、平面图、剖面图和重要部件图。设备（系统）中心线、标高的定位，将视为是不可侵犯的，如有变动，必须取得建设单位的同意。

（二）设备、材料及施工机具的准备

安装工作必须有足够的物资保证，应按照施工组织设计中的材料计划及时供应材料和设备，避免出现停工待料的情况。

（三）设备和材料要求

除尘器、烟气预处理器和通（引）风机等技术标准应符合设计要求和有关规定，并附有正规厂家的质量证书等。

除尘管道、除尘阀门、管道支架和附属设施等产品，都应具有生产厂名及厂标，钢号、规格、种类、级别均应符合设计要求和施工验收规范规定，产品应有质量合格证书。

常用的施工机具有以下几种：

（1）吊装设备。设备安装的吊装方法，是依据设备质量、外形尺寸、起重高度、安装工艺和现场条件来综合决策。根据除尘设备的特点，主要吊装设备包括：

1）轮式起重机、履带式起重机。基于轮式起重机、履带式起重机租赁方便、应用灵活和成本适中的特点，适用于大中型除尘设备的整体组合安装和分段组合安装。

2）塔式起重机用于大型除尘设备的整体组合安装和分段组合安装，应提前做好租赁计划。

3）链式起重机也称倒链，是由链条、链轮及差动齿轮等构成的人力起吊工具。链式起重机体积小、质量轻、效率高、操作方便，在安装工程中应用较广。

4）钢丝绳、绳扣和专用吊架等吊具。

（2）气割设备。气割设备包括氧气切割器、氧气瓶、乙炔瓶、氧气减压器、胶皮软管等。

（3）焊接设备。为除尘设备制作与安装最常用的设备，主要包括交流电焊机、直流电焊机、定位焊机等焊接设备与防护设施。

（4）千斤顶和电钻、风铲。

（5）经纬仪、水准仪、水平仪、塔尺、钢卷尺。

（6）各类扳手、锤子、扁铲及钢锯等，这些都是除尘设备安装不可缺少的工具，常用活扳手和梅花扳手。

安装用施工机械和机具的数量，视安装工程类型、规模与复杂程度，由安装单位自行决策。

（四）安装前的检查和验收

除尘设备安装前，还要对进入现场的除尘设备组织点检，也是安装准备的重要组成部分。点检的项目主要有：

1）以分体部件为单元，按安装顺序组织设备点检，核实进场设备的数量、质量及缺损情况。

2）明确设备缺失和损伤原因，提出设备缺损清单，寻求增补途径。

3）查明设备安装图、设备清单、产品说明书和产品合格证，完善安装工程技术准备。必要时，单项设备（配件）应预做空载试验。

4）设备点检过程发现的部件遗失、运输损伤和订货漏项，一并制表汇总上报，分别列表补失，追踪到位。

（五）技术准备

安装单位应熟悉设计文件和设备安装使用说明书等设备出场技术文件。拟定施工方案，编制施工计划和拟定劳动保护及安全技术措施。

（六）基础检查

设备就位前，应检查基础的尺寸与位置，如发现与设计不符，应在安装前设法解决，以便安装工程顺利进行，并对基础的检查验收情况进行记录，由检查人员共同签字。

1）除尘设备基础验收应符合表 8-1 规定。

表 8-1 除尘器基础尺寸和位置的允许偏差

项目		允许偏差/mm
坐标位置（轴线）		±20
不同平面标高		-20
平面外形尺寸		±20
平面的水平度	每米	5
	全长	10
垂直度	每米	5
	全长	10
预埋地脚螺栓	标高（顶端）	±20
	中心距（根部和顶部测量）	±2

（续）

项目		允许偏差/mm
预埋地脚螺栓孔	中心位置	±10
	深度	+20
	孔壁铅垂度每米	10
预埋活动地脚螺栓锚板	标高	+20
	中心位置	±5
	水平度（带槽的锚板）每米	5
	水平度（带螺纹孔的锚板）每米	2

2）除尘设备的定位轴线、基础上柱的定位轴线和标高、地脚螺栓的规格和位置、地脚螺栓紧固应符合设计要求。当设计无要求时，应符合表8-2的规定。

表8-2　除尘设备的定位轴线、基础上柱底标高、地脚螺栓中心偏移的允许偏差

项目	允许偏差/mm
基础上柱的定位轴线	1.0
基础上柱底标高	±2.0
地脚螺栓中心偏移	2.0

3）高层钢结构以基础顶面直接作为柱的支承面，或以基础顶面预埋钢板或支座作为柱的支承面时，其支承面、地脚螺栓位置的允许偏差应符合表8-3的规定。

表8-3　高层钢结构支承面、地脚螺栓位置的允许偏差

项目		允许偏差/mm
预留孔中心偏移		10
支撑面	标高	±3
	水平度	$L/1000$
地脚螺栓	螺栓中心偏移	5.0

注：L为长度或跨度。

（七）除尘设备安装

根据除尘设备工作原理、除尘工艺和结构特性的不同，除尘设备安装方案有很大差异，安装工程施工组织设计的深度和广度也不尽一致。其安装方案分为整体组合安装和分体组合安装两大类。

（1）整体组合安装　整体组合安装包括整机结构的除尘设备一段式安装工程；也包括分体制作、现场组合为整机的除尘设备一段式安装工程。非主体的零星部件、仪表和保温工程，可以现场补装，待整机试车调试时校正。

旋风除尘器、水膜除尘器、冲激式除尘机组、文氏管、袋式除尘机组、静电除尘机组，以及空气加热、冷却设备和通风机等配套设备，推荐整机组合安装方案。

（2）分体组合安装　对于大型除尘设备因机体超限，给设备制作、运输和安装造成不可逾越的困难时，必须采取分体制作与分体组合方案，即分体部件在工厂预制、现场组合、分体安装的多段式组合安装。非主体的零星部件、仪表和保温工程也可以现场补装，待整机试车调试时校正。

大中型袋式除尘器、静电除尘器及其供电机组、大中型烟气脱硫除尘设备、大型冲激式除尘器、烟气除尘预处理设备和大型锅炉引风机等设备，推荐分体组合安装方案。

（八）除尘系统气密性试验和运行调试

除尘系统气密性试验和安装调试是除尘设备安装后期的重要工作。通过除尘系统气密性试验和安装调试，发现设备设计与安装过程存在的缺陷，采取相应的改进措施，提升除尘设备性能，为除尘设备运行与验收提供科学依据。安装调试分为单机试车调整试验、无负荷试车调整试验和负荷试车调整试验。

二、除尘器的整体组合安装

除尘器的整体组合安装，包括产品出厂时就是装配成型的整机，也包括现场分体组合后符合整体组合安装的整机。整体组合安装主要是指除尘设备主体的安装。而部分配件和显示仪表等，可以在主体安装后配装。

以长袋低压脉冲除尘器、静电除尘器为代表的大型除尘器，具有结构复杂、占地多、体积大、质量重的特点，不能整体组合安装，可以分体组合安装。分体组合安装时要求分体部件完整，组合灵活，安装方便，把现场焊接工作量降到最低量。

（一）除尘器安装

（1）整体组合安装　除尘器的安装位置正确，牢固平稳，采用经纬仪、水准仪、直尺、拉线、吊线及尺量检查，允许偏差应符合表8-4规定。

表8-4　除尘器安装允许偏差

序号	项目		允许偏差/mm
1	平面位移		≤10
2	标高		±10
3	垂直度	每米	≤2
		总偏差	≤10

（2）分体组合安装　以骨架式结构、箱形结构为代表的除尘器，实施分体组合安装时，应符合下列规定：

1）柱子安装的允许偏差、钢结构主体结构的整体垂直度和平面弯曲的允许偏差、梁及柱的中心及定位轴线的偏差、主体结构高度的允许偏差等应符合国家的有关规定。

2）高层钢结构中的钢平台、钢梯、栏杆安装应符合国家的有关标准规定。

（3）除尘器活动部件的安装　除尘器活动或转动部件的动作灵活、可靠，并应符合设计要求。

（4）除尘器各类阀的安装　除尘器的排灰阀、卸料阀、排泥阀、供排水阀的安装应严密、方向正确，并便于操作与维护管理。

（5）除尘器进出口方位的安装　除尘器进出口方位无误，标高正确。

（6）静电除尘器安装　静电除尘器安装应符合静电除尘器技术条件和下列规定：

1）阳极板组合后的阳极排平面度允许偏差为5mm，其对角线允许偏差为10mm。

2）阳极小框架组合后主平面的平面度允许偏差为5mm，其对角线允许偏差为10mm。

3）阳极大框架的整体平面度允许偏差为15mm，整体对角线允许偏差为10mm。

4）阳极板高度小于或等于7m的电除尘器，阴、阳极间距允许偏差为5mm；阳极板高度大于7m的电除尘器，阴、阳极间距允许偏差为10mm。

5）振打锤装置的固定应可靠，振打锤的转动应灵活，锤头方向应正确，振打锤头与振打砧之间应保持良好的线接触状态，接触长度应大于锤头厚度的0.7倍。

6）高温电除尘器供热膨胀收容用的柱脚，伸缩器和进出口膨胀节应保证热状态下运行自如，不受限。

7）高温电除尘器试车时，应做好烟气预热，防止石英管（陶瓷管）内部结露而影响供电。

8）电除尘器外壳及阳极，要具有接地保护与防雷保护设施，接地电阻小于10Ω。

（7）袋式除尘器安装　袋除尘器安装应符合袋式除尘器技术条件和下列规定：

1）除尘器外壳应严密、不漏气，滤袋接口牢固。

2）分室反吹袋式除尘器的滤袋安装必须平直，每条滤袋的拉紧力应保持25～35N/m，与滤袋连接接触的短管和袋帽应无飞边和焊瘤。

3）机械回转袋式除尘器的旋臂旋转应灵活、可靠，净气室上部的顶盖应密封不漏气，旋转灵活、可靠、无卡阻现象。

4）脉冲袋式除尘器，推荐长袋低压脉冲除尘器，强力喷吹清灰装置喷出口应对准滤袋口中心或喷吹管中心对准文氏管的中心，同心度允许偏差为2mm。

5）要重视高温烟气结露对袋式除尘器运行的影响，采取切实的技术组织措施，保证袋式除尘器在高于露点20～30℃运行。

（8）冲激式除尘器安装　冲激式除尘器安装应符合冲激式除尘器技术条件和下列规定：

1）严格保持箱体密封与设备水平度，允许偏差在0.1%以内。

2）严格保持S板间隙不超过设计值的±2mm，S形通道风速为25～35m/s。

3）水封高度允许偏差±2mm。

（9）文氏管安装　文氏管的安装应符合文氏管技术条件和下列规定：

1）文氏管与脱水器中心相一致，允许偏差2mm。

2）喷嘴能力应符合设计规定，做到安装方向正确。

（10）其他除尘器的安装　其他除尘器的安装应符合相关技术文件规定。

（二）风管及附件安装

风管、弯头、三通、阀门等附件的安装应符合下列规定：

1）风管及附件安装前，应清除内外杂物，做好清洁与保护工作。

2）风管及其附件的安装位置、标高和走向，应符合设计规定。

3）风管接口的连接应严密、牢固。按设计规定可用焊接或法兰连接。法兰连接可用3mm厚胶垫或橡胶石棉板作密封垫，固定前涂刷密封胶。

4）风管的连接应平直、不扭曲。明装风管水平安装，水平度允许偏差为3/1000，总偏差不应大于20mm。明装风管垂直安装，垂直度允许偏差为2/1000，总偏差不应大于20mm。暗装风管的位置应正确，无明显偏差。

除尘系统风管宜垂直或倾斜敷设，与水平面的夹角宜大于或等于45°；小坡度和水平管应尽量少。

5）风管支、吊架按设计确定。设计无规定时，直径或长边尺寸小于或等于400mm，间距不应大于4m；直径或长边尺寸大于100mm，间距不应大于3m。对于薄钢板法兰管道，其支、吊架间距不应大于3m。

6）各类风阀应安装在便于操作及检修的部位，安装后的手动或电动操作装置应灵活、可靠，阀板关闭应保持严密。

7）除尘系统吸入管段的调节阀宜安装在垂直管段上。

8）风帽安装必须牢固，连接风管与屋面或墙面的交接处不应渗水。

9）排、吸风罩的安装位置应正确，排列整齐，牢固可靠。

10）集中式真空吸尘管道坡度宜为5/1000，坡向立管或吸尘点；吸尘嘴与管道的连接应牢固、严密。

（三）通风机安装

通风机安装应符合下列规定：

（1）一般规定 通风机安装的一般规定有：

1）安装前，做好开箱检查，形成验收文字记录。

2）按装箱清单、设备说明书、产品质量合格证和产品性能检测报告，制定或修订设备安装方案。

3）安装前，做好设备基础检查与验收，合格后方能安装。

（2）质量要求 通风机安装的质量要求有：

1）型号、规格应符合设计规定，进出口方向正确。

2）叶轮旋转应平稳，停转后不应每次停留在一个位置上。

3）固定通风机的地脚螺栓应拧紧，并有防松动措施。

4）空载试车时，无振动和异常声音。

（3）通风机传动装置的安装 通风机传动装置的外露部位，以及直通大气的进出口，必须装设防护罩（网）或采用其他安全设施。

（4）通风机安装的允许偏差 通风机安装的允许偏差如下：

1）通风机安装的允许偏差，用经纬仪、水准仪、直尺、百分表等检查，应符合表8-5规定。叶轮转子与机壳的组装位置正确，叶轮进风口插入通风机机壳进风口或密封圈的深度应符合设备技术条件的规定，或为叶轮外径值的1/1000。

表8-5 通风机安装的允许偏差

序号	项目		允许偏差/mm
1	中心线的平面位移		10
2	标高		±10
3	皮带轮轮宽中心平面位移		1
4	传动轴水平度		横向0.3/1000，纵向0.2/1000
5	联轴器	两轴线倾斜	0.2/1000
		两轴芯径向外移	0.05

2）安装隔振器的地面应平整，各组隔振器承受荷载的压缩量应均匀，高度误差应小

于2mm。

3）安装风机的隔振钢支、吊架，其结构形式和外形尺寸应符合设计或设备技术文件的规定；焊缝应牢固、饱满、均匀。

（四）空气过滤器安装

空气过滤器的安装应符合下列规定：

1）安装平整、牢固、方向正确。过滤器与框架、框架与围护结构之间应严密无穿透缝。

2）框架式或粗效、中效袋式空气过滤器的安装，过滤器四周与框架应均匀压紧，无可见缝隙，并应便于拆卸和更换滤料。

3）卷绕式过滤器的安装，框架应平整，展开的滤料应松紧适中，上下筒体应平行。

（五）消声器安装

消声器的安装应符合下列规定：

1）消声器安装前应保持干净，做到无油和无浮尘。

2）消声器安装的位置、方向应正确，与风管连接应严密，不得有损坏和受潮。两组同类型消声器不宜直接串联。

3）现场安装的组合式消声器，消声组件的排列、方向和位置，应符合设计要求。单个消声器组件的固定应牢固。

4）消声器、消声弯管均应设独立支、吊架。

第二节　除尘设备的运行调试

安装调试分为单机试车调整试验、无负荷试车调整试验和负荷试车调整试验。

一、单机试车调整试验

单机是指具有独立运转功能的设备（系统）。单机试车包括除尘设备主机（本体）和辅机的单体试车。

主机通常指结构复杂的、由多元部件组合而成的静电除尘器、袋式除尘器、湿式除尘器和其他除尘器，以及通（引）风机。

辅机是指为完善主机功能而配套的机械设备，包括：

1）粉尘回收与输出设施，包括星形卸料器、螺旋输送机、埋刮板输送机、圆板拉链输送机、粉体无尘装车机，以及粉尘再利用设备等。

2）静电除尘器的硅整流供电装置、沉淀（阳）极振打装置、电晕（阴）极振打装置、安全供电保护装置（系统）等。

3）袋式除尘器的振打清灰装置、脉冲清灰装置、回转反吹清灰装置等。

4）湿法除尘器的供排水水泵、喷嘴或喷淋设备和污泥处理设备。

5）其他相关设备和显示仪表。

单机试车调试要求：

1）单机试车应在无负荷状态下（必要时切断与除尘系统的连接）考核单机功能。

2）采取实用性手段，科学评价单机安装质量，包括：①安装方式应符合设计规定，满足主机需要；②运行参数（电压、电流、转速）符合设计（额定）规定；③单机运转过程无周期性碰卡等异常声音和连续发热表征；④单机试车不能少于4h；⑤肯定单机设备具备单体运行条件。

单机试车调试记录应当包括单机设备名称，规格与型号，性能指标（电压、电流、转速），运行表现，调试结论，调试人签字及调试日期等。

调试过程应完整、准确地做好调试记录并归入设备安装档案。

二、无负荷试车调整试验

（1）分类　无负荷试车是指除尘设备在除尘系统无负荷（不通尘）状态下的整体空载试车。无负荷试车应在单机试车合格后组织与实施，主要检验除尘设备在除尘系统中运行的连续性、可靠性和协调性。

（2）项目内容　无负荷试车的主要内容有五个方面：

1）设备安装质量检查。试车前，在静止状态下应系统检查除尘设备安装的完整性、方向性，系统连接的可靠性，外观质量的良好性。

2）空载运行。在空载（不通尘）状态下，组织与观察除尘设备的运行工况，主要指主风机的电压、电流、转速和振动性，以及除尘器的风量、阻力、电场特性等专业指标。

3）巡回检查。对除尘器进行巡回检查，主要是观察无负荷试车运行动态，发现问题，及时处理除尘设备安装过程潜在的不确定因素，纠正差错，提升除尘设备完好率。

4）处理缺陷。无负荷试车过程发现的设备缺陷和隐患，应全面记录、认真研究，科学采取修补措施，防患于未然。

5）试车验证。对于无负荷试车中发现的缺陷和隐患，在精心修补和处理后，一定要经过一次或多次试车加以验证，以达到设计指标。

无负荷试车一般不少于8h。

无负荷试车调试记录、整改方案、试车报告，应确认是否达到设计规定指标。试车报告纳入设备安装档案归档。

三、负荷试车调整试验

（1）分类　负荷试车是指在负荷状态下（通入实际工况气体）组织与实施的除尘系统负荷试车，重点考核除尘设备在运行状态下的实际功能。

负荷试车调整试验按其除尘设备输送介质的不同，可分为负荷试车调整预试验（俗称“冷态试验”）和负荷试车调整试验（俗称热态试验）。

负荷试车调整试验一般应在无负荷试车合格的基础上执行。二者也可结合进行。

（2）项目内容

1）负荷试车调整预试验的目的是为防止粉尘对除尘器内部造成污染，给调整试验造成操作困难。它是以常态空气为介质来组织与实施除尘器气体动力特性试验的，通过优化对比，科学研究冷态试验与热态试验的气体动力关系。除尘设备负荷试车调整预试验的项目包括：①按除尘器额定（设计）风量×85%，调整试验确定：抽吸点风量分配平衡；设备阻力；漏风率；主风机运行安全；附属设施同步运行；安全保护设施可靠；除尘效能（排放浓度，除尘效率等)。②按除尘器额定（设计）风量×100%，调整确认上述①各项指标。③按除尘器额定（设计）风量×115%，调整确认上述①各项指标。④按①、②、③各项指标，优化与确定除尘器运行指标。

在上述调整试验基础上，还可以按最大值考核空载运行能力。

2）负荷试车调整试验是以工况气体（含尘气体）为介质，组织与实施除尘器实际运行的气体动力特性试验，其目的在于调整除尘系统，科学组织气体正确流动，使除尘器除尘效能最大化。由于负荷试车调整预试验和负荷试车调整试验的宗旨不同，其负荷试车的项目内容也有所差异。在上述调整试验基础上，结合冷态试验最大值，探讨热态工况的最大工作能力。

(3）测试方法　测试方法按国家标准规定执行：风量测试应用皮托管（配用微型压力计）法；压力用U形压力计（全压）法；漏风率用风量平衡法、碳平衡法；粉尘浓度采用等速采样，重量法检测；除尘效率按进出口粉尘量差值计算确定。

(4）调试结果　调试结束，整理试验数据，撰写调试报告。调试报告应包括：导言，调试目的，调试原则，调试方法，调试数据，讨论、结论和参考文献。

四、气密性试验

为保证除尘器密封性，安装完毕后必须进行气密性试验，试验合格后方可运行。

1. 气密性试验程序

气密性试验程序如图8-1所示。

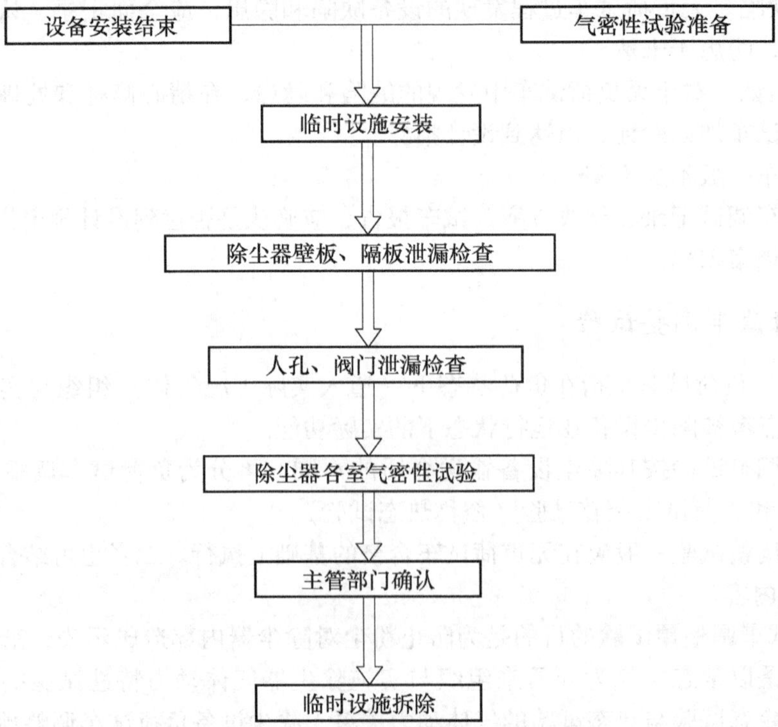

图8-1　除尘器气密性试验程序

2. 气密性试验步骤

除尘器本体内充入一定的压缩空气（一般压力为2000Pa），即可进行初步检漏。

1）利用肥皂水和刷子对所有焊缝进行检查，尤其要注意对壁板和支柱连接处、拐角处应进行仔细检查。

2）发现焊缝漏气，应进行补焊，补焊应在泄压后进行。

3）将肥皂水滴入两片法兰之间，检查是否漏气；若漏气应紧固螺栓，或更换垫片使之严密。

4）对于进风管手动蝶阀、回转切换阀和电动卸灰阀，使用肥皂水检查阀体和阀芯，若泄漏应通知设备制造厂家处理。

5）经确认除尘器壁板、漏斗、管道、阀门、法兰无泄漏时，可进行除尘器各室和整体气密性试验。试验开始每一次充气至5000Pa，然后稳压30min后开始记录初始时间、温度、压力。1h后，再记录结束时间、温度、压力。

6）根据泄漏记录计算各室泄漏率。

第三节　水处理设备安装

一、卧式水泵安装

1）水泵、泵体与电动机、进出口法兰安装允许偏差见表8-6。

表8-6　水泵、泵体与电动机、进出口法兰安装允许偏差

项　　目	允许偏差/(mm/m)				
	水平度	垂直度	中心线偏差	径向间隙	同轴度
水泵与电动机	<0.1	<0.1			
泵体出口法兰与出水管			<5		
泵体出口法兰与进水管			<5		
叶片外缘与壳体				半径方向<规定的40%两侧间隙之和<规定最大值	
泵轴与传动轴					<0.03

2）泵的安装高度必须低于允许值，以免出现“汽蚀”现象或吸不上液体。

3）泵座、进水口、导叶座、出水口、弯管和过墙管等法兰连接部件的相互连接应紧密无隙。

4）填料函与泵轴的间隙在圆周方向应均匀，并压入按产品说明书规定类型和尺寸的填料。

5）油箱内应注入规定的润滑油到标定油位。

各种类型的立式管道增压泵、潜污泵的安装可参考生产商提供的安装与使用说明。

二、风机的安装

（1）离心风机　离心风机的安装允许偏差见表8-7。

表 8-7 离心风机的安装允许偏差

项目	允许偏差			
	水平度/(mm/m)	接触间隙/mm	中心线重合度/mm	轴向间隙/mm
轴承座与底座		<0.1		
轴承座纵、横方向	<0.2			
机壳与转子			<2	
叶轮进风口与机壳进风口接管				$<D_{叶轮}/100$
主轴与轴瓦顶				$d_{轴}$ (1.5/1000~2.5/1000)

(2) 轴流式风机 轴流式风机安装时应满足：

1) 机身纵、横方向的水平度小于0.2mm/m。

2) 轴承与轴颈、叶轮与主体风筒口的接触间隙符合设备技术文件规定。

3) 主体上部、前后风筒与扩散的连接法兰轴向间隙应严密。

(3) 罗茨式和叶氏鼓风机 罗茨式和叶氏鼓风机安装时应满足：

1) 机身纵、横方向的水平度小于0.2mm/m。

2) 转子与转子间、转子与机壳间轴向间隙符合设备技术文件规定。

三、格栅的安装

1) 格栅的安装的定位允许偏差见表8-8。

表 8-8 格栅的安装的定位允许偏差

项目	允许偏差		
格栅安装后位置与设计要求	平面位置偏差/mm	标高/mm	安装要求
格栅安装在混凝土支架	≤20	≤30	连接牢固，垫块数小于3
格栅安装在工字钢支架		<5	工字钢平行度小于2mm，焊接牢固

2) 机械格栅的轨道重合度、轨距、倾斜度等技术要求的允许偏差见表8-9。

表 8-9 机械格栅的轨道重合度、轨距、倾斜度等技术要求的允许偏差

序号	项目	允许偏差
1	轨道实际中心线与安装基线的重合度	≤3mm
2	轨距	±2mm
3	轨道纵向倾斜度	1/1000
4	两根轨道的相对标高	≤5mm
5	行车轨道与格栅片平面的平行度	0.5/1000

3) 格栅安装允许偏差见表8-10。

表 8-10 格栅安装允许偏差

项目	允许偏差					
	角度偏差/(°)	错落偏差/mm	中心线平行度	水平度	不直度	平行度
格栅与格栅井	符合设计要求		<1/1000			
格栅与格栅片组合		<4				

（续）

项　目	允许偏差					
	角度偏差/(°)	错落偏差/mm	中心线平行度	水平度	不直度	平行度
机架				<1/1000		
导轨					<0.5/1000	两导轨间≤3mm
导轨与格栅片组合						≤3mm

四、搅拌设备的安装

1）搅拌设备的安装的允许偏差见表8-11。

表8-11　搅拌设备的安装的允许偏差

搅拌器形式	转速/(r/min)	下端摆动量/mm	桨叶对轴线垂直度/mm
桨式、框式和提升叶轮搅拌器	≤32	≤1.50	为桨板长度的4/1000且≤5
推进式和圆盘平直叶轮搅拌器	>32	≤1.00	连接牢固，垫块数小于3
涡轮式搅拌器	100~400	≤0.75	工字钢平行度小于2mm，焊接牢固

2）介质为有腐蚀性溶液时，轴及桨板宜采用环氧树脂3层、丙纶布2层包涂，以防腐蚀。

五、刮泥机安装

1）刮泥耙刮板下缘与池底距离为50mm，其偏差为±25mm。

2）当销轮直径小于5m时，销轮节圆直径偏差为0.0~2.0mm；销轮轴向圆跳动偏差为5mm；销轮与齿轮中心距偏差为+5.0~+2.5mm。

六、曝气机的安装

1）立式曝气机安装允许偏差见表8-12。

表8-12　立式曝气机安装允许偏差

项　目	允许偏差		
	水　平　度	径向跳动/mm	上下跳动/mm
机座	1/1000		
叶轮与上下罩进水圈		1~5	
导流锥顶		4~8	
整体		3~6	3~8

2）水平式曝气机安装允许偏差见表8-13。

表8-13　水平式曝气机安装允许偏差

项　目	允许偏差		
	水　平　度	前后偏移	同　轴　度
两端轴承座	5/1000	5/1000	
两端轴承中心与减速机输出轴中心同心线			5/1000

七、加药设备的安装

常用的加药设备有浮杯计量设备、重力式投加设备、压力式投加设备等。

（一）药剂投加计量设备

投药计量设备安装注意事项：

1）投药计量设备均属非标产品，所以在安装前应检查设备的尺寸是否符合设计要求；是否用耐腐蚀材料制作。

2）所有连接件必须配合良好，安装牢固。

3）不得有任何杂屑进入投药计量设备内。

4）要注意计量设备的安装方向，防止装反。

（二）重力式投加设备

1）泵混合投加。当采用水泵混合时，混凝剂投加在泵前吸水管或喇叭口处。为了防止空气进入水泵吸水管内，必须在投药管处设置一个装有浮球阀的水封箱。

安装时应注意：加药管道不能有任何泄漏，否则将会导致空气进入水泵。浮球阀必须工作可靠，水泵在运行时浮球阀不得停止补充进水。

调试时应注意：加药管上设有调节阀，调试时，控制吸入流量大致与投药量相当，以防止浮球阀来不及补充相应流量而造成进气。

2）管道混合投加。当采用管道混合时，可将投药设备置于净水构筑物之上，利用重力作用进行投加。

安装时应注意：投药箱的位置必须保证有足够的高度，以满足后续工艺构筑物如澄清池、反应沉淀池及联络管道的水头的需要。这样才能利用药剂箱与净水构筑物的位差进行重力式投加。

（三）压力式投加设备

1. 水射器投加

安装注意事项：水射器工作水压力不应小于0.25MPa；投加点水压力不应大于0.1MPa。为了减少加药管道的结垢，水射器应尽量在投药点附近。当投药量大时，可并联设置若干水射器。

2. 计量泵投加

计量泵多采用耐腐蚀的隔膜式加药泵（双隔膜、单隔膜）或柱塞加药泵。流量调节采用调速和调行程。

安装调试注意事项：

1）加药泵吸口处必须装有有效防止杂质进入泵体的装置，如滤清器（一般情况下，生产商都将滤清器与底阀组合在一起，所以不需另装滤清器）。

2）吸液管路不得出现气囊；吸液扬程不允许大于3m；吸液处最好设置液位恒定装置，以保证加药泵流量不受液位变化的影响。

3）加药泵进出口必须垂直安装；泵体可用膨胀螺栓固定。

4）为保证投药均匀，减缓加药泵流量的波动，应该在出流管上设置阻尼器。

5）为防止投药管道堵塞，引起管内压力升高，使管道和加药泵遭到破坏，在出流管上应设置安全阀。当发生投药管道堵塞，引起管内压力升高时，药液从安全阀排向贮液池。

（四）加药管道及加药点的施工安装

1. 加药管道安装注意事项

1）管道敷设要平直，坡向加药点，应尽量减少弯管；防止管道产生气囊，形成气阻。

2）投加三氯化铁的管道宜采用标准螺口接管，便于清洗被堵塞的管道。

3）设置管沟，便于检修。

2. 加药点的安装

（1）加药点安装位置

1）当加药点位置在吸水喇叭口处时，吸水管路不宜过长，加药管应插入喇叭口中心处。

2）当加药点位置在吸水管上时，应设置水封箱防止空气进入吸水管，加药管必须插入管中心，加药管出口端呈弯势或切口，出口应与水流方向一致，以使药液畅通。

3）当加药点位置在敞开水体时，加药管应直接插入水体中。

4）当加药点位置在原水压力管道上时，加药管出口应与水流方向一致，插入深度应为1/4～1/3处。

（2）安装注意事项　在加药点前，加药管道应安装加注阀（耐腐蚀止回阀），防止原水倒灌流入加药设备；插入加药点的管道可采用法兰、螺纹接口，承插接口，但都应注意便于检修。

第四节　水处理设备调试与运行

一、水处理设备调试与试运行要求

（1）卧式水泵调试和试运转　查阅安装质量记录，各项技术指标符合质量要求。开车连续运转2h，必须达到表8-14所列的要求。

表8-14　水泵调试和试运转要求

序　号	项　目	允许偏差
1	各法兰连接处	无渗漏，无螺栓松动
2	填料函压盖处	松紧适当，应有少量水滴出，卧式水泵温度不应过高
3	电动机电流值	不超过额定值
4	运转状况	无异常声音，平稳，无较大振动
5	轴承温度	滚动轴承<70℃，滑动轴承<60℃，运转温升<35℃

（2）风机　离心式和轴流式通风机连续运转不得少于2h，罗茨式和叶氏鼓风机连续运转不得少于4h。正常运转后调整至公称压力下，电动机的电流不得超过额定值。如无异常现象，将风机调整到最小负荷（罗茨式和叶氏除外）继续运转到规定时间为止。试运转时必须达到下列要求：

1）运转平稳，转子与机壳无摩擦声音。

2）径向振幅。如技术文件无具体规定，可按表8-15规定执行。

表 8-15 风机运转径向振幅

转速/(r/min)	≤375	375~500	500~600	600~750	750~1000	1000~1450	1450~3000	>3000
振幅/mm	0.20	0.18	0.16	0.13	0.10	0.08	0.05	0.03

3）轴承温度、油路和水路的运转要求见表 8-16。

表 8-16 风机轴承温度、油路和水路的运转要求

项目	检查结果
油路和水路	无渗漏
轴承温度	滑动轴承：最高温升 <35℃，最高温度 <70℃
	滚动轴承：最高温升 <40℃，最高温度 <80℃

（3）格栅　调整和试运转要求见表 8-17。

表 8-17 格栅调整和试运转要求

序号	项目	检查结果
1	左右钢丝绳或链条与齿耙动作	同步，齿耙运行时水平，齿耙与格栅片啮合脱开与差动机构动作协调
2	齿耙与格栅片	啮合时齿耙与格栅片啮合间隙均匀，3~5mm，齿耙与格栅水平，不得碰撞
3	各限位开关	动作及时，安全可靠，不能有卡住现象
4	导轨与两侧抢攀	间隙 5mm 左右，运行时导轨不可抖动
5	滚轮与导向滑槽	两侧滚轮同时滚动，至少保持 2 只滚轮在滚动
6	机械格栅的进退机构（小车）	与齿耙动作协调
7	钢丝绳	在绳轮中位置正确，不应有缠绕跳槽现象
8	齿轮	主、从动链轮中心面应在同一平面上，不重合度不大于两轮中心距的 1/2000
9	试运行	手动或自动操作，全程动作准确无误，无抖动、卡阻现象

（4）搅拌设备和刮泥机　搅拌设备安装后，必须用水作介质进行试运行和用工作介质试运行。这两种试运行都必须在容器内装满三分之二以上容积的介质。试运转中设备应运行平稳，无异常振动和噪声。以水作介质的试运转时间不得少于 2h；以工作介质的试运转对小型搅拌机为 4h，其余不少于 24h。

刮泥机试运行时设备运行平稳，无异常啮合杂音。试运行时间不得少于 2h，带负荷试运行时，其转速、功率应符合有关技术条件。

二、水处理设备运行维护及注意事项

设备选型、安装完毕后，即投入运行维护阶段。设备的运行维护好坏直接影响到水处理设备的效率和使用寿命。如沉淀池刮泥运行不当则影响沉淀效果；又如在腐蚀性废水中，设备维护不当则直接加重设备的老化腐蚀，缩短设备使用寿命。因而对水处理设备及水处理系统的维护是其正常运转的重要环节之一。

设备运行维护一般要求如下：

1）每次启动设备前，作常规的清扫、检查。

2）及时清扫各构筑物的杂物，防止有害物质进入设备而损坏设备。

3）严格按水处理设备的操作说明书进行操作运转，严禁设备空载或超负荷运行。

4）风机、水泵等动力设备在启动前必须确认其相应管道畅通，旋转方向正确。

5）定期作好设备的检修并及时更换润滑油及易损零部件等。

6）药剂贮存器应及时放空清洗。

7）根据工艺需求，及时调整设备的运行参数。

8）做好防锈防腐工作。

9）做好运行维修记录。

10）做好易损零件的份额配备工作。

三、水泵运行常见故障处理

水泵运行中出现故障后一般应停止水泵运行，找出故障原因，排除故障后再行运转。防止故障首先应按照设计及设备技术书的要求安装施工，保证管路连接紧密，保证有足够的水量，保证水泵安装高度符合要求，保证管路阀件等不出现堵塞等。

水泵运行常见故障原因及排除措施见表8-18。

表8-18　水泵运行常见故障原因及排除措施

故障表现	原　因	排除措施
启动后水泵不出水或出水不足	1. 泵壳内有空气，灌泵工作没做好 2. 吸水管路及填料有漏气 3. 水泵转向不对 4. 水泵转速太低 5. 叶轮进水口及流道堵塞 6. 底阀堵塞或关闭不严 7. 吸水井水位下降或水泵安装高度太高 8. 水面产生漩涡，空气带入泵内 9. 水封管堵塞 10. 水泵扬程低于实际需要扬程 11. 出水阀门或止回阀未开或未全开	1. 继续灌水或抽气 2. 堵塞漏气，适当压紧填料 3. 对换一对接线，改变转向 4. 检查电路，是否电压太低 5. 揭开泵盖，清除杂物 6. 清除杂物或修理 7. 核算吸水高度，降低安装高度 8. 加大吸水口淹没深度或采取防止措施 9. 拆下清通 10. 进行改造或换泵 11. 检查出水阀门、止回阀
水泵机组振动和噪声	1. 地脚螺栓松动或没填实 2. 联轴器不同心或泵轴弯曲 3. 水泵产生汽蚀 4. 轴承损坏或磨损 5. 基础松软 6. 泵内有严重摩擦 7. 出水管存留空气	1. 拧紧并填实地脚螺栓 2. 找正联轴器不同心度，校直或换轴 3. 降低吸水高度，减少水头损失 4. 更换轴承 5. 加固基础 6. 检查咬住部位 7. 在存留空气处，加装排气阀
电动机过载	1. 转速高于额定转速 2. 水泵流量过大，扬程低 3. 电动机或水泵发生机械损坏 4. 泵内混入异物	1. 检查电路及电动机 2. 关小闸阀 3. 检查泵壳与水泵叶轮间隙、填料、泵轴、轴承是否正常 4. 拆泵除去异物

（续）

故障表现	原因	排除措施
填料处发热、漏渗水过少或没有	1. 填料压得太紧 2. 填料环装的位置不对 3. 水封管堵塞，冷却水不足 4. 填料盒与轴不同心	1. 调整松紧度，使滴水呈滴状连续渗出 2. 调整填料环位置，使它正好对准水封管口 3. 疏通水封管 4. 检修，改正不同心的地方
水泵运行中突然出现停止出水	1. 进水管路突然被杂物堵塞 2. 叶轮被吸入杂物打坏 3. 进水管口吸入大量空气	1. 清除杂物 2. 更换叶轮 3. 排除空气

第五节　仪器仪表及自动控制系统的安装与调试

一、液位计

液位计的安装位置，应选在变化灵敏，且不使检测元件受到物料冲击的地方。内浮筒液位计及浮球液位计采用导向管或其他导向装置时，导向管或导向装置必须垂直安装，并应保证导向管内液流畅通。浮子式液位计的安装应确保浮子在全量程范围内自由活动。安装应使浮筒呈垂直状态。其安装高度宜使仪表全量程的1/2处为正常液位。

插入式液位计传感器应用刚性且耐腐蚀的管材加以保护。保护管应固定在池中，保护管的底部200mm范围内应钻ϕ8mm的孔若干，保证保护管内与水池相通。

超声波液位计应安装在最高液面以上，其探头的安装高度应适当地高于盲区。在其半径500mm内向下至液面不得有任何障碍物（包括池壁），防止障碍物反射声波干扰测量数据。

测量腐蚀性液体，必须采用防腐型超声波液位计。安装时应特别注意接线端子出线口的严密防腐，不能疏漏。

液位测量仪表的调校采用模拟法或实物标定法，液位测量仪表投入运行前应进行常规性检查与调校，使之符合技术要求。

二、温度计

温度计安装中应减少测温元件与外界的热交换，如减少接触式温度计保护管的导热损失。在测量气体温度时，应减小测温元件与管道内壁或装置内壁的辐射换热。

安装注意事项：

1）温度计的感温包必须全部浸入被测介质中，毛细管的敷设应有保护措施，其弯曲半径不应小于50mm，周围温度变化剧烈时应采取隔热措施。

2）表面温度计的感温面应与被测表面紧密接触，固定牢固。

3）在直管段上应尽量垂直安装。在直径较小或管道拐弯处宜逆着介质流向安装。

4）在小直径管道上安装测温元件时，应加设扩大管，将工艺管道的直径扩大到需要的大小。

5）温度取源部件应安装在温度变化灵敏和具有代表性的位置上。不能安装在阻力部件附近、流束死角处，以及介质流动缓慢、热交换差的地方。

6）感温元件以插到工艺管道内介质流束的中心区域为宜。

7）对于充液体的压力式温度计，应使测温包与指示仪表尽量处于一个水平面上，以减少由于静压引起的误差。

8）热电偶的安装位置应尽量离开强磁场。

测温仪表在安装前或投入运行前应进行常规检查与检验，热电偶的校验通常采用比较法。

三、流量仪

流量测量仪表有取压安装和管道安装两种方式。

1）取压安装确保节流件开孔与管道同心，节流件端面与管道轴线垂直。

2）孔板和喷嘴的安装应符合下列规定：

①孔板或喷嘴安装前应进行外观检查，孔板的入口和喷嘴的出口边缘应无毛刺和圆角，并按 GB/T 2624.2—2006《用安装在圆形截面管道中的压差装置测量满管流体流量　第 2 部分：孔板》的规定复检其加工尺寸；②安装前进行清洗时不应损伤节流件；③孔板的锐边或喷嘴的曲面侧应迎着被测介质的流向；④在水平和倾斜的工艺管道上安装的孔板或喷嘴，若有排泄孔时，排泄孔的位置对于液体介质应在工艺管道的正上方，对于气体及蒸汽介质应在工艺管道的正下方；⑤孔板或喷嘴与工艺管道的同轴度及垂直度应符合规定；⑥环室上有“+”的一侧应在被测介质流向的上游侧，当用箭头标明流向时，箭头的指向应与被测介质的流向一致；⑦垫片的内径不应小于工艺管道的内径。

3）差压计或差压变送器正、负压室与测量管路的连接必须正确。

4）转子流量计的安装应呈垂直状态，下游侧直管段的长度不宜小于 5 倍工艺管道内径，其前后的工艺管道应固定牢固。

5）靶式流量计靶的中心应在工艺管道的轴线上。

6）涡流流量计的前置放大器与变送器间的距离不宜大于 3m。

7）电磁流量计的安装应符合下列规定：

①流量计、被测介质及工艺管道三者之间连成等电位，并应接地，接地电阻应小于 10Ω；②在垂直的工艺管道上安装时，被测介质的流向应自下而上，在水平和倾斜的工艺管道上安装时，两个测量电极不应在工艺管道的正上方和正下方位置；③口径大于 300mm 时，应有专用的支架支撑；④周围有强磁场时，应采取防干扰措施。

8）椭圆齿轮流量计的刻度盘应处于垂直平面内。

9）直装式大口径流量仪表一般都安装在地下，因此需设置仪表井。仪表井可采用钢筋混凝土结构，不应有任何泄漏。室外的仪表井还需加盖，并应防止雨水或其他水流从盖口流入井内。

四、压力仪

压力测量仪表的安装注意事项：

1）测量低压的压力表或变送器的安装高度，宜与取压点的高度一致。

2）就地安装的压力表不应固定在振动较大的工艺设备或管道上。

3）测量高压的压力表安装在操作岗位附近时，宜距地面 1.8m 以上，或在仪表正面加保护罩。

4）对气体压力测量，应能使气体中的少量冷凝液流回工艺管道，对液体压力测量，应能使液体内析出的少量气体流回工艺管道。

5）在靠近压力计处，一般应装设 U 形管或盘形管，对高黏度介质或有特殊要求的应设置隔离容器。

采用标准仪表比较法或标准砝码比较法对压力测量仪表进行校验和调试。

五、自控仪表安装

自控仪表安装一般规定：

1）就地安装仪表的安装位置，应符合下列规定：①光线充足，操作和维修方便；不宜安装在振动、潮湿、易受机械损伤、有强磁场干扰、高温、温度变化剧烈和有腐蚀性气体的地方。②仪表的中心距地面的高度宜为 1.2～1.5m。就地安装的显示仪表应安装在手动操作阀门时便于观察仪表指示值的位置。

2）仪表安装前应外观完整、附件齐全，并按设计规定检查其型号、规格及材质。

3）仪表安装时不应敲击及振动，安装后应牢固、平正。

4）设计规定需要脱脂的仪表，应经脱脂检查合格后方可安装。

5）直接安装在工艺管道上的仪表，宜在工艺管道吹扫后压力试验前安装，当必须与工艺管道同时安装时，在工艺管道吹扫时应将仪表拆下。仪表外壳上箭头的指向应与被测介质的流向一致。仪表与工艺管道连接时，仪表上法兰的轴线应与工艺管道轴线一致，固定时应使受力均匀。

6）直接安装在工艺设备或管道上的仪表安装完毕，应随同工艺系统一起进行压力试验。

7）仪表及电气设备上接线盒和引入口不应朝上，以避免油、水及灰尘进入盒内，当不可避免时，应采取密封措施。

8）仪表和电气设备标志牌上的文字及端子编号等，应书写正确、清楚。

六、自动控制系统的调试

（1）自动控制设备调试　调试前应对照自动控制设计和设备要求检查安装是否正确；检查各控制点至控制单元的接线是否正确；检查电源接线、电压等是否符合要求。上述检查完毕后进行通电测试，模拟各控制点、测量点输入信号，独立检查控制单元是否有正确指示；然后在各控制点、测量点处模拟输入的信号，检查控制单元是否有正确指示。模拟发出的控制信号，检查各控制点、执行器的状态是否正常；然后从控制单元发出控制信号，进行输出信号和测试软件的检查。

（2）自动控制系统软件的调试　调试前应充分熟悉自动控制系统的控制方案及实现的功能要求，以便在调试的过程中作出正确判断和进行问题的处理。还应熟悉软件结构，确定软件调试方案。系统软件调试必须在所有硬件设备调试完毕的基础上进行。

首先进行子系统调试。它是指单个控制站的软件或几个相关控制站的软件调试。单个控制站的软件调试只需将各输入信号根据控制方案送入，检测控制器输出结果，调试至正确输出即可。几个相关控制站的软件调试必须在单个控制站的软件调试完成后进行，将相关控制站相连，按单个控制站的调试方法进行调试，直到结果正确为止。

最后进行总体调试，它是在所有子系统调试完成的基础上进行的。先开通所有子控制站，在控制中心按总体控制方案和要求逐项进行调试。对于那些在正常状态下不允许出现的情况下自动控制方案的调试，应重新编制调试软件进行辅助模拟调试。总体控制方案全部进行调试，并达到了要求，总体软件调试才算完成。

第九章

水处理构筑物施工

第一节　水处理构筑物分类与施工方法

一、水处理构筑物分类

水处理构筑物可有不同的分类方法，一般按平面形状、结构及材料、有盖无盖和底板形式等进行分类，见表9-1。

表9-1　水处理构筑物分类

水池分类		常用构筑物名称
按平面形状	圆形	清水池、调节池、竖流式沉淀池、辐流式沉淀池、消化池、混合井
	同心圆形	虹吸滤池、脉冲澄清池、悬浮澄清池
	矩形	沉淀池、曝气池、调节池、滤池、反应池、气浮池、混合井、溶药池
按结构及材料	现浇钢筋混凝土水池	大、中型永久性水池：调节池、沉淀池、滤池、曝气池、反应池、气浮池、消化池、溶液池、溶药池
	预应力混凝土水池	大型圆形、方形清水池和蓄水池
	砖（石）砌水池	小型临时性水池；蓄水池、沉淀池
	钢制水池	小型、工业化生产的水池，一体化水处理构筑物
按有盖无盖	敞口水池	预沉池、澄清池、反应池、沉淀池、滤池、曝气池、气浮池
	有盖水池	吸水井、集水井、溶液池、清水池、蓄水池、调节池、消化池、吸水井
按底板形式	平板式	配水井、吸水井、滤池、反应池、沉淀池、曝气池、一沉池、调节池
	无梁楼盖式	清水池、调节池
	有梁板式	清水池、调节池
	旋转壳体式（锥体、穹体）	澄清池、辐流式沉淀池、竖流式沉淀池、消化池
	组合底式	清水池、澄清池

二、水处理构筑物施工方法及选择

水处理构筑物按其构筑物类型、结构形式和使用材料的不同可采用不同的施工方法。常用的施工方法及选择见表9-2。

表9-2　水处理构筑物常用的施工方法及选择

结构分类	适用水池种类	常用施工方法
现浇钢筋混凝土水池	大、中型给水排水工程中的永久性水池：蓄水池、调节池、滤池、沉淀池、反应池、曝气池、气浮池、消化池、溶液池等	现浇钢筋混凝土施工
装配式预应力混凝土水池	大型圆形、方形清水池和蓄水池	装配式施工后张预应力施工
砌石砌体水池	小型或临时性给水排水工程 水池：蓄水池、沉淀池、滤池等	砌砖施工 砌石施工
无粘结预应力钢筋混凝土水池	大、中型永久性水池，消化池等	无粘结预应力施工

具体钢筋混凝土施工方法及技术参见第五章相关内容。本章只介绍水处理构筑物施工中的特殊点。

第二节　现浇及装配式钢筋混凝土水池

一、水池模板种类

水池常用模板可分为五类，见表9-3。

表9-3　常用模板分类

按材料分类	用　　途	优缺点
木模	主要用于现浇钢筋混凝土结构和现场预制构件	使用方便，适用于一切模板工程，但木模不能多次重复使用，成本较高
钢模		可重复使用多次，装拆方便，成本较低
土模	钢筋混凝土结构的埋地部分，如锥形池底、水塔壳形基础等	方便，成本低，要求地基的土质稳定
装拼模板	适用于大型垂直型钢筋混凝土结构的施工	安装方便，模板能多次重复使用（钢模）
滑升式模板	适用于垂直型钢筋混凝土结构，如水塔、冷却塔、蓄水池等	可以最合理地重复利用模板

二、穿池壁管件的防水处理

（一）预埋件和穿壁螺栓

预埋件和穿壁螺栓的防水做法见表9-4。

表 9-4 预埋件和穿壁螺栓的防水做法

图示		做法要点
预埋件	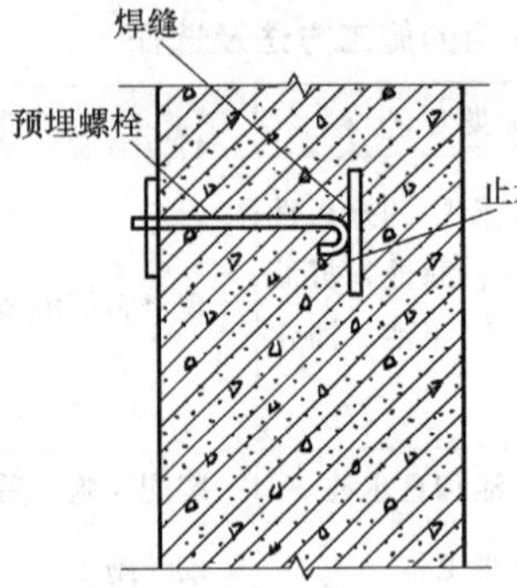	1. 预埋件上焊一块止水钢板 2. 施工时注意将预埋件及止水钢板周围的混凝土浇捣密实，保证质量 3. 预埋件较多较密时，可采用多个预埋件共用一块止水钢板的做法
穿壁螺栓		1. 如固定模板用的螺栓必须穿过防水混凝土结构时，应采取止水措施。一般采用在螺栓或套管上加焊止水环，止水环必须满焊，环数应符合设计要求 2. 固定设备用的锚栓等预埋件，应在浇筑混凝土前埋入。如必须在混凝土中预留锚孔时，预留孔底部须保留至少 150mm 厚的混凝土 3. 当预留孔底部的厚度小于 150mm 时，应采取局部加固措施

（二）穿越池壁、池底管的做法

穿越池壁、池底管的常用做法见表 9-5。

表 9-5 穿越池壁、池底管的常用做法

图示		做法要点
防水套管施工	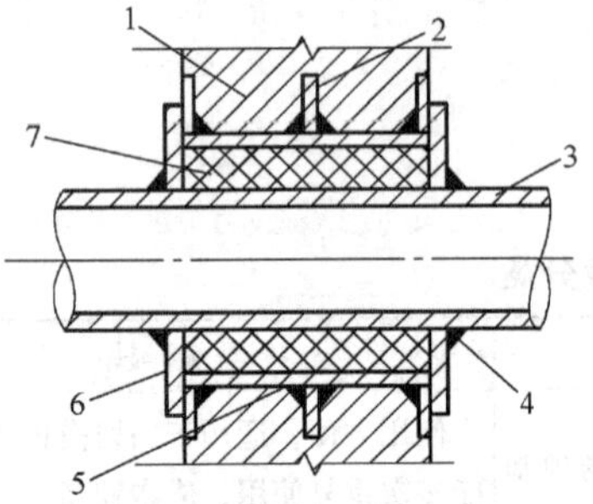	1. 预埋套管应加止水环，钢套管外的止水环应满焊严密 2. 池壁混凝土浇筑到套管下面 20 ~ 30mm 时，将套管下混凝土捣实、振平 3. 对套管两侧呈三角形均匀、对称地浇筑混凝土，此时振捣棒要倾斜，并辅以人工插捣，此处一定要捣密实 4. 将混凝土继续填平至套管上皮 30 ~ 50mm，不得在套管穿越池壁处停工或接头 5. 管道穿越预埋套管后，用石棉水泥以打口形式或膨胀水泥等封闭充填其空间
管道直埋施工	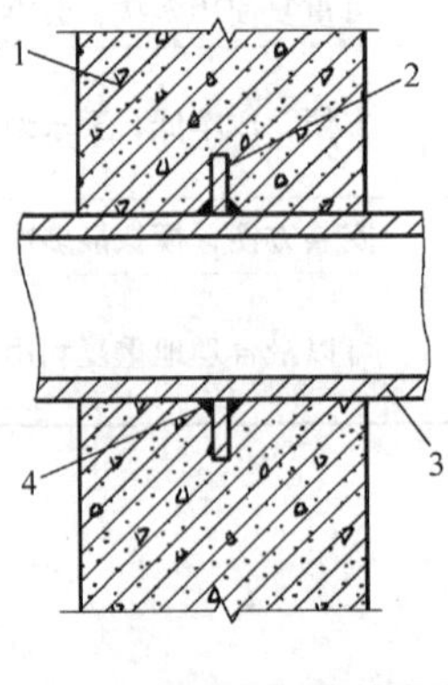	1. 混凝土浇捣过程及注意事项同防水套管施工 2. 管道的位置、高程及管道的角度要求相当精确，因为固埋后没有活动的余地

（续）

图示		做法要点
预留孔洞后装管施工	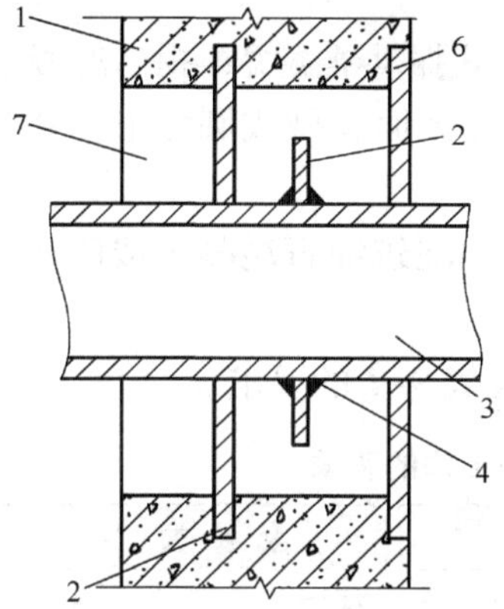	1. 施工时，在管道通过位置留出带有止水环的孔洞 2. 在孔洞里装管道方法 （1）石棉水泥打口方法：像管道接口一样，首先用油麻缠绕在管道上，打入孔洞内，打实后用石棉水泥填塞，然后打口。注意孔洞不宜留得过大 （2）将管道焊上止水环后，放入孔洞内从两面浇筑混凝土，并捣实
油毡防水层	—	1. 将双面焊有螺栓的短管套管浇筑在混凝土池壁内 2. 在池壁一侧用短管上的螺栓和夹板将数层油毡纸固定于池壁边，然后用水泥砂浆做一层保护层

注：1—池壁；2—止水环；3—管道；4—焊缝；5—套管；6—钢板；7—填料。

（三）水池变形缝的处理

混凝土底板和顶板，应连续浇筑，不得留置施工缝。当设计有变形缝时，宜按变形缝分仓浇筑。

（1）伸缩缝　地下式或设有保温措施的构筑物和管段，由于施工条件因素，外露时间较长时，宜按露天条件设置伸缩缝。伸缩缝宜做成贯通式，将基础断开，缝宽不宜小于2cm。矩形水池伸缩缝间距可参考表9-6。

表9-6　矩形水池伸缩缝间距参考　（单位：m）

结构类型			岩基		土基	
			露天	地下式或有保温措施	露天	地下式或有保温措施
砌体	砖		30		40	
	石		10		15	
现浇混凝土		5	8		15	
钢筋混凝土	装配整体式	20	30		40	
	现浇	15	20		30	

（2）沉降缝　当构筑物或管道的地基土有显著变化或构筑物的竖向布置高差较大时，应设置沉降缝。沉降缝应在构筑物或管道的同一剖面上贯通，缝宽不应小于3cm。

为保护变形缝缝板和止水带不被损坏，在变形缝的外侧（混凝土外表面3cm的沟槽）填以嵌缝材料——嵌缝胶。

嵌缝胶应是不透水的粘性材料。在变形缝内，与混凝土有良好的附着力，形成密封。在结构混凝土完全干燥的条件下，按照嵌缝材料说明书的要求进行操作。

三、装配式钢筋混凝土水池

（1）预制构件的制作

1）水池壁板可在预制场或现场平面浇筑，用平板式振动器振捣，提高混凝土的密实度。

2）厚度不应小于120mm，两侧应做齿槽，壁板外表面宜做成圆弧形。壁板可采用木模制作，采用无机脱模剂。

3）壁板间的接缝宽度不宜超过板宽的1/10，缝内浇筑细石混凝土或膨胀性混凝土，其强度应比壁板混凝土提高一级。

（2）构件的安装　构件的安装及准备工作应符合表9-7的要求。

表9-7　构件的安装及准备工作的要求

项目			要求
准备工作		杯槽、杯口	1. 将槽两侧凿毛、清理干净 2. 测好杯底标高，不平处凿除
		杯槽上口弹出壁板安放线	根据设计及预制壁板尺寸进行排列
		每块壁板	两侧凿毛
吊装	准备工作	构件吊装混凝土强度	≥70%设计强度
		构件堆放	1. 就近堆放，堆放场地平整夯实，有排水设施 2. 堆放应按设计受力条件支垫并保持稳定 3. 构件上的标志和吊环应向外
		构件检查	1. 复查合格后方可使用；有裂缝的构件应进行鉴定 2. 柱、梁、壁板应标注中心线
顺序		池内	柱（校正）—灌杯口— 曲梁（焊接）—扇形板
		池壁	壁板（校正固定）—杯槽、杯口—最外一圈扇形板（内侧部分）
安装		构件安装就位后	应采取临时固定措施，曲梁应在梁的跨中临时支撑，待上部二期混凝土达到设计强度的70%以上时，方可拆除支撑
		安装的构件	必须在轴线位置及高程进行校正后焊接或浇筑接头混凝土

（3）接缝施工　装配式水池的壁板与底板及壁板之间的连接属于接缝施工。壁板与池底间的连接多采用杯槽、杯口浇捣混凝土的形式。壁板间接缝形式主要有无搭接钢筋接缝和有搭接钢筋接缝两种。

四、装配式预应力混凝土水池

通常情况下，预应力钢筋混凝土水池多采用装配式，施工方法采用绕丝法、电热张拉法和径向张拉法。各种施工方法的特点见表9-8。

表9-8　各种施工方法的特点

施工方法	特点
绕丝法	施工速度快、质量好，但需专用设备
电热张拉法	设备简单，操作方便，施工速度快，质量较好
径向张拉法	工具设备简单，操作方便，施工费较绕丝法、电热张拉法低12%～23%

第三节　砌体构筑物施工

一、砖砌体水池

（一）砌筑施工

1）砌筑前，应先将砖表面上的污物清除，并浇水湿润、浇透。

2）砖砌池壁时，宜采用五顺一丁或三顺一丁的砌法，顺砖的搭接长度不宜小于10cm。砌体各砖层间应上下错缝，内外搭砌，灰缝均匀一致。水平灰缝厚度和竖向灰缝宽度要控制在8～12mm之间，以10mm为宜。圆形池壁，里口灰缝宽度不应小于5mm。内外墙的灰缝必须随砌随勾。勾入墙面内5mm，但不超过10mm。

3）砌砖时砂浆应满铺满挤，挤出的砂浆应随时刮平，严禁用水冲浆灌缝，严禁用敲击砌体的方法纠偏。砌体砌好后，应用湿草袋覆盖养护，养护时间不少于7d。

4）砌体中如配制构造钢筋时，宜环向均匀地放置在砖砌体上，钢筋表面应铺2～3mm厚的砂浆层。钢筋搭接长度应不小于24cm。同一层几根钢筋的接头应互相错开。若有竖向配筋，应置于竖向砖缝处。

5）砖壁上不得留脚手洞，所有预埋件、预留孔均应在砌筑时一次做好。

6）预埋管应有防渗措施，可以在预埋管周围浇捣混凝土，混凝土强度等级宜为C30，其管外浇筑厚度不应小于10cm。

7）砖壁砌筑过程中，必须顺着圆周和线杆一皮一皮往上砌筑，并经常用中心桩和导线板检查圆周和垂直的准确程度。不得采用踏步式及马牙接头砌筑方法。

8）砖砌水池不宜在冬期施工。

（二）池壁与底板的结合

1）在底板混凝土初凝之前，沿砖壁位置按设计要求，将底板表面拉毛，同时铺砌一层湿润的砖，嵌入深度2～3cm，并用1:2水泥砂浆灌缝。

2）再砌几层砖作为环梁的砖模，随即将环梁混凝土浇筑完毕。

（三）砖壁抹灰要点

1）内壁抹灰前两天应将墙面扫清，用水刷洗干净，并用铁皮将所有灰缝刮一下，要求凹进1～1.5cm。

2）采用32.5级普通水泥配制水泥砂浆，配合比为1:2，必须称量准确，可掺适量防水粉，拌和要均匀。

3）在抹第一层底层砂浆时，应用铁板用力将砂浆挤入砖缝内，增加砂浆与砖壁的粘结力。底层灰不宜太厚，一般在5～10mm。第二层将墙面找平，厚度为5～12mm。第三层面层进行压光，厚度为2～3mm。

4）砖壁与钢筋混凝土底板结合处，要特别注意操作，加强转角处抹灰厚度，使之呈圆角，防止渗漏。

（四）施工质量控制

砖砌体水池施工允许偏差见表9-9。

表 9-9 砖砌体水池施工允许偏差

项目		允许偏差
轴线位置（池壁、隔墙、柱）		10mm
高程（池壁、隔墙、柱的顶面）		±15mm
平面尺寸（池体长、宽或直径）	$L<20\text{m}$	±20mm
	$20\text{m}<L<50\text{m}$	$\pm L/1000$
垂直度（池壁、隔墙、柱）	$H\leqslant 5\text{m}$	8mm
	$H>5\text{m}$	$1.5H/1000$
表面平整度（用2m直尺检查）	清水	5mm
	浊水	8mm
中心位置	预埋件、预埋管	5mm
	预留洞	10mm

注：1. L为池体长、宽或直径。
2. H为池壁、隔墙或柱的高度。

二、料石砌体水池

（一）池壁的砌筑

池壁的砌筑应分层卧砌，上下错缝，丁顺搭砌。水平缝宜采用坐灰法，竖向缝宜采用灌浆法。水平灰缝厚度宜为10mm。竖向灰缝厚度：细料石、半细料石不宜大于10mm，粗料石不宜大于20mm。

纠正料石砌筑位置时，应将料石提起，刮除灰浆后再砌，防止碰动邻近料石，严禁用撬移和敲击纠偏。

（二）料石砌体勾缝的要求

1）勾缝前，应将砌体表面粘结的灰浆、泥污清扫干净，并洒水湿润。

2）勾缝砂浆宜采用细砂拌制的1∶1.5水泥砂浆。

3）勾缝深度宜为3～4cm，分2～3层填入，分层抹压密实。

（三）池壁抹灰要点

1）内壁抹灰前两天应将墙面清刷干净，并用铁皮将所有的灰缝刮一下，要求凹进1～1.5cm。

2）采用32.5级普通水泥配制水泥砂浆，配合比为1∶2，可掺适量的防水粉，搅拌要均匀。

3）在抹第一层底层砂浆时，应用铁板用力将砂浆挤入砖缝内，增加砂浆与砖壁的粘结力。底层灰不宜太厚，一般在5～10mm。第二层将墙面找平，厚度为5～12mm。第三层面层进行压光，厚度为2～3mm。

4）砖壁与钢筋混凝土底板结合处，要特别注意操作，加强转角处抹灰厚度，使之呈圆角，防止渗漏。

5）外壁抹灰可采用1∶3水泥砂浆一般操作法。

（四）施工质量控制

料石砌体水池施工允许偏差见表9-10。

表 9-10　料石砌体水池施工允许偏差

<table>
<tr><th colspan="2">项　　目</th><th>允许偏差</th></tr>
<tr><td colspan="2">轴线位置（池壁）</td><td>10mm</td></tr>
<tr><td colspan="2">高程（池壁顶面）</td><td>±15mm</td></tr>
<tr><td rowspan="2">平面尺寸（池体长、宽或直径）</td><td>$L\leqslant 20$m</td><td>±20mm</td></tr>
<tr><td>20m＜$L\leqslant 50$m</td><td>±L/1000</td></tr>
<tr><td colspan="2">砌体厚度</td><td>+10mm，-5mm</td></tr>
<tr><td rowspan="2">垂直度（池壁）</td><td>$H\leqslant 5$m</td><td>10mm</td></tr>
<tr><td>$H>5$m</td><td>2H/1000</td></tr>
<tr><td rowspan="2">表面平整度（用2m直尺检查）</td><td>清水</td><td>10mm</td></tr>
<tr><td>浊水</td><td>15mm</td></tr>
<tr><td rowspan="2">中心位置</td><td>预埋件、预埋管</td><td>5mm</td></tr>
<tr><td>预留洞</td><td>10mm</td></tr>
</table>

注：1. L为池体长、宽或直径。
2. H为池壁高度。

第四节　水处理构筑物的功能性试验

水处理构筑物的功能性试验包括满水试验、渗漏处理、闭气试验和抗浮措施。有关满水、闭气试验和渗漏处理的内容已在第五章第四、五节中讲述，本节主要介绍抗浮措施。

水池常用的抗浮方式：

1）配重抗浮。在池底板上加低强度混凝土压重或在底板下加低强度混凝土挂重，必要时配重混凝土与底板钢筋混凝土之间需要钢筋拉结。

2）锚固抗浮。利用地板下地基土与打入锚杆间的抗拔力抗浮。但锚杆施工需有适用机具和进行前期土层锚杆的定性试验、工效试验等。

3）注水。向已初步建好的池内注水，利用注水配重来消耗池体的浮力。采取该措施时要考虑注水对池体结构和下步工序是否有影响。

4）打开底板的排水阀，放水进池，使池内部的水位与池外部水位相同，消除水对池体的浮力。

第二篇 环境工程项目管理

第十章

施工组织设计与施工进度计划

第一节　施工组织设计

一、概述

施工组织设计是对拟建工程施工过程进行规划和部署，以指导施工全过程的技术经济文件。环境工程设备安装涉及各专业工种在时间上和空间上的配合。只有合理安排人力、材料、机械、技术和资金等各生产因素，才能保证施工过程有组织、有秩序、按计划地进行。

施工组织设计的具体任务包括确定开工前必须完成的各项准备工作；确定在施工过程中应执行和遵循的国家法令、规程、规范和标准；从全局出发，确定施工方案，选择施工方法和施工机具，做好施工部署；合理安排施工程序，编制施工进度计划，确保工程按期完成；计算劳动力和各种物资资源的需用量，为后期供应计划提供依据；合理布置施工现场平面图；提出切实可行的施工技术组织措施。

（一）施工组织设计的分类

根据施工对象的规模和阶段、编制内容的深度和广度，施工组织设计可分为施工组织总设计、单位工程施工组织设计和分部工程施工组织设计。

（1）施工组织总设计　施工组织总设计是在初步设计阶段，根据现场条件，由工程总承包单位组织建设单位、设计单位和施工分包单位共同编制的，以整个建设项目群或大型单项工程为对象，对项目全面的规划和部署的技术经济文件。

（2）单位工程施工组织设计　单位工程施工组织设计是以单位工程为对象对施工组织总设计的具体化，是指导单位工程施工准备和现场施工过程的技术经济文件。它是由施工单位根据施工图设计和施工组织总设计所提供的条件和规定编制的，具有可实施性。单位工程施工组织设计主要包括以下内容：

1）工程概况和施工条件。包括单位工程的地点、工程内容、工程特点、施工工期和工程的其他要求。

2）施工方案。确定单位工程施工程序，划分施工段，确定主要项目的施工顺序、施工方法和施工机械，制定劳动组织技术措施。

3）施工进度计划。确定单位工程施工内容及计算工程量。确定各分部分项工程的工作日，考虑工作的搭接，编排施工进度计划，确定劳动量和施工机械台班数。

4）施工准备计划。包括单位工程的技术准备，现场施工准备，劳动力准备，施工机具和各种施工物资准备。

5）资源需要量计划。包括单位工程劳动力、材料、成品、半成品和机具等的需要量计划。

6）施工现场平面图。包括各种临时设施的布置，各施工物资的堆放位置，水电管线的布置等。

7）各项经济技术指标。包括单位工程工期指标、劳动生产率指标、工程质量和安全生产指标、主要工种机械化施工程度指标、降低成本指标和主要材料节约指标等。

8）质量及安全保障措施和有关规定。

（3）分部工程施工组织设计　分部工程施工组织设计是以分部工程为对象，用于具体指导分部工程施工的技术经济文件，其内容与单位工程施工组织设计相同，但更具体、详尽。

（二）施工组织设计编制的程序

施工组织设计的编制必须根据工程计划任务书或上一级施工组织设计要求、建设单位的要求，依据设计文件和图样，有关勘测资料及国家现行的有关施工规范和质量标准、操作规程、技术定额等来进行，同时还要考虑施工企业拥有的资源状况、施工经验和技术水平及施工现场条件等。施工组织设计编制的程序如图 10-1 所示。

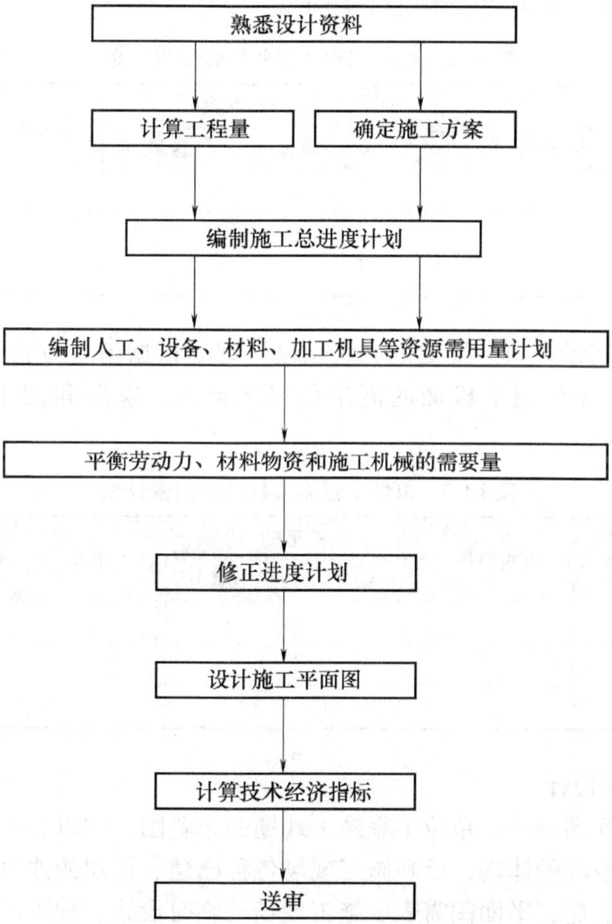

图 10-1　施工组织设计编制的程序

（三）资源供应计划

（1）劳动力需用量计划　劳动力需用量计划是在施工过程中对各工种劳动力的需要安排，是调配劳动力的依据。劳动力需用量计划是根据施工进度计划、施工预算及劳动定额的要求编制的。具体编制方法是：先将施工进度计划中各施工项目每日所需的各工种的工人人数统计汇总；再将每日需求汇总成周、旬、月的需求，将汇总结果填入表10-1中。

表10-1　单位工程劳动力需用量计划

序号	工种	总工日数	人数	月			月			月			备注
				上	中	下	上	中	下	上	中	下	

（2）材料需用量计划　单位工程主要材料需用量计划根据施工进度计划、施工预算及材料消耗定额的要求编制。它主要为材料的储备、进料，确定仓库、堆放场面积，组织运输等提供依据。各种材料的需用量及需要时间可以从施工预算和施工进度计划中计算汇总得出。常用单位工程主要材料需用量计划见表10-2。

表10-2　单位工程主要材料需用量计划

序号	材料名称	规格	需用量		供应时间	备注
			单位	数量		

（3）施工机械需用量计划　施工机械需用量计划是根据施工方案和施工进度计划编制的，反映施工过程中各种施工机械的需用数量、类型、来源和使用时间安排，其形式见表10-3。

表10-3　单位工程施工机械需用量计划

序号	机械名称	规格型号	需用量		来源	使用起止时间	备注
			单位	数量			

（四）施工平面图设计

单位工程施工平面图是一个单位工程施工现场的布置图，它以总平面图为基础，是单位工程施工方案在现场空间的体现，反映施工现场各种已建、待建的建筑物、构筑物和临时设施等之间的空间关系。施工平面图需表示施工现场的临时设施、加工厂、材料仓库、大型施工机械、交通运输和临时供水供电管线等的规划和布置。

（1）设计依据

1）施工设计图及有关施工现场现状资料和图样。主要包括建筑总平面图、施工现场地形图、地下管线图和竖向设计资料等。

2）现场自然条件和技术经济条件。工程当地的气象、地形、水文、地质条件，交通运输、供水供电等。

3）施工方案、施工进度计划。施工不同阶段对各种机械设备、运输工具和材料、加工预制件、施工人数的要求。

4）各种临时生产、生活设施要求情况。

（2）设计原则

1）在保证现场施工及安全要求的条件下，要布置紧凑，减少施工占地。

2）临时设施的设置要便于生产、管理；材料堆放和仓库布置应靠近材料使用地点，减少场内运输距离，尽量避免二次搬运。

3）在满足施工需要的情况下，尽量减少临时设施，充分利用已有或拟建的永久性建筑和管线，或者采用可拆移式临时房屋。

4）施工场地布置应符合劳动保护、技术安全和消防、环保、卫生等规定。

（3）设计内容　施工平面图的内容与工程性质、现场条件有关，以满足工程施工需要为原则。一般按 1∶200～1∶500 绘制在 A2～A3 图纸上。图纸上应有图例、风玫瑰图及必要的文字解释，还应包括以下基本内容：

1）建筑总平面图上已建和拟建的地上和地下的一切建筑物、构筑物、道路、河流等的位置和尺寸，地形等高线和测量放线标桩。

2）工程施工的各种机械的运行路线和安置运输设施的位置和尺寸。

3）材料、成品、半成品堆放场，加工厂，办公室，宿舍等临时生产、生活和管理设施的位置。

4）临时供水、供电、供暖管网及泵站、变压站等。

二、施工方案

（一）施工方案的编制

施工方案是单位工程施工组织设计的核心部分，它是某分部或分项工程或某项工作为确保施工的进度、质量、安全和技术经济效果所需采取的施工技术措施。

施工方案编制的主要内容包括：

1）工程概况及施工特点。包括施工对象的名称、特点、难点和复杂程度；施工的条件和作业环境，需解决的技术和要点。

2）确定安装工程施工程序和顺序。应经过技术经济比较或分析条件制约后确定施工方法，按照安装施工规律、特点和经验，合理确定施工程序和安装工程各专业施工顺序，确定施工起点流向。

3）资源的配置和要求。应按实际情况确定劳动力配置；施工机械设备和检测器具配置；临时设施和环境条件完善，所有配置的资源、能力均应满足需要。

4）施工进度计划安排。按照已确定的施工方法，确定关键技术的要求，采取相应技术措施，根据规定的工期和各种资源供应条件，按照施工过程的合理施工顺序及组织施工原则，用横道图或网络图，对工程从开始施工到工程全部竣工，确定其全部施工过程在时间上空间上的安排和相互配合关系。

5）工程质量要求。根据工程的要求，提出质量保证措施；以相应的规范、标准作为依据，确定应达到的质量标准；确定检测控制点；确定检测仪器及方法。

（二）施工方案的技术经济比较

施工方案进行技术经济比较的目的是选优。评价的内容主要包括技术效率、技术的先进性、方案的经济性、方案的重要性。

（1）技术效率　比较所预选的几种技术在单位时间内完成工作量的大小。

（2）技术的先进性　评价方案所选用的技术在同行业中是否处于先进水平。

（3）方案的经济性　所选择的几种方案进行技术经济分析，以确定在满足要求的情况下费用最低的方案。

（4）方案的重要性　所选定方案在某项目、开辟某行业领域或在企业自身技术发展等方面所处的地位及推广应用的价值。

（三）施工方案技术经济分析的方法

对施工方案进行技术经济评价是选择最优施工方案的重要环节之一。根据条件不同，可以采用多个施工方案，进行技术经济分析，选出工期短、质量好、材料省、劳动力安排合理、工程成本低的方案。

在环境工程中，需作技术经济分析的主要施工方案包括：特大、重、高的设备的运输、吊装方案；大型特厚、大焊接量及重要部位的焊接施工方案；工程量大、多交叉的工程的施工组织方案；特殊作业方案；现场预制和工厂预制的方案；无损检测方案；传统作业技术和采用新技术、新工艺的方案；关键过程技术方案等。

施工方案经济评价常用综合评价法。

第二节　施工进度计划

施工进度计划是以拟建工程为对象，规定各项工程的施工顺序和开工、竣工时间的施工计划，规定主要施工准备工作和主体工程的开工、竣工和投产发挥效益等工期、施工程序和施工强度的技术文件。施工进度计划是施工组织设计的中心内容，它要保证建设工程按合同规定的期限交付使用。施工中的其他工作必须围绕着并适应施工进度计划的要求安排。

施工进度计划的表示方法有多种，常用的有横道图和网络图两种表示方法。

过去长期使用的横道图法，是一种带时标的表格形式计划，具有简明、形象、易懂的优点。其缺点是不能在进度计划中表示出各项工作之间的相互关系和完成计划的关键所在，对于特别复杂的项目，更是难以适应计划管理的需要。自20世纪50年代中期出现了网络计划方法之后，更多地采用网络图法。网络图又称箭头图，是按一项工作各工序的先后次序和流程方向，自左向右以箭头画成。它弥补了横道图的缺陷，使施工管理人员能集中注意力去抓关键，而且在执行中还可预测出情况变化对工期和以后工作的影响，以便及时采取对策。

本节重点学习网络图。

网络图是利用箭头和节点所组成的有向、有序的网状图形来表示总体工程任务各项工作流程或系统安排的一种进度计划表达方式，是用于控制施工进度的最有效工具。用网络图编制工程项目进度计划，其特点是：

1）能正确表达各工作之间相互作用、相互依存的关系。

2）通过网络分析计算能够确定哪些工作是影响工期的关键工作，因而不容延误必须按时完成，哪些工作可以有机动时间以及有多少机动时间，从而使计划管理者能充分掌握工程进度控制的主动权。

3）能够进行计划方案的优化和比较，选择最优方案。

4）能够运用计算机手段实施辅助计划管理。

一、网络图的构成

根据工作（施工过程）表达方式的不同，网络图分为单代号网络图和双代号网络图。

单代号网络图上的一个节点代表一个工作，节点圆圈中标出工作的编号、名称和作业时间，节点之间的箭线只表示工作之间的衔接顺序，箭头所指方向为工作进行方向（图 10-2）。双代号网络图中一个工作由两个节点圆圈内的编号表示，两个节点之间的箭线代表工作，箭头所指方向为工作进行方向，工作名称标在箭线上面，工作作业时间标在箭线下面（图 10-3）。

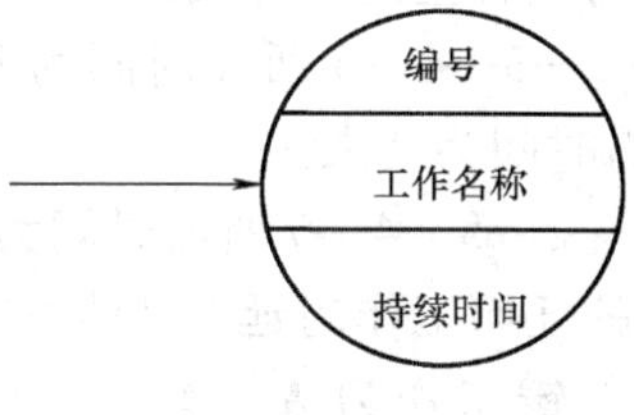

图 10-2　工作的单代号表示

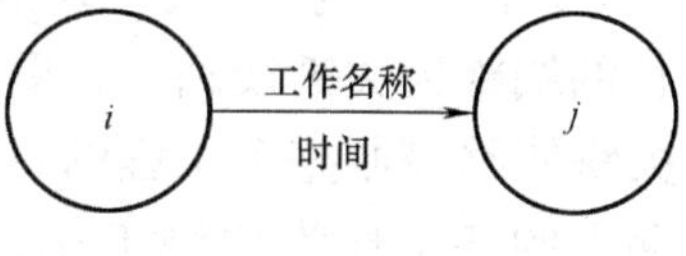

图 10-3　工作的双代号表示

网络图由工作、事项和线路三部分组成。

1. 工作

工作是需要消耗人力、物资和时间的某一作业过程，如图 10-4 中的 A、B、C、D、E 等表示工作。根据它们之间的关系，工作可分为紧前工作、紧后工作、平行工作和虚工作。

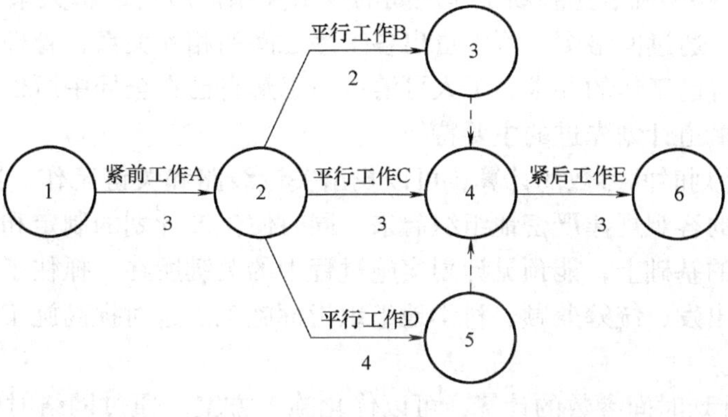

图 10-4　某安装工程工作逻辑关系

紧前工作是指紧接在某工作之前的工作，A 为 B、C、D 的紧前工作，A 工作完成以后，B、C、D 工作才能开始施工。

紧后工作是指紧接在某工作之后的工作，E 为 C 的紧后工作。

与某工作平行的工作称为平行工作，如图 10-4 中，B、C、D 为平行工作。

虚工作只反映其前后两个工作的逻辑关系，不消耗人力、物资和时间，如图 10-4 中，3、4 节点及 5、4 节点之间的工作。利用 3、4 节点之间的虚工作将工作 B 及 E 联系起来，B 变成了 E 的紧前工作。同样，利用 5、4 节点之间的虚工作将工作 D 及 E 联系起来，D 也变成了 E 的紧前工作。也就是说，只有 B、D 工作都完成以后，E 工作才能开工。

2. 事项

事项是指网络图中的节点，反映某工作开始或结束的瞬间，不消耗人力、物资和时间。根据事项发生时的状态，事项可分成开始事项、结束事项、起点事项和终点事项。开始事项和结束事项分别反映工作的开始和结束；起点事项和终点事项分别反映工程的开始和结束。网络图中两工作之间的节点既代表前面工作的结束事项，也代表后续工作的开始事项。

3. 线路

线路是指从起点事项开始，顺着箭头所指方向，经过一系列事项和箭线，最终到达终点事项的一条通路。线路经过的所有工作的作业时间之和就是该线路所需的时间。在一个网络图中，一般都有多条线路，由于每条线路经过的事项和箭线有差别，各线路的时间也不一定相同。在图 10-4 中，共存在 3 条线路，其中，线路 1—2—3—4—6 所需时间为 8 天，线路 1—2—5—4—6 所需时间为 10 天，线路 1—2—4—6 所需时间为 9 天。

时间最长的线路为关键线路。在图 10-4 中，线路 1—2—5—4—6 所需时间为 10 天，为关键线路。关键线路控制整个工程的总工期，此线路上的任何工作的延误必然影响总工期。

关键线路上的各工作为关键工作。在图 10-4 中，关键工作为 A、D、E。要缩短总工期，就必须压缩关键工作的施工时间。关键线路一般用黑粗线、双线或红线表示，以区别于非关键线路。

二、网络计划的特点

利用网络计划控制建设工程进度，可以弥补横道计划的许多不足。与横道计划相比，网络计划具有以下主要特点：

1）网络计划能够明确表达各项工作之间的逻辑关系。所谓逻辑关系，是指各项工作之间的先后顺序关系，通过网络图，可以看出各工序之间的相互关系，管理人员可了解生产的进度安排和生产对自己工作的要求，工人可清楚地了解自己在全局中所处的地位和作用。此特点是网络计划比横道计划先进的主要特征。

2）通过网络计划时间参数的计算，可以找出关键线路和关键工作。网络图可以把整个计划任务按照生产的客观规律严密地组织起来。同时使生产计划的制定和贯彻执行建立在科学计算和综合平衡的基础上，能预见计划实施过程中的关键所在。抓住了关键工作和关键线路，就可以从全局出发，统筹兼顾、科学地组织指挥施工。这对提高施工进度控制的效果具有非常重要的意义。

3）通过网络计划时间参数的计算，可以优化施工方案。通过网络时间的计算，可帮助领导人员作出有科学根据的决策，避免盲目性指挥；可以发挥各项工作在时间配合上的潜力，为合理调配资源和缩短工期提供科学依据；通过网络计划的优化，可以从多种计划方案中选取最优方案，保证时间与资源、时间与成本的最佳结合。

4）网络计划可以利用电子计算机进行计算、优化和调整。对进度计划进行优化和调整是工程进度控制工作中的一项重要内容。如果仅靠手工进行计算、优化和调整是非常困难的，必须借助于电子计算机。而且由于影响施工进度的因素有很多，只有利用电子计算机进行进度计划的优化和调整，才能适应实际变化的要求。正是由于网络计划能使进度控制人员利用计算机对工程进度计划进行计算、优化和调整，使其成为最有效的进度控制方法，从而受到普遍重视。

三、网络图的绘制

双代号网络图的绘制，当已知每一项工作的紧前工作时，可按下述步骤绘制双代号网络图：

1）绘制没有紧前工作的工作箭线，使它们具有相同的开始节点，以保证网络图只有一个起点节点。

2）依次绘制其他工作箭线。这些工作箭线的绘制条件是其所有紧前工作箭线都已经绘制出来。在绘制这些工作箭线时，应按下列原则进行：

① 当所要绘制的工作只有一项紧前工作时，则将该工作箭线直接画在其紧前工作箭线之后即可。

② 当所要绘制的工作有多项紧前工作时，应按以下四种情况分别予以考虑：

a. 对于所要绘制的工作（本工作）而言，如果在其紧前工作之中存在一项只作为本工作紧前工作的工作（即在紧前工作栏目中，该紧前工作只出现一次），则应将本工作箭线直接画在该紧前工作箭线之后，然后用虚箭线将其他紧前工作箭线的箭头节点与本工作箭线的箭尾节点分别相连，以表达它们之间的逻辑关系。

b. 对于所要绘制的工作（本工作）而言，如果在其紧前工作之中存在多项只作为本工作紧前工作的工作，应先将这些紧前工作箭线的箭头节点合并，再从合并后的节点开始，画出本工作箭线，最后用虚箭线将其他紧前工作箭线的箭头节点与本工作箭线的箭尾节点分别相连，以表达它们之间的逻辑关系。

c. 对于所要绘制的工作（本工作）而言，如果不存在情况 a 和情况 b 时，应判断本工作的所有紧前工作是否都同时作为其他工作的紧前工作（即在紧前工作栏目中，这几项紧前工作是否均同时出现若干次）。如果上述条件成立，应先将这些紧前工作箭线的箭头节点合并后，再从合并后的节点开始画出本工作箭线。

d. 对于所要绘制的工作（本工作）而言，如果既不存在情况 a 和情况 b，也不存在情况 c 时，则应将本工作箭线单独画在其紧前工作箭线之后的中部，然后用虚箭线将其各紧前工作箭线的箭头节点与本工作箭线的箭尾节点分别相连，以表达它们之间的逻辑关系。

3）当各项工作箭线都绘制出来之后，应合并那些没有紧后工作的工作箭线的箭头节点，以保证网络图只有一个终点节点（多目标网络计划除外）。

4）当确认所绘制的网络图正确后，即可进行节点编号。网络图的节点编号在满足前述要求的前提下，既可采用连续的编号方法，也可采用不连续的编号方法，如 1、3、5、……或 5、10、15、……等，以避免以后增加工作时而改动整个网络图的节点编号。

以上所述是已知每一项工作的紧前工作时的绘图方法。当已知每一项工作的紧后工作时，也可按类似的方法进行网络图的绘制，只是其绘图顺序由前述的从左向右改为从右向左。

[**例 10-1**] 已知各工作之间的逻辑关系（表 10-4），则可按下述步骤绘制其双代号网络图。

表 10-4 工作逻辑关系

工 作	A	B	C	D
紧前工作	—	—	A、B	B

表 10-4 给定逻辑关系所对应的双代号网络图如图 10-5 所示。

1）绘制工作箭线 A 和工作箭线 B。

2）按前述原则②中的情况 a 绘制工作箭线 C。

3）按前述原则①绘制工作箭线 D 后，将工作箭线 C 和 D 的箭头节点合并，以保证网络图只有一个终点节点。当确认给定的逻辑关系表达正确后，再进行节点编号。

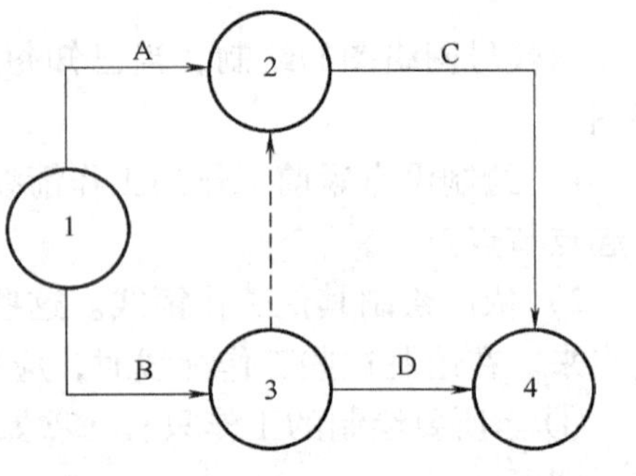

图 10-5 例 10-1 双代号网络图

[**例 10-2**] 已知各工作之间的逻辑关系（表 10-5），则可按下述步骤绘制其双代号网络图。

表 10-5 工作逻辑关系

工作	A	B	C	D	E	F
紧前工作	—	—	—	A、B、C	A、B	D、E

表 10-5 给定逻辑关系所对应的双代号网络图如图 10-6 所示。

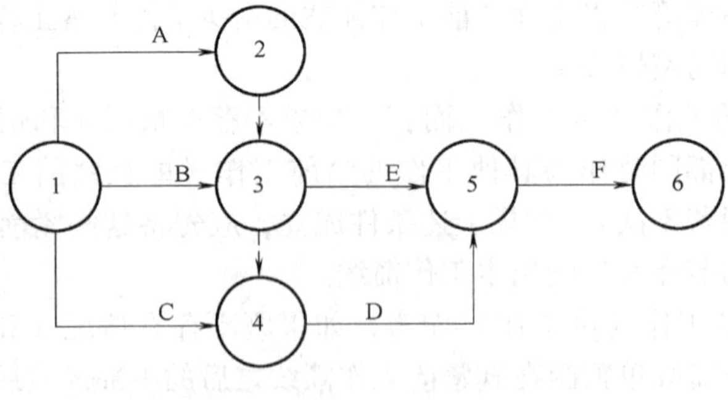

图 10-6 例 10-2 双代号网络图

1）绘制工作箭线 A、工作箭线 B 和工作箭线 C。

2）按前述原则②中的情况 a 绘制工作箭线 D。

3）按前述原则②中的情况 c 绘制工作箭线 E。

4）按前述原则②中的情况 b 绘制工作箭线 F。当确认给定的逻辑关系表达正确后，再进行节点编号。

［**例 10-3**］　已知各工作之间的逻辑关系（表 10-6），则可按下述步骤绘制其双代号网络图。

表 10-6　工作逻辑关系

工作	A	B	C	D	E	F
紧前工作	—	—	B	A	A、B	C、E

表 10-6 给定逻辑关系所对应的双代号网络图如图 10-7 所示。

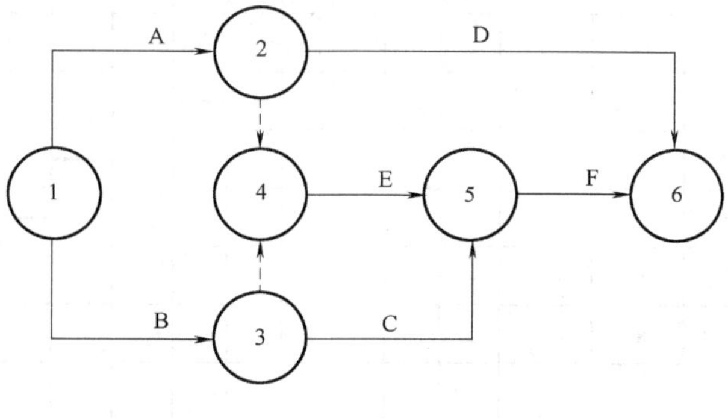

图 10-7　例 10-3 双代号网络图

1）绘制工作箭线 A 和工作箭线 B。

2）按前述原则①分别绘制工作箭线 C 和工作箭线 D。

3）按前述原则②中的情况 d 绘制工作箭线 E。

4）按前述原则②中的情况 b 绘制工作箭线 F，并将工作箭线 D 和工作箭线 F 的箭头节点合并，以保证网络图的终点节点只有一个。当确认给定的逻辑关系表达正确后，再进行节点编号。

第三节　流 水 施 工

一、建设工程组织施工的方式

根据工程项目的施工特点、工艺流程、资源利用、平面或空间布置等要求，其施工可以采用顺序施工、平行施工、流水施工等组织方式。

（一）顺序施工

顺序施工方式也称依次施工方式，是将拟建工程项目中的每一个施工对象分解为若干个施工过程，按施工工艺要求依次完成每一个施工过程；当一个施工对象完成后，再按同样的顺序完成下一个施工对象，依此类推，直至完成所有施工对象。图 10-8 所示为某一工程采用顺序施工组织方式的施工进度安排、总工期及劳动力需求曲线。

该工程为 3 个系统的设备安装工程，每个系统的安装任务可分为 3 个施工过程 A、B、

C。每个系统的 3 个施工过程的工程量相等，各个施工过程持续时间和劳动力需用量如下：

A：施工持续时间 2 天，需用劳动力 10 人。

B：施工持续时间 4 天，需用劳动力 8 人。

C：施工持续时间 2 天，需用劳动力 8 人。

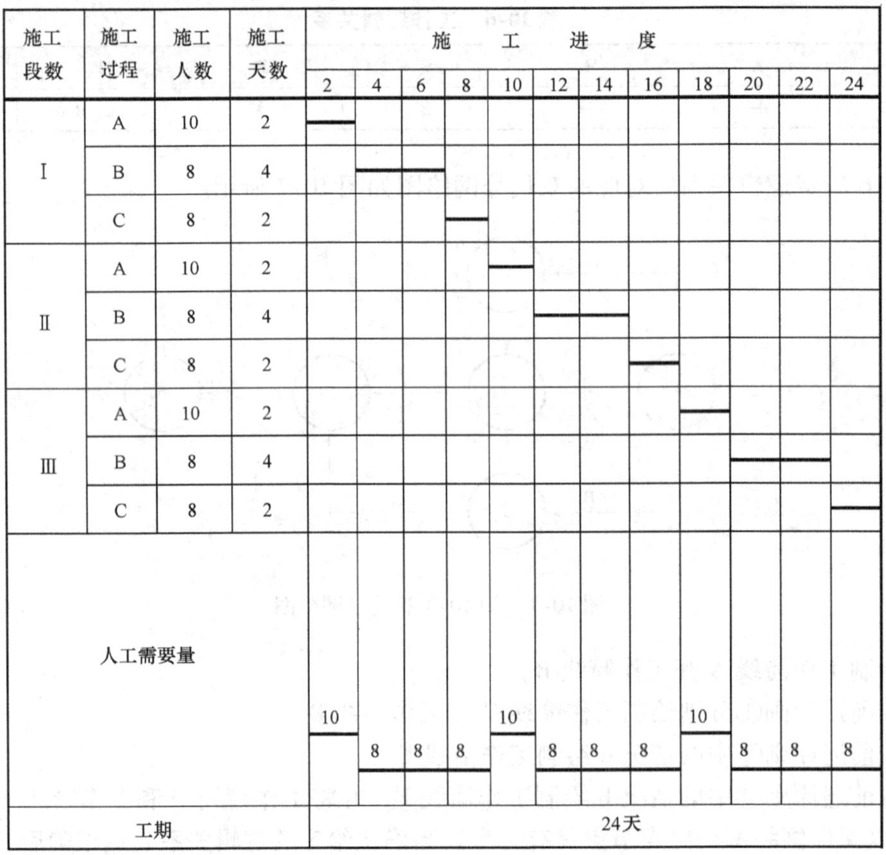

图 10-8 顺序施工组织方式

顺序施工方式具有以下特点：单位时间内投入的劳动力、施工机具、材料等资源量较少，施工现场的组织、管理比较简单，但没有充分利用工作面进行施工，工期长。顺序施工方式适用于规模小，作业面有限或工期要求不紧的工程项目。

（二）平行施工

平行施工方式是组织几个劳动组织相同的工作队，在同一时间、不同的空间，按施工工艺要求完成各施工对象。这种方式的施工进度安排、总工期及劳动力需求曲线如图 10-9 所示。

平行施工方式具有以下特点：充分利用工作面进行施工，工期短；但同时投入的劳动力、施工机具、材料等资源量成倍地增加，各班组施工是间歇性的，不利于资源供应的组织；施工现场的组织、管理比较复杂。平行施工方式适用于工期要求紧的工程施工。

（三）流水施工

流水施工方式是将拟建工程项目中的每一个施工对象分解为若干个施工过程，并按照施

施工段数	施工过程	施工人数	施工天数	进度计划			
				2	4	6	8
Ⅰ	A	10	2				
	B	8	4				
	C	8	2				
Ⅱ	A	10	2				
	B	8	4				
	C	8	2				
Ⅲ	A	10	2				
	B	8	4				
	C	8	2				
人工需要量				30	24	24	24
工期				(2+4+2)天=8天			

图 10-9 平行施工组织方式

工过程成立相应的专业班组，各班组按照施工顺序依次完成各个施工对象的施工过程，使各施工对象的开工和竣工时间间隔为一个施工过程的时间。同时保证施工在时间和空间上连续、均衡和有节奏地进行，使相邻两班组能最大限度地搭接作业。这种方式的施工进度安排、总工期及劳动力需求曲线如图 10-10 所示。

与顺序施工及平行施工相比，流水施工方式具有以下特点：

1）连续施工，施工工期较短，可以尽早发挥投资效益。由于流水施工组织合理，工人连续作业，没有窝工现象，机械闲置时间少，增加了有效劳动时间，从而使施工机械和劳动力的生产效率得以充分发挥，使工程尽快交付使用或投产，尽早获得经济效益和社会效益。

2）实现专业化生产，可以提高施工技术水平和劳动生产率，提高工程质量。由于流水施工方式建立了合理的劳动组织，使各工作队实现了专业化生产，工人连续作业，操作熟练，便于不断改进操作方法和施工机具，可以不断地提高施工技术水平和劳动生产率。

3）可以增加建设工程的使用寿命和节约使用过程中的维修费用。由于流水施工实现了专业化生产，工人技术水平高，而且各专业队之间紧密地搭接作业，互相监督，可以使工程质量得到提高，因而可以延长建设工程的使用寿命，同时可以减少建设工程使用过程中的维修费用。

4）降低工程成本，可以提高承包单位的经济效益。由于流水施工资源消耗均衡，便于

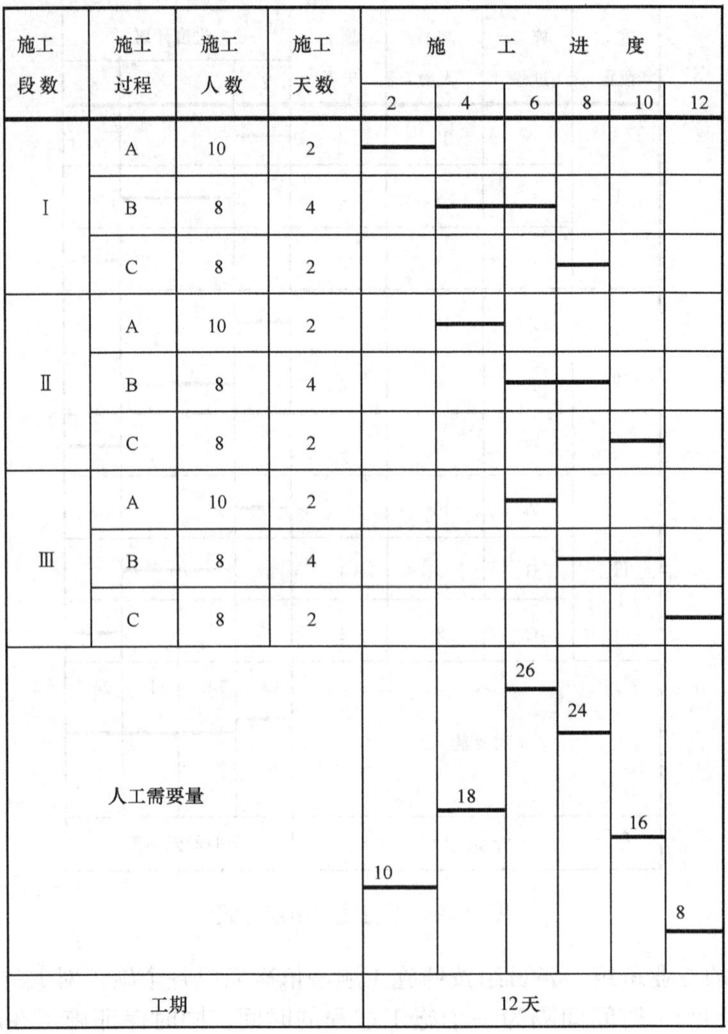

图 10-10 流水施工组织方式

组织资源供应，使得资源储存合理，利用充分，可以减少各种不必要的损失，节约材料费；由于流水施工的节奏性、连续性，可以加快各专业队的施工进度；由于流水施工生产效率高，可以节约人工费和机械使用费；由于流水施工工期较短，可以减少企业管理费。工程成本的降低，可以提高承包单位的经济效益。

流水施工是科学、有效的工程项目施工组织方法，在施工中应推广采用。

二、流水施工的主要参数

在组织拟建工程项目流水作业时，用以表达流水作业在工艺流程、空间布置和时间排列等方面展开状态的参数，称为流水参数。

1. 施工段数（m）

将施工对象在平面或空间上划分成若干个劳动量大致相等的施工段落，称为施工段或流水段。施工段是组织流水作业的基础，它是流水施工的主要参数之一。

划分施工段的目的就是组织流水施工。由于建设工程体形庞大，可以将其划分成若干个施工段，从而为组织流水施工提供足够的空间。在组织流水施工时，专业工作队完成一个施工段上的任务后，遵循施工组织顺序又到另一个施工段上作业，产生连续流动施工的效果。在一般情况下，一个施工段在同一时间内，只安排一个专业工作队施工，各专业工作队遵循施工工艺顺序依次投入作业，同一时间内在不同的施工段上平行施工，使流水施工均衡地进行。组织流水施工时，可以划分足够数量的施工段，充分利用工作面，避免窝工，尽可能缩短工期。

施工段数要适当，段数过多势必会减少工人数而延长工期；段数过少又会造成资源供应过分集中，不利于组织流水作业。因此，为了使施工段划分得更科学合理，通常应遵循以下原则：

1）专业工作队在各个施工段上的劳动量要大致相等，其相差幅度不宜超过10% ~15%。

2）对多层或高层建筑物，施工段的数目要满足合理流水施工组织的要求。

3）为了充分发挥工人、主导机械的效率，每个施工段要有足够的工作面，使其所容纳的劳动力人数或机械台数，能满足合理劳动组织的要求。

4）为了保证工程项目的完整性，施工段的分界线应尽可能与自然的界线相一致，如沉降缝、伸缩缝、检查井、阀门井等。

5）对于多层建筑物、构筑物或需要分层施工的工程，应既分施工段，又分施工层，各专业工作队依次完成第一施工层中各施工段任务后，再转入第二施工层的施工段作业，依此类推，以确保相应专业队在施工段与施工层之间，组织连续、均衡、有节奏的流水施工。

2. 施工过程数（n）

施工过程是指根据施工工艺要求将施工任务划分成若干部分，每一部分由相应的专业班组完成施工，施工过程数与工程的复杂程度、施工工艺和工序划分的粗细有关，应突出主导施工过程或主要专业工种，施工段数应与施工过程数协调，为保证施工过程的连续性，要求施工段数 m 大于或等于施工过程数 n。

3. 工作面

工作面是指供某专业工种的工人或某种施工机械进行施工的活动空间。工作面的大小，表明能安排施工人数或机械台数的多少。每个作业的工人或每台施工机械所需工作面的大小，取决于单位时间内其完成的工程量和安全施工的要求。工作面确定得合理与否，直接影响专业工作队的生产效率。因此，必须合理确定工作面。

4. 流水节拍（t）

在组织流水作业时，每个专业工作队在各个施工段上完成相应的施工任务所需要的工作延续时间称为流水节拍。它是流水施工的基本参数之一。

当施工段数确定之后，流水节拍长则工期相应地也长。流水节拍决定着单位时间的资源供应量，流水节拍也是区别流水施工组织方式的特征参数。

同一施工过程的流水节拍，主要由所采用的施工方法、施工机械以及在工作面允许的前提下投入施工的工人数、机械台班数和采用的工作班次等因素确定，可按照如下公式计算：

$$t = \frac{Q}{SRB} = \frac{P}{RB}$$

式中 Q——某施工段的工程量；

S——某工种或机械的产量定额；

R——每班投入的工作人数（或机械台数）；

B——每天工作班次；

P——某施工段所需的劳动量（或机械台班数）。

对于采用新结构、新工艺、新方法和新材料等没有定额可循的工程项目，可以根据以往的施工经验估算流水节拍。

5. 流水步距

在组织流水施工时，相邻两个专业工作队在保证施工顺序，满足连续施工、最大限度搭接和保证工程质量要求的条件下，相继投入施工的最短时间间隔，称为流水步距。

流水步距的大小对工期有着很大的影响。在施工段数不变的条件下，流水步距大，工期就长；流水步距小，工期就短。流水步距一般至少应为一个工作班或半个工作班，流水步距应该与流水节拍保持着一定的关系。确定流水步距的原则如下：

1）流水步距要保证各施工过程按各自流水速度施工，始终保持工艺先后顺序。

2）流水步距要保证各专业工作队都能连续作业。

3）流水步距要保证相邻两个专业工作队在满足连续施工的条件下，在开工时间上最大限度和合理地搭接。

4）流水步距的确定要保证工程质量，满足安全生产。

6. 平行搭接时间

在组织流水施工时，有时为了缩短工期，在工作面允许的条件下，如果前一个专业工作队完成部分施工任务后，能够提前为后一个专业工作队提供工作面，使后者提前进入前一个施工段，两者在同一施工段上平行搭接施工，这个搭接的时间称为平行搭接时间。

7. 技术间歇时间

在组织流水施工时，除要考虑相邻专业工作队之间的流水步距外，有时根据工艺性质，还要考虑合理的工艺和组织原因引起的等待间歇时间，这个等待时间称为技术间歇时间。由于有间歇时间，会导致施工工期延长。

三、流水施工组织形式

流水施工组织有流水段法和流水线法。可以根据建筑物或构筑物的结构特点进行选用。根据各施工过程时间参数和空间参数不同，流水段法又可分为固定节拍专业流水、成倍节拍专业流水和分别流水法。

1）固定节拍专业流水，是指所组织的流水范围内各施工过程的流水节拍彼此相等且等于流水步距。各工作班组依次不断地从一个施工段转移到另一个施工段，以同样的时间重复完成同样的工作。

2）成倍节拍专业流水，是指所组织的流水范围内各施工过程的劳动量不等，技术或组织上的原因使其流水节拍互成倍数，从而形成成倍节拍专业流水。

3）分别流水法。各施工段的工程量不等，各专业工作队生产效率不同，不可能组织固定节拍专业流水和成倍节拍专业流水时，则可以组织分别流水，各施工过程的流水节拍随着施工段的不同而不同。

4）流水线法。对于线性工程（管道、道路工程等延伸很长的工程），将其分为若干施工过程，分别组织施工队伍，各队以固定的速度沿着线性工程的长度方向不断向前移动，完成同样长度的工程任务，这种组织流水施工的方法叫做流水线法。

第十一章

工程招投标与施工管理

第一节 工程招投标

工程招投标是指建设单位或个人（即业主或项目法人），通过招标的方式，将工程建设项目的勘察、设计、施工、材料设备供应、监理等业务，一次或分次发包，由具有相应资质的承包单位通过投标竞争的方式承接，以缩短工期、提高工程质量和节约建设资金。

工程招标和投标是招投标工作的两个方面。工程招标是指招标人用招标文件将委托的工作内容和要求通过公告、邀请等方式告知有兴趣、有资格参与竞争的投标人，让他们按规定条件提出实施计划和价格，然后通过评审比较，选出信誉可靠、技术能力强、管理水平高、报价合理的可信赖单位，以合同形式委托其完成。各投标人依据自身能力和管理水平，按照招标文件规定的统一要求投标，争取获得实施资格。工程招投标通过严格、规范、科学合理的运作程序与监管机制，充分保证竞争在公平、公正、公开的环境下进行，从而最大限度地实现投资效益的最优化。

《中华人民共和国招标投标法》将招标与投标的过程纳入法制管理的轨道，主要内容包括通用的招标投标程序，招标人和投标人应遵循的基本规则，任何违反法律规定应承担的后果责任等。该法的基本宗旨是，招标投标活动属于当事人在法律规定范围内自主进行的市场行为，但必须接受政府行政主管部门的监督。

一、建设工程招投标的方式

招标方式一般分为以下两种形式：

1）公开招标是指招标人以招标公告的方式邀请不特定的法人或其他组织投标。采用这种方式，一般需通过报纸、专业性刊物或其他媒体发布招标公告，公开招请承包商参加投标竞争，凡符合规定条件的承包商均可参与投标。公开招标是目前应用最广的一种方式，通常适用于工程数量大、技术复杂、报价水平悬殊不易掌握的大中型建设项目，以及采购数量多、金额大的设备或材料的供应等，但其招标时间过长、招标费用较高、工作繁杂，不太适合比较紧迫的工程或小型工程。

2）邀请招标是招标人向预先选择的若干家具备相应资质、符合招标条件的法人组织发出邀请函，并将招标工程的概况、工作范围和实施条件等作出简要说明，请他们参加投标竞争。邀请对象的数目以 5 ~7 家为宜，但不应少于 3 家。被邀请人同意参加投标竞争后，从招标人处获取招标文件，按规定要求进行投标报价。邀请招标的优点是不需要发布招标公告和设置资格预审程序，节约招标费用和节省时间；由于对招标人以往的业绩和履约能力比较了解，降低了合同履行过程中承包方违约的风险。为了体现公平竞争和便于招标人选择综合能力最强的投标人中标，仍要求在投标书内报送表明投标人资质能力的有关部门证明材料，作为评标时的评审内容之一（通常称为资格后审）。邀请招标的缺点是，由于邀请范围较小、选择面窄，可能排斥了某些在技术上或报价上有竞争实力的潜在投标人，因此投标竞争的激烈程度相对较差。

公开招标和邀请招标方式的主要区别

1）发布信息的方式不同。公开招标是招标人在国家指定的报刊、电子网络或其他媒体上发布招标公告，邀请招标则采用投标邀请书的形式发布。

2）竞争的范围或效果不同。公开招标使用招标公告的形式，针对的是一切潜在的投标人，竞争的范围较广，竞争的优势发挥较好，容易获得最优招标效果。而邀请招标的竞争范围有限，因而可能提高中标价或者遗漏某些在技术上和报价上更有优势的潜在投标人。

3）时间和费用不同。邀请招标的潜在投标人的数量是有限的，一般为3~10家（不能少于3家），同时又是招标人自己选择的，无需进行或大大减少资格预审的工作，从而有利于缩短招标的时间和减少招标的费用。而公开招标方式的资格预审工作量很大。

4）中标可能性的大小不同。

二、建设工程招投标的范围

《中华人民共和国招标投标法》对工程招标范围进行了明确规定。主要内容包括：

1）大型基础设施、公用事业等关系社会公共利益、公众安全的项目。

2）全部或者部分使用国有资金投资或者国家融资的项目。

3）使用国际组织或外国政府贷款、援助资金的项目。

4）对于不适宜公开招标的国家或地方重点项目，经有关部门批准后可实行邀请招标。

各类工程项目的建设活动，达到下列标准之一者，必须进行招标：

1）施工单位合同估算价在200万元人民币以上。

2）重要设备、材料等货物的采购，单项合同估算价在100万元人民币以上。

3）勘察、设计、监理等服务的采购，单项合同估算价在50万元人民币以上。

为了防止将应该招标的工程项目化整为零规避招标，即使单项合同估算价低于第1）、2）、3）项规定的标准，但项目总投资在3000万元人民币以上的勘察、设计、施工、监理以及与工程建设有关的重要设备、材料等的采购，也必须采用招标方式委托工作任务。

按照规定，属于下列情形之一的，可以不进行招标，采用直接委托的方式发包建设任务。

1）涉及国家安全、国家秘密的工程。

2）抢险救灾工程。

3）利用扶贫实行以工代赈、需要使用农民工等特殊情况。

4）建筑造型有特殊要求的设计。

5）采用特定专利技术、专有技术进行勘察、设计或施工。

6）停建或者缓建后恢复建设的单位工程，且承包人未发生变更的。

7）施工企业自建自用的工程，且该施工企业资质等级符合工程要求的。

8）在建工程追加的附属小型工程或者主体加层工程，且承包人未发生变更的。

9）法律、法规、规章规定的其他情形。

三、工程招投标应具备的条件

1. 建设单位招标应具备的条件

1）具有法人资格或依法成立的其他组织。

2）有与招标工程相适应的经济、技术管理人员。

3）有组织编制招标文件的能力。

4）有审查投标单位资质的能力。

5）有组织开标、评标、定标的能力。

不具备上述2）~5）项条件的建设单位，必须委托具有相应资质的招标代理机构代理招标。

2. 建设项目招标应具备的条件

1）概算已经批准。

2）建设项目已正式列入国家、部门或地方的年度固定资产投资计划。

3）建设用地的征用工作已经完成。

4）有能够满足施工需要的施工图及技术资料。

5）建设资金和主要材料、设备的来源已经落实。

6）已经建设项目所在地规划部门批准，施工现场的“三通一平”已经完成或一并列入施工招标范围。

四、建设工程招投标的基本程序

招标是招标人选择中标人并与其签订合同的过程，而投标则是投标人力争获得实施合同的竞争过程，招标人和投标人均需遵循招投标法律和法规的规定进行招标投标活动。按照招标人和投标人参与程度，可将招标过程划分成招标准备阶段、招标投标阶段和决标成交阶段（图11-1）。

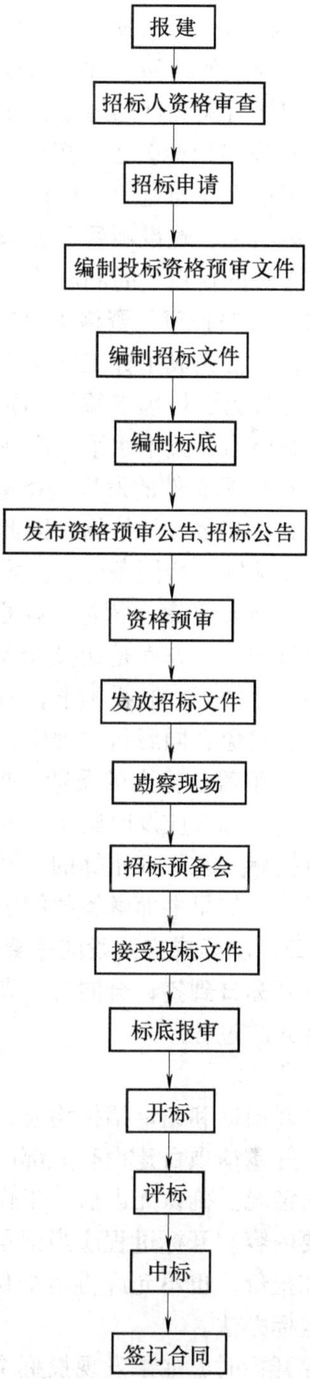

图11-1　公开招标工作程序

（一）招标准备阶段主要工作内容

招标准备阶段的工作由招标人单独完成，投标人不参与。主要工作包括以下几个方面：

（1）选择招标方式　依据工程项目的特点、招标前准备工作的完成情况、合同类型等因素的影响程度，确定招标方式。

（2）办理招标备案　招标人向建设行政主管部门办理申请招标手续。招标备案文件应说明招标工作范围、招标方式、计划工期、对投标人的资质要求、招标项目的前期准备工作的完成情况、自行招标还是委托代理招标等内容，获得认可后才可开展招标工作。

（3）编制招标有关文件　招标准备阶段应编制好招标过程中可能涉及的有关文件，保证招标活动的正常进行。

这些文件大致包括招标广告、资格预审文件、招标文件、合同协议书，以及资格预审和评标的方法。

（二）招标投标阶段的主要工作内容

公开招标时，从发布招标公告开始，若为邀请招标，则从发出投标邀请函开始，到投标截止日期为止的期间，称为招标投标阶段。在此阶段，招标人应做好招标的组织工作，投标人则按招标有关文件的规定程序和具体要求进行投标报价竞争。

（1）发布招标公告　招标公告的作用是让潜在投标人获得招标信息，以便进行项目筛选，确定是否参与竞争。招标公告或投标邀请函的具体格式可由招标人自定，内容一般包括招标单位名称，建设项目资金来源，工程项目概况和本次招标工作范围的简要介绍，购买资格预审文件的地点、时间和价格等有关事项。

（2）资格预审　资格预审的目的是对潜在投标人进行资格审查，主要考察该企业总体能力是否具备完成招标工作所要求的条件。招标人依据项目的特点编写资格预审文件。资格预审文件分为资格预审须知和资格预审表两大部分。资格预审表列出对潜在投标人资质条件、实施能力、技术水平、商业信誉等方面需要了解的内容，以应答形式给出的调查文件。

（3）招标文件的发售　招标人根据招标项目特点和需要编制招标文件，它是投标人编制投标文件和报价的依据，因此应当包括招标项目的所有实质性要求和条件。招标文件通常分为投标须知、合同条件、技术规范、图样和技术资料、工程量清单几大部分内容。

（4）现场考察　招标人在投标须知规定的时间组织投标人自费进行现场考察。设置此程序的目的，一方面是让投标人了解工程项目的现场情况、自然条件、施工条件以及周围环境条件，以便于编制投标书；另一方面也是要求投标人通过自己的实地考察确定投标的原则和策略，避免合同履行过程中投标人以不了解现场情况为理由推卸应承担的合同责任。

（5）解答投标人的质疑　投标人研究招标文件和现场考察后会以书面形式提出某些质疑问题，招标人应及时给予书面解答。招标人对任何一位投标人所提问题的回答，必须发给每一位投标人，保证招标的公开和公平，但不必说明问题的来源。回答函件作为招标文件的组成部分，如果书面解答的问题与招标文件中的规定不一致，以函件的解答为准。

（三）决标成交阶段的主要工作内容

从开标日到签订合同这一期间称为决标成交阶段，是对各投标书进行评审比较，最终确定中标人的过程。

1. 开标

公开招标和邀请招标均应在规定的时间和地点由招标人主持开标会议，所有投标人均应参加，并邀请项目建设有关部门代表出席。开标时，由投标人或其推选的代表检验投标文件的密封情况。确认无误后，工作人员当众拆封，宣读投标人名称、投标价格和投标文件的其他主要内容。开标过程应当记录，并存档备查。开标后，任何投标人都不允许更改投标书的内容和报价，也不允许再增加优惠条件。投标书经启封后不得再更改招标文件中说明的评标、定标办法。

在开标时，如果发现投标文件出现下列情形之一，应当作为无效投标文件，不再进入评标：

1）投标文件出现以下情况应当按照废标处理：投标文件未按照招标文件的要求予以密封；无单位和法定代表人或其代理人的印鉴，或未按规定加盖印鉴；未按规定的格式填写，内容不全或字迹模糊、辨认不清；逾期送达；投标人未参加开标会议的。

2）弄虚作假。在评标过程中，评标委员会发现投标人以他人的名义投标、串通投标、以行贿手段谋取中标或者以其他弄虚作假方式投标的，该投标人的投标应作废标处理。

3）投标人不具备资格条件或者投标文件不符合形式要求，其投标也应该按照废标处理。

4）投标人未按照招标文件的要求提供投标保证金或投标保函等。

5）投标人未能在实质上响应的投标。

2. 评标

评标是由评标委员会依据评标办法对各投标书优劣的比较，以便最终确定中标人。评标委员会由招标人的代表和有关技术、经济等方面的专家组成，成员人数为5人以上的单数，招标人以外的专家不得少于成员总数的三分之二。

大型工程项目的评标通常分为初评和详评两个阶段进行。

1）初评。评标委员会以招标文件为依据，审查各投标书是否为响应性投标，确定其投标有效性。

2）详评。评标委员会对各投标书实施方案及计划进行实质性评价和比较。首先对各投标书进行技术和商务方面的审查，评定其合理性以及在履行过程中可能给招标人带来的风险等。评标委员会认为必要时，可单独约请投标人对投标书中不明确的内容作必要的澄清或说明，澄清内容也应整理成文字材料，作为投标书的组成部分。在对投标书审查的基础上，评标委员会依据评标办法量化比较确定投标书排序。

评标委员会完成评标后，应向招标人提出书面评标结论性报告，作为评标的主要依据。评标报告的主要内容包括评标委员会成员名单、废标情况说明、评标办法、评分表、经评审的投标书排序及推荐合格的中标候选人等。

3. 定标

招标人应根据评标委员会提出的评标报告和推荐的中标候选人确定中标人，也可以授权评标委员会直接确定中标人。中标人确定后，招标人应向中标人发出中标通知书，同时退还未中标的投标人的投标保证金或保函。中标通知书具有法律效力，招标人改变中标结果或中标人拒绝签订合同都要承担相应的法律责任。

中标通知书发出后30天内，双方应按照招标文件和投标文件签订书面合同。招标人确定中标人后15天内，应向有关行政监督部门提交招标投标情况的书面报告。

第二节 施工项目目标控制

工程项目管理包括施工项目管理、设计项目管理、工程咨询项目管理和施工企业项目管理。

施工项目管理是以工程建设项目为对象，项目经理责任制为基础，施工图预算为依据，承包合同为纽带，最佳效益为目的，从工程投标、开工到验收交付使用的整个过程中对项目的工期、质量、成本、安全等进行系统设计、组织、协调、控制的管理方法。

一、施工项目管理的任务

施工项目管理的任务主要包括施工安全管理、施工成本管理、施工进度管理、施工质量管理、施工合同管理、施工信息资料管理及与施工有关的组织与协调等内容。

（一）施工安全管理

安全管理是在施工过程中为满足生产安全，涉及对生产过程中的危险进行控制的计划、组织、监控、调节和改进等一系列管理活动。

安全管理的目标是减少或消除人的不安全行为，减少或消除设备、材料的不安全状态，改善生产环境和保护自然环境，改善管理缺陷，以达到减少和消除生产过程中的事故，保证人员健康安全和财产免受损失的目的。

（二）施工成本管理

施工成本管理就是要在保证工期和质量的情况下，采取相关管理措施，包括组织措施、经济措施、技术措施、合同措施，把成本控制在计划范围内，并进一步寻求最大程度的成本节约。施工成本管理主要包括施工成本预测、施工成本计划、施工成本控制、施工成本核算、施工成本分析及施工成本考核等方面。

（三）施工进度管理

在工程项目的实施过程中，由于外部环境和条件的变化，包括气候的变化、不可预见事件的发生以及其他条件的变化，均会对工程进度计划的实施产生影响，从而造成实际进度偏离计划进度，如果实际进度与计划进度的偏差得不到及时纠正，势必影响进度总目标的实现。因此，在进度计划的执行过程中，必须采取有效的监测手段对进度计划的实施过程进行监控，以便及时发现问题，并运用行之有效的进度调整方法来解决问题，确保进度总目标的实现。

（四）工程质量管理

施工质量管理过程是一个从对投入原材料的质量控制开始，直到完成工程质量检验验收和交工后服务的系统过程，在整个过程中，必须对各项影响施工质量的因素（主要包括人员、施工机具、工程材料和设备、施工方法、施工环境，简称“人、机、料、法、环”）进行有效控制，确保工程项目质量符合设计意图和国家规范、标准要求。

（五）施工合同管理

合同是缔约双方根据国家有关规定、经济政策和各自的具体条件，以平等的地位协商而签订的经济契约。合同签订生效后受到国家法律的保护，缔约双方都必须严肃认真地履行，一方违反合同条款而给另一方造成经济损失的，必须进行赔偿。对建设工程承包合同的管理，应包括合同的订立、履行、变更、争议、索赔、终止等方面内容。

（六）施工信息资料管理

施工信息资料主要包括工程技术资料、施工技术资料、技术标准和技术规程及国家颁布的有关法令、法规等。

工程技术资料是为交工验收准备并供建设单位存档的反映项目全过程实际情况的技术资料，是竣工验收的重要依据，也是该工程项目使用、管理、维修、改扩建的依据，主要包括：开、竣工报告，工程项目一览表，设备清单或明细表；设备监造、性能试验、出厂检查文件和记录；材质证明、检验报告、所安装机电设备及器材的开箱记录及质量合格证、产品说明书；设备调试、管线阀门试压、焊缝检查、探伤记录，绝缘遥测记录，接地遥测记录，生产装置试运行记录；隐蔽工程记录、工程质量评定记录、质量事故分析和处理报告、竣工验收证明；竣工图、图样会审记录、设计变更通知单、技术核定单等。

施工技术资料是施工单位建立的施工技术档案，工程完工后应整理编码立卷交企业档案部门存档，主要包括：项目质量计划、施工方案、施工组织设计及项目施工总结；重大质量、安全事故情况分析处理、施工技术总结的重要技术决定及实施记录；新技术推广应用及经验总结；包括施工全过程气象记录在内的其他应收集的技术文件资料。

技术资料作为项目施工的依据，应该真实、有代表性，并能如实地反映工程和施工中的情况，不得擅自修改，更不得仿造。在施工活动过程中形成的反映施工活动的技术经济、质量、安全、进度等方面情况的记录和总结资料，应当准确、及时。对存在的问题，经过认真复查，作出处理结论，评语要确切。项目施工技术文件资料的形成、收集和整理应当从合同签订及施工准备开始，直到竣工为止，贯穿于项目施工活动的全过程，必须完整无漏缺。

（七）与施工有关的组织与协调

施工项目的实施要做好各方面的协调工作，主要包括内部协调和外部协调。安装工程施工的内部协调应包括施工进度计划协调、施工生产资源协调、施工的工程质量协调、施工安全生产协调等。

二、施工项目目标控制的依据

施工项目目标控制是指在实现项目目标的过程中，项目管理机构依据事先拟定或认可的计划、原则、标准或措施等，及时检查、搜集项目实施状态的信息，将之与原计划或标准进行比较，发现偏差，分析偏差产生的原因，然后采取有效措施纠正偏差，保证施工计划正常进行，实现工程预定目标的过程。

项目经理部在制定施工项目控制目标时，主要依据有公司与业主签订的工程承包合同、项目的总进度计划、总预算、有关的设计图、招标文件、施工组织设计等文件资料，国家的政策、法规、标准和规程，生产要素市场的动态变化与发展趋势等。

三、施工项目目标控制的任务

施工项目控制的目的是排除干扰，实现合同目标，因此施工项目控制是实现施工目标的手段。

施工项目控制的任务就是五大目标控制，即进度控制、质量控制、成本控制、安全控制和现场控制。

进度控制是指使施工顺序合理，衔接关系适当，均衡、有节奏地施工，实现计划工期要求。

质量控制是指使分部分项工程达到质量检测评定标准的要求，实现保证施工质量的技术组织措施，保证合同目标质量等级的实现。

成本控制是指实现施工组织设计的降低成本措施，降低每个分项工程的直接成本，实现成本目标、利润目标和合同造价。

安全控制是指实现施工组织设计中的安全目标，控制劳动者、劳动手段和劳动对象及劳动环境，使人、物安全，断绝环境危险源。

施工现场控制是指科学组织施工，使场地料具堆放与管理、消防保卫、环境保护、职工生活等均符合规定要求。

施工项目目标控制的全过程也就是施工项目管理的全过程，它包括事先控制、事中控制和事后控制（图11-2）。

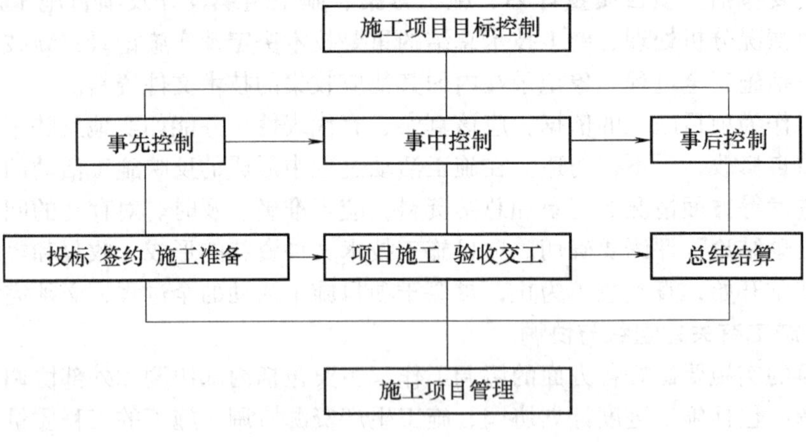

图11-2 施工项目目标控制的全过程

四、成本控制

施工项目成本是施工企业为完成施工项目的工程任务所耗费的各项生产费用的总和，它包括人工费、材料费、机械使用费、其他直接费和管理费用。

施工项目成本控制，就是在施工过程中，运用必要的技术与管理手段，对各项生产费用的开支进行监督，及时纠正发生的偏差，把各项费用支出控制在计划成本规定的范围内，以保证成本计划的实现。施工企业应以施工项目成本控制为中心进行成本控制。

（一）施工项目成本控制的内容

施工项目成本控制的全过程包括施工项目成本预测、成本计划编制、成本计划实施、成本动态控制、成本核算和成本分析等主要环节，这些环节又可分为事先控制、事中控制和事后控制（图11-3）。

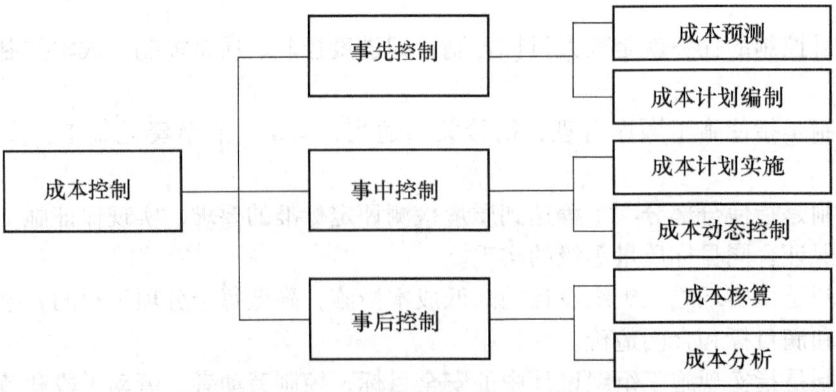

图11-3 施工项目成本控制的内容

1. 施工项目成本目标预测

施工项目成本目标预测的依据包括：施工企业的利润目标对企业降低工程成本的要求；施工项目的合同价格；施工项目成本估算（概算或预算）；施工企业同类施工项目的降低成本水平等。

施工项目成本目标预测可以按照下列步骤进行：

1）进行施工项目成本估算，确定可以得到补偿的社会平均水平的成本。目前，主要是根据概算定额或预算定额进行计算。企业全部进入市场后，应根据实物估价法进行科学计算。

2）根据合同承包价格计算施工项目的承包成本，并与估算成本进行比较：一般承包成本应低于估算成本。如高于估算成本，应对工程索赔和降低成本作出可行性分析。

3）根据企业利润目标提出的施工项目降低成本要求，企业同类工程的降低成本水平，以及合同承包成本，作出降低成本目标决策，计算出降低成本率，对降低成本率水平进行评估，在评估的基础上作出决策。

4）根据降低成本率决策目标计算出决策降低成本额目标和决策施工项目成本目标，在此基础上定出项目经理部责任成本目标。

2. 施工项目成本计划编制

施工项目成本计划应当由项目经理部进行编制，从而规划出实现项目经理成本承包目标的实施方案。施工项目成本计划的关键内容是降低成本措施的合理设计。

1）降低成本的措施要从技术方面和组织方面进行全面设计。技术措施要从施工作业所涉及的生产要素方面进行设计，以降低生产消耗为宗旨。组织措施要从经营管理方面，尤其是施工管理方面进行筹划，以降低固定成本，消灭非生产性损失，提高生产效率和组织管理效果为宗旨。

2）从费用构成的要素方面考虑，首先应降低材料费用。因为材料费用占工程成本的大部分，其降低成本的潜力最大。而降低材料费用首先应抓住关键性的材料，因为它们的品种少，而所占费用比重大，故不但容易抓住重点，而且易见成效。降低材料费用最有效的措施是改进设计或采用代用材料，它比改进施工工艺更有效，潜力更大。

3）降低机械使用费的主要途径是制定提高机械利用率和机械效率，以充分发挥机械生产能力的措施。随着施工机械化程度的不断提高，降低机械使用费的潜力也越来越大。

4）降低人工费用的根本途径是提高劳动生产率。提高劳动生产率必须通过提高生产工人的劳动积极性实现。

5）降低间接成本的途径一是由各业务部门进行费用节约承包；二是缩短工期。

6）必须重视降低质量成本的措施计划。施工项目质量成本包括内部质量损失成本、外部质量损失成本、质量预防成本与质量鉴定成本。降低质量成本的根本途径是提高工程质量，避免返工和修补。

3. 施工项目成本计划实施与动态控制

施工项目成本计划执行中的控制环节包括：施工项目计划成本责任制的落实，施工项目成本计划执行情况的检查与协调，施工项目成本核算等。

1）落实施工项目计划成本责任制　成本计划确定以后，要按计划的要求，采用目标分解的办法，由各承包者提出保证成本计划完成的具体措施，确保成本承包目标的实现。

2）加强成本计划执行情况的检查与协调　项目经理部应定期检查成本计划的执行情况，进行检查、分析、调整，采取措施，控制成本支出，尽量减少目标偏差，设计纠偏措施，落实执行责任，确保达到成本控制目标。

4. 成本核算与成本分析

建立施工项目成本核算制是当前施工项目管理的中心课题。用制度规定成本核算的内容并按规定程序进行核算，是成本控制取得良好效果的基础和手段。

施工项目成本分析的目的是找出成本升降的原因，总结项目管理经验，确定切实可行的改进措施，不断提高成本管理水平。成本分析既要贯穿于施工的全过程，服务于成本形成的过程，又要在施工后进行一次性分析，作出成本控制效果的判断，为以后的成本控制提供经验，这就是成本的事后控制。施工项目竣工后的成本分析包括：施工项目成本综合分析、单位工程成本分析和单项费用分析。

（二）施工项目成本控制的方法

1. 偏差控制法

施工中进行成本控制的偏差有三种：实际偏差，即项目的实际成本与承包成本之间的差异，实际偏差 = 实际成本 - 承包成本；计划偏差，即项目的计划成本（目标成本）与承包成本之间的偏差，计划偏差 = 承包成本 - 计划成本；目标偏差，即项目的实际成本与计划成本（目标成本）之间的偏差，目标偏差 = 实际成本 - 计划成本。

偏差控制法是在制定出计划成本的基础上，找出目标偏差并分析产生偏差的原因，采取措施减小或消除偏差，实现目标成本的科学管理方法。

目标偏差越小，说明控制效果越好，应尽量减小目标偏差。目标偏差为计划偏差与实际偏差之和。

2. 预算控制法

采用量入为出的原则，根据施工图预算中人工费、材料费、机械使用费和管理费的指标与费用控制施工过程费用。

3. 成本分析表法

施工成本控制的成本分析表包括成本日报、周报、月报表，分析表和成本预测报表等。成本分析表法是利用表格的形式调查、分析、研究施工成本的一种方法。

4. 进度—成本同步控制法

进度—成本同步控制法是运用成本与进度同步跟踪的方法控制工程的施工成本，如果成本与进度不对应，就要作为异常情况进行分析，找出原因，纠正偏差。

五、进度控制

施工项目进度控制是指在既定的工期内，按照已编制的进度计划实施，在执行中不断与原计划比较，找出偏差，分析原因及对工期的影响，提出必要的调整措施，确保实现进度计划。

（一）施工进度控制的内容

施工项目实施阶段的进度控制包括以下内容：

1）事先控制。编制施工进度控制工作细则，编制审核施工总进度计划，单位工程施工进度计划和年度、季度、月度工程进度计划等。

2）事中的控制。现场跟踪检查工程进展情况，收集、审核进度数据资料，分析产生偏差的原因，采取措施并调整进度计划等。

3）事后控制。归类整理施工进度资料并建档，修改、调整验收进度计划，组织验收等。

（二）施工进度控制的方法和措施

1. 施工进度控制的方法

1）规划。就是确定项目总进度目标和分进度目标。

2）控制。就是在项目进展中比较计划进度和实际进度，发现偏离及时纠正。施工进度的检查与进度计划的执行是融汇在一起的：计划检查是计划执行信息的主要来源，是施工进度调整和分析的依据，是进度控制的关键步骤。

3）协调。即协调各参加单位的进度关系，主要体现在调度工作方面。调度工作的内容包括：检查作业计划执行中的问题，找出原因，并采取措施解决；督促供应单位按进度要求供应资源；控制施工现场临时设施的使用；按计划进行作业条件准备；传达决策人员的决策意图；发布调度令等。要求调度工作做得及时、灵活、准确、果断。

2. 施工进度控制的措施

施工项目的控制措施有合同措施、组织措施、经济措施、技术措施和信息管理措施。

1）合同措施。项目经理部通过签订劳务承包合同将施工进度的控制落实到作业班组，主要有分别发包、提前施工、合同期与进度计划的协调等。

2）组织措施。组织措施在制定目标、协调目标的实现、目标检查、风险因素分析等环节发挥重要的职能。

3）经济措施。主要是保证资金供应，是目标控制的基础，包括目标控制中的资源配置和动态管理，劳动分配和物质激励等。

4）技术措施。施工项目目标控制中所用的技术措施有两类，即工艺（作业）技术和管理技术。

5）信息管理措施。通过计划进度与实际进度的动态比较，定期向建设单位提供比较报告等。

六、安全控制

（一）安全控制的目的

安全控制的目的是保证项目施工中没有危险、不出事故、不造成人身伤亡和财产损失。安全是为质量服务的，质量要以安全作保证。在质量控制的同时，必须加强安全控制。工程质量和施工安全同是工程建设两大永恒主题。安全既包括人身安全，也包括财产安全。

（二）安全控制的主要措施和控制要点

安全法规、安全技术和工业卫生是安全控制的三大主要措施。安全法规也称劳动保护法规，是用立法的手段制定保护职工安全生产的政策、规程、条例、制度。安全技术是指在施工过程中为防止和消除伤亡事故或减轻繁重劳动所采取的措施。工业卫生是指在施工过程中为防止高温、严寒、粉尘、噪声、振动、毒气、废液、污染等对劳动者身体健康的危害所采取的防护和医疗措施。

施工项目安全控制对象如表 11-1 所示。

表 11-1 施工项目安全控制对象

控制对象	安全控制措施	控制目的	控制内容
劳动者	安全法规	约束劳动者的不安全行为，消除或减少主观上的安全隐患	安全生产责任制、安全教育、安全事故调查与处理
劳动对象 劳动手段	安全技术	消除、减弱物的不安全状态，减轻对劳动者的威胁和财产损失	安全检查和安全技术管理
劳动条件劳动环境	工业卫生	形成良好的劳动条件，防止职业伤害	安全检查和安全技术管理

安全控制要点包括：

1）进行安全立法、执法和守法。

2）建立施工项目安全组织系统。

3）广泛深入地进行安全教育，提高安全意识和安全操作技能。

4）采取安全技术组织措施，其中包括技术措施和组织措施。

5）积极开展对安全防护和安全施工的研究，开发劳动保护和事故预防的新途径。

6）加强安全检查和考核，及时推广经验和解决问题，提高安全施工水平。

7）实行项目经理安全责任制，严格遵守安全纪律。

七、质量控制

质量控制是指施工项目从实施准备到交付使用全过程中，为保证和提高工程质量所进行的各项组织控制、管理工作。

施工项目质量目标控制必须依据有关的技术标准和管理标准，主要包括：工程设计图及说明书，工程施工及验收规范，本地区企业自身的技术标准和规程，施工合同中规定采用的有关技术标准，企业主管部门有关质量工作的规定，本企业的质量管理制度及有关质量工作的规定，项目经理部与企业签订的责任状及企业与业主签订的合同，施工组织设计等。

进行质量控制，必须按照质量管理体系要求 GB/T 19001—2016 或质量管理体系标准 ISO 9001—2015 建立质量体系，为质量控制提供组织保证，应积极创造条件，通过质量体系认证。

影响施工质量的 5 个要素即人、材、机、法、环，它们形成一个系统，要进行全面的质量控制，见表 11-2。

表 11-2 施工生产要素质量控制

施工生产要素	质量控制对象
人	对参与施工的人员整体素质的质量控制
材料	对工程原材料、构配件、设备的质量控制
机械	对所用施工机械设备的质量控制
方法	对所采用的施工方法、检测手段的质量控制
环境	对自然、管理、劳动作业环境进行质量控制

施工项目质量控制方法如图 11-4 所示。

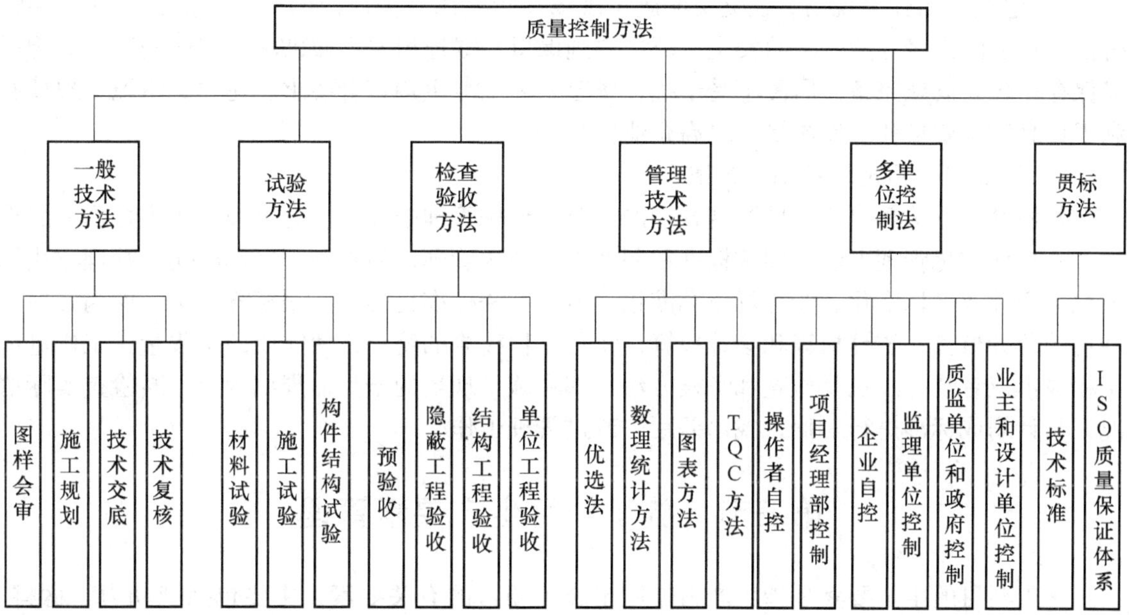

图 11-4　施工项目质量控制方法

八、施工现场控制

施工项目现场是指从事工程施工活动经批准占用的施工场地。该场地既包括红线以内占用的建筑用地和施工用地，又包括红线以外现场附近经批准占用的临时施工用地。它的控制是指对这些场地如何科学安排、合理使用，并与环境保持协调关系。

（一）施工现场控制的内容

1）合理规划施工用地。首先要保证场内占地的合理使用。当场内空间不充足时，应会同建设单位按规定向规划部门和公安交通部门申请，经批准后才能获得并使用场外临时施工用地。

2）在施工组织设计中，科学地进行施工总平面设计。施工组织设计是工程施工现场管理的重要内容和依据，施工总平面设计就是对施工场地进行科学规划、合理利用空间。在施工总平面图上，临时设施、大型机械、材料堆场、物资仓库、构件堆场、消防设施、道路及进出口、加工场地、水电管线、周转使用场地等，都应各得其所，关系合理合法，从而呈现出现场文明，有利于安全和环境保护，有利于节约，方便工程施工。

3）根据施工进展的具体需要，按阶段调整施工现场的平面布置。不同的施工阶段，施工的需要不同，现场的平面布置也应进行调整。不应当把施工现场当成一个固定不变的空间组合，而应当对它进行动态的管理和控制。但是调整也不能太频繁，以免造成浪费。

4）加强对施工现场使用的检查。现场管理人员应经常检查现场布置是否按平面布置图进行，是否符合各项规定，是否满足施工需要，还有哪些薄弱环节，从而为调整施工现场布置提供有用的信息，也使施工现场保持相对稳定，不被复杂的施工过程打乱或破坏。

5）建立文明施工现场。建立文明施工现场即指按照有关法规的要求，使施工现场和临时占地范围内秩序井然，文明安全，环境得到保持，绿地树木不被破坏，交通畅达，文物得以保存，防火设施完备，居民不受干扰，场容和环境卫生均符合要求。建立文明施工现场有利于提高工程质量和工作质量，提高企业信誉。

（二）施工项目现场控制的方法

各种管理方法都可以根据综合管理的需要在现场管理中选用。有三类方法应特别引起重视：一是标准化管理方法，即按标准和制度进行现场管理，使管理程序标准化、管理方法标准化、管理效果标准化、场容场貌标准化、考核方法标准化等。二是核算方法，即搞好施工现场的业务核算、统计核算和会计核算，实行三种核算的统一，使完成的工程量、工作量和工程成本三者统一。三是检查和考核方法，即在施工现场的全生命周期内，不断检查实际情况，与计划或标准进行对比，找出差距，改进管理工作。

第三节　施工项目生产要素管理

施工项目的生产要素是指生产力作用于施工项目的有关要素，主要包括劳动力、材料、机械设备、技术和资金等。施工项目的生产要素管理的根本意义在于节约活化劳动和物化劳动。

一、施工项目劳动管理

施工项目劳动管理是项目经理部把参加施工项目生产活动的人员作为生产要素，对其所进行的管理工作。其核心是按照施工项目的特点和目标要求合理地组织、使用和管理劳动力，培养和提高劳动者素质，激发劳动者的积极性与创造性，提高劳动生产率，全面完成工程合同，获取更大效益。

施工项目劳动组织管理的内容见表11-3。

表11-3　施工项目劳动组织管理的内容

管理方式	内容
对外包、分包劳务的管理	认真签订和执行合同，并纳入整个施工项目管理控制系统，及时发现并协商解决问题，保证项目总体目标实现 对其保留一定的直接管理权，对违纪不适宜工作的工人，项目管理部门拥有辞退权，对贡献突出者有特别奖励权 间接影响劳务单位对劳务的组织管理工作，如工资奖励制度、劳务调配等 对劳务人员进行上岗前培训并全面进行项目目标和技术交底工作
由项目管理部门直接组织的管理	严格项目内部经济责任制的执行。按内部合同进行管理 实施先进的劳动定额、定员，提高管理水平 组织与开展劳动竞赛，调动职工的积极性和创造性 严格职工的培训、考核、奖惩 加强劳动保护和安全卫生工作，改善劳动条件，保证职工健康与安全生产 抓好班组管理，加强劳动纪律管理

（续）

管理方式	内　容
与企业劳务管理部门共同管理	企业劳务管理部门与项目经理部通过签订劳务承包合同承包劳务，派遣作业队完成承包任务 合同中应明确作业任务及应提供的计划工日数和劳动力人数、施工进度要求及劳务进退场时间、双方的管理责任、劳务费计取及结算方式、奖励与罚款等 企业劳务部门的管理责任是：包任务量完成，包进度、质量、安全、节约、文明施工和劳务费用 项目经理部的管理责任是：在作业队进场后，保施工任务饱满和生产的连续性、均衡性；保物资供应、机械配套；保各项质量、安全防护措施落实；保及时供应技术资料；保文明施工所需的一切费用及设施 企业劳务管理部门向作业队下达劳务承包责任状 承包责任状根据已签订的承包合同建立，其内容主要有： （1）作业队承包的任务及计划安排 （2）对作业队施工进度、质量、安全、节约、协作和文明施工的要求 （3）对作业队的考核标准、应得的报酬及上缴任务 （4）对作业队的奖罚规定

二、施工项目材料管理

施工项目材料管理是项目经理部为顺利完成工程项目施工任务，合理使用和节约材料，努力降低材料成本所进行的材料计划、订货、采购、运输、库存保管、供应、加工、使用、回收等一系列的组织和管理工作。

施工项目现场材料管理的内容见表11-4。

表11-4　施工项目现场材料管理的内容

材料管理环节	内　容
材料消耗定额	应以材料施工定额为基础，向基层施工队、班组发放材料，进行材料核算 要经常考核和分析材料消耗定额的执行情况，着重于定额与实际用料的差异，非工艺损耗的构成等，及时反映定额达到的水平和节约用料的先进经验，不断提高定额管理水平 应根据实际执行情况积累和提供修订、补充材料定额的数据
材料进场验收	根据现场平面布置图，认真做好材料的堆放和临时仓库的搭设。要求做到方便施工、避免或减少场内二次运输 在材料进场时，根据进料计划、送料凭证、质量保证书或产品合格证，进行数量、质量的把关验收 材料的验收工作，要按质量验收规范和计量检测规定进行 验收要求严格，实行验品种、验规格、验质量、验数量的“四验”制度 验收时要做好记录，办理验收手续 对不符合计划要求或质量不合格的材料，应拒绝验收
材料储存与保管	进库的材料需验收后入库，并建立台账 现场堆放的材料，必须有必要的防火、防盗、防变质、防损坏措施 现场材料要按平面布置图定位放置，保管处置要得当，要合乎堆放保管制度要求 对材料要做到日清、月结、定期盘点、账物相符

（续）

材料管理环节	内　　容
材料领发	严格限额领发料制度，坚持节约预扣，余料退库。收发料具要及时入账上卡，手续齐全 施工设施用料，以设施用料计划进行总控制，实行限额发料 超限额用料时，须事先办理手续，填限额领料单，注明超耗原因，经批准后，方可领发材料 建立领发料台账，记录领发状况和节用状况
材料使用监督	组织原材料集中加工，扩大成品供应。要求根据现场条件，将混凝土、钢筋、木材、石灰、玻璃、油漆、砂、石等不同程度地集中加工处理 坚持按分部工程或按层数分阶段进行材料使用分析和核算，以便及时发现问题，防止材料超用 现场材料管理责任者应对现场材料使用进行分工监督、检查 是否认真执行领发料手续，记录好材料使用台账 是否按施工场地平面图堆料，按要求的防护措施保护材料 是否按规定进行用料交底和工序交接 是否严格执行材料配合比，合理用料 是否做到工完场清，要求“谁做谁清，随做随清，操作环境清，工完场地清” 每次检查都要做到情况有记录，原因有分析，明确责任，及时处理
材料回收	回收和利用废旧材料，要求实行交旧（废）领新、包装回收、修旧利废 施工班组必须回收余料，及时办理退料手续，在领料单中登记扣除 余料要造表上报，按供应部门安排办理调拨和退料 设施用料、包装物及容器等，在使用周期结束后组织回收 建立回收台账，处理好经济关系
周转材料现场管理	按工程量、施工方案编报需用计划 各种周转材料均应按规格分别整齐码放，垛间留有通道 露天堆放的周转材料应有限制高度，并有防水等防护措施 零配件要装入容器保管，按合同发放，按退库验收标准回收，做好记录 建立维修制度 周转材料需报废时，应按规定进行报废处理

三、施工项目机械设备管理

施工项目机械设备管理是指项目经理部针对所承担施工项目的具体情况，运用科学方法优化选择和配备施工机械设备，并在生产过程中合理使用，进行维修保养等各项管理工作。

施工项目机械设备选择的依据是：施工项目的施工条件、工程特点、工程量多少和工期要求等。选择的原则主要是：要适用于项目施工的要求，使用安全可靠、技术先进、经济合理。选择的方法有：综合评分法、单位工程量成本比较法、折算费用法（等值成本法）等。

四、施工项目技术管理

施工项目技术管理是项目经理部在项目施工过程中对各项技术活动过程和技术工作的各种要素进行科学管理的总称。

施工项目技术管理的主要工作见表11-5。

表 11-5 施工项目技术管理的主要工作

主要技术工作	摘 要
图样会审	会审图样由建设单位或其委托的监理单位、设计单位和施工单位三方代表参加 由监理单位（或建设单位）主持，先由设计单位介绍设计意图和图样、设计特点、对施工的要求。然后，由施工单位提出图样中存在的问题和对设计单位的要求，通过三方讨论与协商，解决存在的问题，写出会议纪要，交给设计人员，设计人员将纪要中提出的问题通过书面的形式进行解释或提交设计变更通知书 图样审查的内容包括： （1）是否是无证设计或越级设计，图样是否经设计单位正式签署 （2）地质勘探资料是否齐全 （3）设计图与说明是否齐全 （4）设计地震烈度是否符合当地要求 （5）几个单位共同设计的，相互之间有无矛盾；专业之间平、立、剖面图和工艺图之间是否有矛盾；标高是否有遗漏 （6）总平面与施工图的几何尺寸、平面位置、标高等是否一致 （7）防火要求是否满足 （8）各专业图样是否有差错及矛盾；表示方法是否清楚，是否符合制图标准；预埋件是否表示清楚；是否有钢筋明细表，钢筋锚固长度与抗震要求等 （9）施工图中所列各种标准图册施工单位是否具备，如无，如何取得 （10）建筑材料来源是否有保证 （11）地基处理方法是否合理，是否存在不能施工、不便于施工的技术问题或容易导致质量、安全、经费等方面的问题 （12）工艺管道、电气线路、运输道路与建筑物之间有无矛盾，管线之间的关系是否合理 （13）施工安全是否有保证
施工组织设计	详见第十章
技术交底	技术交底必须满足施工规范、规程、工艺标准、质量检验评定标准和建设单位的合理要求 整个工程施工、各分部分项工程、特殊和隐蔽工程、易发生质量事故与工伤事故的工程部位均须认真作技术交底 技术交底必须以书面形式进行，经过检查与审核，有签发人、审核人、接收人的签字 所有的技术交底资料，都要列入工程技术档案 由设计单位的设计人员向施工项目技术负责人交底的内容： （1）设计文件依据：上级批文、规划准备条件、人防要求、建设单位的具体要求及合同 （2）建设项目所处规划位置、地形、地貌、气象、水文地质、工程地质、地震烈度等 （3）施工图设计依据：包括初步设计文件，市政、规划、公用部门和其他有关部门（如绿化、环卫、环保等）的要求，主要设计规范，甲方供应及市场上供应的材料、设备情况等 （4）设计意图，包括设计思想、设计方案比较情况等 （5）施工时的注意事项，包括基础施工要求，主体结构设计采用新结构、新工艺和新材料等对施工提出的要求 施工项目技术负责人向下级技术负责人交底的内容： （1）工程概况一般性交底 （2）工程特点及设计意图 （3）施工方案 （4）施工准备要求 （5）施工注意事项，包括地基处理、主体结构施工、设备和工艺管道安装工程的注意事项及工期、质量、安全等 应按工程分部、分项进行交底，内容包括：设计图具体要求；施工方案实施的具体技术措施及施工方法；土建与其他专业交叉作业的协作关系及注意事项；各工种之间协作与工序交接质量检查；设计要求；规范、规程、工艺标准；施工质量标准及检验方法；隐蔽工程记录、验收时间及标准；成品保护项目、办法与制度、施工安全技术措施 工长向班组长交底，主要利用下达施工任务书的时候进行分项工程操作交底

（续）

主要技术工作	摘　　要
技术措施计划	依据施工组织设计和施工方案编制，总公司编制年度技术措施纲要，分公司编制年度和季度技术措施计划，项目经理部编制月度技术措施作业计划，并计算其经济效果 技术措施计划与施工计划同时下达至工长及有关班组执行 项目技术负责人应汇总当月的技术措施计划执行情况上报 技术措施计划的主要内容： （1）保证施工进度方面的技术措施 （2）保证和提高工程质量的技术措施 （3）节约劳动力、原材料、动力、燃料的措施 （4）推广新技术、新工艺、新结构、新材料的措施 （5）提高机械化水平、改进机械设备的管理以提高完好率和利用率的措施 （6）改进施工工艺和操作技术以提高劳动生产率的措施 （7）保证安全施工的措施
技术复核制度	为避免发生重大差错，在分项工程正式施工前，应按标准规定对重要项目进行复查、校核，主要复查项目内容如下： （1）构筑物。位置测量定位的标准轴线桩、水平桩、轴线标高 （2）基础（含设备基础）：土质、位置、标高、尺寸 （3）模板。尺寸、位置、标高，预埋件、预留孔牢固程度，模板内部的清理工作、湿润情况 （4）钢筋混凝土。现浇混凝土的配合比，现场材料的质量和水泥品种、等级，预制构件的安装位置、标高、型号、搭接长度、焊缝长度，吊装构件的强度 （5）砖砌体。墙身轴线、皮数杆、砂浆配合比 （6）大样图。钢筋混凝土柱、屋架、吊车梁及特殊屋面等大样图的形状、尺寸、预制和安装位置 （7）管道。管材、直径、配件、轴线位置、标高和坡度 （8）电气。变电、配电位置，高低压进出口方向，电缆沟位置、标高，送电方向 （9）设备。仪器仪表的完好程度，数量、规格以及根据工程需要指定的复核项目
其　他	安全技术公害防治等

五、施工项目资金管理

施工项目资金管理是指施工项目经理部根据工程项目施工过程中资金运作的规律，进行的资金收支预测、编制资金计划、筹集投入资金（施工项目经理部收入）、资金使用（支出）、资金核算与分析等一系列资金管理工作。

施工项目资金管理要点：

1）施工项目的资金归该施工项目经理部支配和使用。

2）项目经理部应在公司内部银行中申请开设独立账户，由内部银行按照“有偿使用”“存贷计息”“定额考核”，定额内低利率、定额外高利率的内部贷款办法，办理项目资金的收、支、划、转，由项目经理签字确认。

3）项目资金不足时，通过内部银行解决。

4）项目经理部在资金收支预测的基础上按月编制资金收支计划，公司工程部签订供款合同，公司总会计师批准，内部银行监督实施，月终提出执行情况分析报告。

5）项目经理部应及时向发包方收取工程预付备料款，做好分期结算、预算增减账、竣工结算等工作，定期进行资金使用情况和效果分析，不断提高资金管理水平和效益。

6）项目经理部对于由建设单位提交的“三材”和设备应设立台账，根据收料凭证及时入账，作为项目资金的重要组成部分，按月分析收入及耗用情况，定期与交料单位核对，保证数据资料完整、正确，为竣工结算创造条件。

7）项目经理部每月定期召开业主代表与分包、供应、加工各单位代表的碰头会，协调工程进度、配合关系、资金及甲方供料等事项。

第四节　工程施工合同订立

一、概念

（1）合同的概念　合同又称契约，它是指双方或多方当事人关于设立、变更、终止民事法律关系的协议。

（2）建设工程合同的概念　建设工程合同是指在工程建设过程中发包方与承包方依法订立的、明确双方权利义务关系的协议。在建设工程合同中，承包方的主要义务是进行工程建设，权利是得到工程价款。发包方的主要义务是支付工程价款，权利是得到完整、符合约定的建筑产品。

（3）建设工程合同的种类

1）按完成承包的内容进行划分，可分为建设工程勘察合同、建设工程设计合同和建设工程施工合同等。

2）按承发包的工程范围进行划分，可分为建设工程总承包合同，建设工程承包合同、分包合同等。

3）按付款方式进行划分，可分为总价合同、单价合同和成本加酬金合同。

（4）施工合同　施工合同即建筑安装工程承包合同，是发包方和承包方为完成商定的建筑安装工程，明确相互权利、义务关系的合同。依照施工合同，承包方完成一定的建筑安装工程任务，发包方应提供必要的施工条件并支付工程价款。

施工合同是工程建设的主要合同，是施工单位进行工程建设质量管理、进度管理、费用管理的主要依据之一。

对于施工企业项目经理而言，施工合同具有重要的意义，在市场经济中，施工行为的主要依据是当事人之间订立的施工合同，施工企业必须建立较强的合同意识，依据施工合同管理施工行为。

二、施工合同的订立

1. 订立施工合同应具备的条件

1）初步设计已经批准。

2）工程项目已经列入年度建设计划。

3）有能够满足施工需要的设计文件和有关技术资料。

4）建设资金和主要建筑材料设备来源已经落实。

5）通过招投标，中标通知书已经下达。

2. 订立施工合同的程序

施工合同作为合同的一种，其订立也应经过要约和承诺两个阶段，订立方式有两种：直接发包和招标发包。如果没有特殊情况，工程建设的施工都应通过招投标确定施工企业。中标通知书发出后，中标的施工企业应当与建设单位及时签订合同。依据《中华人民共和国招标投标法》和《工程建设施工招标投标管理办法》的规定，中标通知书发出30天内，中标单位应与建设单位依据招标文件、投标书等签订工程承发包合同（施工合同），签订合同的必须是中标的施工企业，合同价应与中标价一致。

如果中标企业拒绝与建设单位签订合同，则建设单位将不再返还其投标保证金（或投标保函出具者承担相应的保证责任），建设行政主管部门或其授权机构还可给予一定的行政处罚。

（一）施工合同示范文本文件构成

施工合同示范文本文件包括协议书、通用条款、专用条款及附件，见表11-6。

表11-6 施工合同示范文本文件构成

组成文件	文件内容
协议书	主要内容包括：工程概况、工程成本范围、合同工期、质量标准、合同价款、合同生效时间，明确对双方有约束力的合同文件
通用条款	规范承发包双方履行合同义务的标准化条款，包括：词语定义及合同文件，双方的一般权利和义务，施工组织设计和工期，质量与检验，安全施工，合同价款与支付，材料设备供应，工程变更，竣工验收与结算，违约、索赔和争议，其他等11个部分
专业条款	考虑到工程项目的内容、工期、施工现场的环境条件的各异，专业条款是对通用条款的必要修改与补充，具体内容由当事人根据发包工程的实际要求细化
附件	附件一　承包方承揽工程项目一览表 附件二　发包方供应材料设备一览表 附件三　工程质量保修书

（二）施工合同的订立

签订施工合同，必须按照《建设工程施工合同（示范文本）》的“合同条件”，明确约定合同条款。对可能发生的问题，要约定解决办法和处理原则。合同应具备以下主要内容：

1）工程名称、地点、范围、内容，工程价款及开竣工日期。

2）双方的权利、义务和一般责任。

3）施工组织设计的编制要求和工期调整的处置办法。

4）工程质量要求、检验与验收方法。

5）合同价款调整与支付方式。

6）材料、设备的供应方式与质量标准。

7）设计变更。

8）竣工条件与结算方式。

9）违约责任及处置办法。

10）争议解决方式。

11）安全生产防护措施。

订立施工合同应注意以下几方面：

（1）合同主体审查

1）承包人应注意审查发包人资质。对发包方主要应了解两方面内容：①主体资格，即建设相关手续是否齐全。例如建设用地是否已经批准，是否列入投资计划，规划、设计是否得到批准，是否进行了招标等。发包人如果属于分包人，审查其是否具有分包资格。②履约能力，即资金问题。发包人的实力、已完成的工程、市场信誉度、施工所需资金是否已经落实或可能落实等。

2）发包人应注意审查承包人资质：①承包人一般应为建筑企业法人，除了内部承包之外，公民个人不能成为建设工程合同的主体；②承包人应具有承包建设工程的资质。

（2）工程范围　发包人与承包人都应当对合同工程范围条款进行明确的约定，最好在合同中附上工程项目一览表及其工程量。

（3）建设工期　合同对工期的约定要准确、完善，如果存在中间交工工程，对中间交工工程的开工、竣工日期，也应在合同中作出明确约定。

（4）工程质量

1）发包人注意如下条款的约定：①施工的工程质量要符合国家现有的有关法律、法规、技术标准、设计文件和合同中规定的要求，经质量监督站核定为合格或优良；②工程所用的建筑材料、构配件和设备要有出厂合格证和必要的试验报告；③工程完工时承包人应向发包人提交完整的工程技术档案和竣工图，并负责办理工程竣工交付使用的有关手续；④应注意工程保修的约定。

2）作为承包人，关于工程质量条款的约定应确保己方能够满足，并且对于质量条款应尽量做简单约定。

（5）工程造价　发包人与承包人都应当注意以下事项：

1）工程造价，如为招标工程，则应以中标时确定的中标金额为准；如按初步设计总概算投资包干时，应以经审批的概算投资中与承包内容相应部分的投资为工程价款；如按施工图预算包干，则应以审查后的施工图总预算或综合预算为准。

2）合同造价是双方共同约定的条款，是承包方的利益所在，价款数额及付款日期应当明确、具体。暂定价、暂估价、概算价都不能作为合同价款，约而不定的造价不能作为合同价款。并且采用的合同价款方式双方要作出明确的约定：①对可调价格合同，双方对价款调整的方法应进行明确约定，包括材料、设备价格的涨落，设计变更，降雨、台风等自然因素等。②采用固定价格应注意明确包死价的种类。如为总价包死、单价包死，还是部分总价包死，以免履约过程中发生争议。还必须把风险范围约定清楚，约定具体的风险费用的计算方法，双方应约定一个百分比系数，也可采用绝对值法。一般来说，固定价格合同，特别是固定总价合同，承包人往往承担的风险较大。因此，双方在合同中要对相关的承包工程范围、设计图所涵盖的工程量进行详细约定，并对物价因素、非承包人原因引起的工程量变化（如设计变更）、地质条件变化等因素给予充分考虑，将必要因素纳入风险范围。

（6）技术资料交付时间　承包人应注意在合同中约定发包人向承包人提供与本工程项目有关的全部施工技术资料的时间，并且约定若发包人未按时提供资料，造成的工期损失或者工程变更应由发包人负责。

（7）材料和设备供应责任

1）若材料和设备供应采用承包人采购的方式，则发包人应注意在合同中详细地约定以下内容：①应详细填写材料和设备供应的具体内容、品种、规格、数量、单价、质量等级、时间和地点；②应约定供应方承担的具体责任。

2）若材料和设备的供应采用发包人供材、发包人指定、发包人审核，则承包人应注意在合同中详细地约定以下内容：①应详细填写材料和设备供应的具体内容、品种、规格、数量、单价、质量等级、时间和地点；②应约定供应方承担的具体责任；③双方应约定供应材料和设备的结算方法（可以选择预结法、现结法、后结法或其他方法）；④由发包人指定材料时，应将材料名称、品牌、型号、厂家、价格调整方式等约定清楚；⑤如发包人限价时，应注意约定发包人审核的程序及期限，以免耽误工期。

（8）工程进度款的拨款和结算　对于承包人，工程进度款的约定尤为重要。工程进度款通常按月支付或按工程进度拨付。

1）约定按工程进度拨付的，应注意约定审核的时限及未能在时限内确认的违约责任。如约定“甲方应在收到乙方月进度报告后7日内审核完毕，逾期则以乙方送审的工程量为准”。有的发包人为了加大对审核进度款的约束，故意约定复杂的审核程序，如约定工程量审核需经项目经理、财务部长、主管经理、董事长签字并加盖公章，此时承包人应引起重视，并采取相应的对策。

2）约定按月支付，支付额度为上月完成工程量的相应比例。但某些建设项目大量增加合同外的工作量，使工程造价成倍增长，而工程款支付以合同价款为基数，并根据形象进度付款，造价的不准确必然导致工程款支付严重不足。合同外增加的价款，应约定当月签证，纳入当月支付。

（9）竣工验收　此条款的约定应以国家有关部委颁发的《关于基本建设项目竣工验收的暂行规定》《工程施工及验收规定》《建筑安装工程质量评定标准》和其他有关的竣工验收规定及施工图说明书、施工技术文件为依据。

（10）质量保修范围和质量保证期　发包人应当特别注意在合同中约定建设工程的质量保修范围和质量保证期。

（11）违约责任的约定　应具有可操作性，以利于执行。

（12）其他条款

1）作为承包人或者发包人，由于工程大，或者工程数量多，因此要办理授权手续。对于双方各自委派的人员，要向对方列出名单，明确职责和权限。特别应将具有变更、签证、价格确认、验收确认等具有签认权的人员，签认范围、程序、生效条件等约定清楚，防止无权人员随意签字，或超出权限签字。

2）争议管辖的约定不能违反级别管辖、专属管辖的规定，选择仲裁的，仲裁委员会的名称应当准确无误。

3）如果合同各方对合同履行有特殊要求的，均应当在合同中予以明确约定。

合同样本

发包方（甲方）：

承包方（乙方）：

兹有乙方现承包甲方发包的工程，根据有关法律、法规的规定，结合本工程的具体情况，甲、乙双方在平等、自愿的基础上协商一致，达成如下条款，并共同遵守执行。

一、工程概况：

1. 工程名称：

2. 工程地点：

3. 承包内容：

4. 承包范围：

5. 承包方式：

6. 质量要求：

7. 工期要求：年 月 日至 年 月 日。

二、甲方工作：

1. 甲方指派 为驻工地代表，负责履行本合同的相关事宜，全面、全权负责现场的管理工作，对乙方的工程质量、进度、用料、安全文明等工作进行监督、检查。

2. 负责向乙方提供临时水电。

三、乙方工作：

1. 乙方 为驻工地代表，常驻现场，负责履行合同范围内的应尽职责，按照甲方要求组织施工，保质、保量、按期完成施工任务，服从甲方工地代表的监督和管理。

2. 做好承包范围内各相关工种间的交叉配合工作，竣工验收交钥匙前的成品保护工作由乙方负责。

3. 未经甲方同意，不得擅自拆改原建筑结构或设备管线。

四、关于质量的约定：

1. 乙方须严格按照甲方要求和施工图、做法说明及设计变更等进行施工，工程质量达到施工合同要求，相关质量验收规范（GB 50210—2001、GB 50303—2002、GB 50242—2002、GB 50327—2001 等）作为本工程的质量评定验收标准。

2. 如因乙方责任原因造成质量不合格或不能通过验收，其返工费用由乙方承担，工期不顺延。

3. 如因甲供材料质量不合格而影响工程质量，其返工费用由甲方承担，工期顺延。

4. 本工程质保期为壹年，质量保修期自竣工验收之日起计。保修期内如发生质量问题，乙方须无偿履行保修责任。

五、关于工期的约定：

1. 如因甲方不能按约给付乙方工程进度款而影响工期，工期顺延。

2. 如因乙方责任造成中途无故停工、窝工而影响工期，工期不顺延。

3. 因业主等不可抗力的因素而影响工期，工期顺延。

六、关于价款和结算的约定：

1. 双方商定本工程合同承包价格________元（人民币）。

2. 本承包价格包含人工费、机械费、进退场费、垃圾清运费、材料上运费等。

3. 付款方式：

a. 开工后 8 日内，甲方付款 30% 元作为乙方的前期进场费。

b. 水电工程隐蔽验收后，甲方付款 30% 元。

c. 瓦工及木基层、木饰面验收后、漆工进场时，甲方付款 15% 元。

d. 竣工验收合格后，甲方付款 20% 元。

e. 余款 5% 待壹年保修期满后结清。

七、关于材料的约定：

1. 甲方负责同业主联系及时提供乙方所需材料，并按时到场。经乙方验收入库后，由乙方负责保管。如因乙方保管不善而造成损坏，由乙方照价赔偿。

2. 乙方须在预算定额范围内使用材料（包括临时电），材料损耗按定额计，超支的不合理材耗由乙方自行承担，并在承包价格中相应扣减。

3. 所有进场的业主供材，乙方不得擅自挪用。

八、关于安全生产的约定：

1. 甲乙双方另行签订安全协议，作为本合同的附件，与本合同具有同等的法律效力。

2. 乙方须严格遵守甲方和物管部门的规章制度，以及对文明现场和安全生产的要求。

3. 乙方须严格遵守安全协议中的条款，严禁在施工现场发生违法乱纪等行为。

九、关于违约责任的约定：

1. 乙方须自行完成本施工任务，严禁乙方将本项目再次进行分包或转包。

2. 因乙方责任原因而延误工期逾期完工，每延期一天乙方向甲方赔付违约金×××元。

3. 乙方必须给进场施工的工作人员购买人身保险，在施工中发生安全生产事故造成人身伤害或财产损失，由乙方承担经济赔偿责任。

4. 如乙方违约给甲方造成经济损失，由乙方负责经济赔偿，且甲方有权单方终止本合同。

本合同一式两份，甲乙双方各执一份，自签订之日起生效，履行完毕后即终止。其中未尽事宜，双方友好协商解决。

甲方（签章）： 乙方（签字）：

年 月 日 年 月 日

三、施工合同文本组成及顺序

组成施工合同的文本包括：

1）施工合同协议书，这个协议书主要是经过双方对工程有关问题的洽商，还包括变更的书面协议，同时还有相关的变更文件，这些都可以看成施工合同的组成部分。

2）中标通知书。

3）投标书和附件。

4）施工合同专用条款。

5）施工合同通用条款。

6）施工标准、施工规范以及与之相关的技术文件。

7）图样。

8）工程量清单。

9）工程报价单、工程预算书等重要资料。

以上所说的各种合同文件，可以起到互相解释互相说明的作用，当合同文件出现不同的问题时，可以按照相应的顺序进行解释，以上面的顺序作为优先选择顺序进行解释。如果合同文件出现不同，或是模糊不清的问题时，或是说有难以理解的情况，可以按照合同存在争议的问题来解决，并在不违反法律或是行政法规等相关要求的情况下，经过一定的协商，修改或是变更施工合同，对于修改或是变更过的协议与文件，其效力应该高于其他合同文件，签署在后的文件高于签署在前的文件。然而招标文件可以说是最高的文件，如果不响应招标文件就可能是一种作废的标书，因此，与招标文件不相符的合同可以在施工合同中进行相应的约定。

第五节 工程施工合同的管理

施工合同管理是指各级工商行政管理机关、建设行政主管机关，以及工程发包单位、监理单位、承包单位，依据法律法规、规章制度，采取法律的、行政的手段，对施工合同关系进行组织、指导、协调及监督，保护施工合同当事人的合法权益，处理施工合同纠纷，防止和制裁违法行为，保证施工合同贯彻实施的一系列活动。

施工合同管理，既包括各级工商行政管理机关、建设行政主管机关对施工合同进行宏观管理（第一层次），也包括建设单位（业主）、监理单位、承包单位对施工合同进行微观管理（第二层次）。合同管理贯穿招标投标、合同谈判与签约、工程实施、交工验收及保修阶段的全过程。

现代工程体积大、结构复杂、技术和质量标准高、周期长，施工阶段及保修期施工合同管理是一项长期的、循序渐进的工作。施工合同管理是综合性的、全面的管理工作，在工程项目管理中进度控制、质量控制、投资控制和信息管理已成为承包商施工合同管理的核心。施工合同管理与效益、风险密切相关，在工程实施过程中，由于工程价值量大，合同价格高，合同实施时间长、涉及面广，受政治、经济、社会、法律和自然条件等的影响较大，合同管理水平的高低直接影响双方当事人的经济效益。同时，合同本身常常隐藏着许多难以预测的风险，在工程实施过程中内外干扰事件多且具有不可预见性，使合同变更非常频繁。

一、施工合同管理的内容

1）建立合同实施的保证体系，确保合同实施过程中的一切日常事务性工作有秩序地进行，使工程项目的全部合同事件处于控制中，保证合同目标的实现。

2）对合同执行情况进行监督。承包商应以积极合作的态度完成自己的合同责任，努力做好自查、自督，并监督各工程小组和分包商按合同施工，认真做好各分合同的协调和管理工作，同时也应督促并协助业主和监理工程师完成他们的合同责任，以保证工程施工顺利进行。

3）对合同的实施进行跟踪。主要包括：收集合同实施的信息及各种工程资料，并作出相应的信息处理；将合同实施情况与计划进行对比分析，找出偏离；对合同履行情况作出诊断；向项目经理及时通报合同实施情况及问题：提出合同实施方面的意见、建议等。

4）进行合同变更管理。参与变更谈判，对合同变更进行事务性处理，落实变更措施，修改变更相关的资料，检查变更措施落实情况，并及时反馈给项目经理和业主（监理工程师）。

5）索赔管理和反索赔。包括与业主之间的索赔和反索赔，与分包商、材料供应商及其他方面之间的索赔和反索赔。

二、施工合同的实施

（一）对不可抗力事件的管理

不可抗力是指合同当事人不能预见、不能避免并不能克服的客观情况。建设工程施工中的不可抗力包括因战争、动乱、空中飞行物坠落或其他非发包方、承包方责任造成的爆炸、火灾，以及专用条款约定程度的风、雨、雪、洪水、地震等自然灾害。

不可抗力事件发生后，对施工合同的履行会造成较大的影响。在施工合同的履行中，应当加强管理，在可能的范围减少或者避开不可抗力事件的发生（如爆炸、火灾等有时就是因为管理不善引起的）。不可抗力事件发生后应当尽量减少损失。

因合同一方迟延履行合同而发生不可抗力的，不能免除迟延履行方的相应责任。

（二）保险的管理

虽然我国对工程保险（主要是施工过程中的保险）没有强制性的规定，但随着业主负责制的推行，以前存在着事实上由国家承担不可抗力风险的情况将会有很大改变。工程项目参加保险的情况会越来越多。

双方的保险义务分担如下：

1）工程开工前，发包方应当为建设工程和施工场地内发包方人员及第三方人员生命财产办理保险，支付保险费用。发包方可以将上述保险事项委托承包方办理，但费用由发包方承担。

2）承包方必须为从事危险作业的职工办理意外伤害保险，并为施工场地内自有人员生命财产和施工机械设备办理保险，支付保险费用。

3）运至施工场地内用于工程的材料和待安装设备，不论由承发包双方任何一方保管，都应由发包方（或委托承包方）办理保险，并支付保险费用。

保险事故发生时，承发包双方有责任尽力采取必要的措施，防止或者减少损失。

（三）担保的管理

担保的方式有保证、抵押、质押、留置和定金五种。在施工合同中，一般都是以信誉较好的第三方（如银行）出具保函的方式担保施工合同当事人履行合同。从担保理论上说，这种保函实际是一份保证书，是一种保证担保。这种担保是以第三方的信誉为基础的，对于担保义务人而言，可以免于向对方交纳一笔资金或者提供抵押、质押财产。

对于项目经理而言，提供担保后，己方履行合同的约束力增加了。由银行出具保函时，如果己方违约，发包方将要求银行支付保函中承诺的保证金。银行支付后，即产生向施工企业要求赔偿的权利。所以当施工企业的履约信誉不佳时，银行会拒绝出具保函；如果出现违约事件，最终受损失的是施工企业。因此，项目经理及其项目部应当严格履行合同规定的各项义务。

当合同都顺利履行以后，履约担保将被退回。

（四）工程转包与分包的管理

施工企业的施工力量、技术力量、人员素质、信誉好坏等，对工程质量、投资控制、进度控制等有直接影响。发包方是在经过了一系列考察，以及资格预审、投标和评标等活动之后选中承包方的，签订合同不仅意味着双方对报价、工期等可定量化因素的认可，也意味着发包方对承包方的信任。因此，在一般情况下，承包方应当以自己的力量来完成施工任务或者主要施工任务。

（1）工程转包　工程转包是指不行使承包方的管理职能，不承担技术经济责任，将所承包的工程倒手转给他人承包的行为。承包方不得将其承包的全部工程转包给他人，也不得将其承包的全部工程肢解以后以分包的名义分别转包给他人。工程转包不仅违反合同，也违反了《中华人民共和国建筑法》的规定。

工程转包形式包括：

1）承包方将承包的工程全部包给其他施工单位，从中提取回扣者。

2）承包方将工程的主要部分或群体工程（指结构技术要求相同的）中半数以上的单位工程包给其他施工单位者。

3）分包单位将承包的工程再次分包给其他施工单位者。

（2）工程分包 工程分包是指经合同约定和发包单位认可，从工程承包方承包的工程中承包部分工程的行为。承包方按照有关规定对承包的工程进行分包是允许的。

1）分包合同的签订。承包方必须自行完成建设项目（或单项、单位工程）的主要部分，其非主要部分或专业性较强的工程可分包给营业条件符合该工程技术要求的建筑安装单位。结构和技术要求相同的群体工程，承包方应自行完成半数以上的单位工程。

承包方按专用条款的约定分包所承包的部分工程，并与分包人签订分包合同。非经发包方同意，承包方不得将承包工程的任何部分分包。

分包合同签订后，发包方与分包人之间不存在直接的合同关系。分包人应对承包方负责，承包方对发包方负责。

2）分包合同的履行。工程分包不能解除承包方任何责任与义务。承包方应在分包场地派驻相应监督管理人员，保证本合同的履行。分包单位的任何违约行为、安全事故或疏忽导致工程损害或给发包方造成其他损失，承包方承担连带责任。

分包工程价款由承包方与分包单位结算。发包方未经承包方同意，不得以任何形式向分包单位支付各种工程款项。

（五）合同争议的管理

合同当事人在履行施工合同时发生争议，可以和解或者要求合同管理及其他有关主管部门调解。当事人不愿和解、调解或者和解、调解不成的，双方可以在专用条款内约定以下一种方式解决争议：①双方达成仲裁协议，向约定的仲裁委员会申请仲裁；②向有管辖权的人民法院起诉。

以上两种争议解决方式都是最终的解决方式，只能约定其中一种。如果由仲裁作为最终的解决方式，则这部分内容将成为仲裁协议。双方必须约定具体的仲裁委员会，否则仲裁协议将无效，因为仲裁没有法定管辖。

发生争议后，在一般情况下，双方都应继续履行合同，保持施工连续，保护好已完工程。

只有出现下列情况时，当事人方可停止履行施工合同：

1）单方违约导致合同确已无法履行，双方协议停止施工。

2）调解要求停止施工，且为双方接受。

3）仲裁机构要求停止施工。

4）法院要求停止施工。

（六）施工合同的解除管理

施工合同订立后，当事人应当按照合同的约定履行自己的义务。但是在一定的条件下，合同没有履行或者完全履行，当事人也可以解除合同。常有以下几种形式：

（1）合同的协商解除 施工合同当事人协商一致，可以解除合同。这是在合同成立以后、履行完毕以前，双方当事人通过协商而同意终止合同关系的解除。当事人的这项权利是合同中意思自治的具体体现。

(2) 发生不可抗力时合同的解除　因为不可抗力或者非合同当事人的原因，造成工程停建或缓建，致使合同无法履行，合同双方可以解除合同。

(3) 当事人违约时合同的解除

1) 发包方不按合同约定支付工程款（进度款），双方又未达成延期付款协议，导致施工无法进行，承包方停止施工超过 56 天，发包方仍不支付工程款（进度款），承包方有权解除合同。

2) 承包方将其承包的全部工程转包给他人或者肢解后以分包的名义分别转包给他人，发包方有权解除合同。

3) 合同当事人一方的其他违约致使合同无法履行，合同双方可以解除合同。

(七) 违约责任的管理

合同违约责任是指当事人任何一方不履行合同义务或者履行合同义务不符合约定而应当承担的法律责任。当事人一方不履行合同义务，或履行合同义务不符合约定的，应当承担继续履行、采取补偿措施或者赔偿损失等违约责任。当事人双方都违反合同的，应各自承担相应的责任。

违约责任的形式：

1) 承包方不能按合同工期竣工，工程质量达不到约定的质量标准，或由于承包方原因致使合同无法履行，承包方承担违约责任，赔偿因其违约给发包方造成的损失。双方应当在专用条款内约定承包方赔偿发包方损失的计算方法或者承包方应当支付违约金的数额或计算方法。

2) 一方违约后，另一方可按双方约定的担保条款，要求提供担保的第三方承担相应责任。

3) 一方违约后，另一方要求违约方继续履行合同时，违约方承担违约责任后仍应继续履行合同。

施工企业在违约责任的管理方面，首先要管好己方的履约行为，避免承担违约责任。如果发包方违约的，应当督促发包方按照约定履行合同，并与之协商违约责任的承担。特别应当注意的是收集和整理对方违约的证据，因为不论是协商还是仲裁、诉讼，都要依据证据维护自己的权益。

第六节　工程施工索赔

施工索赔是指当事人在合同实施过程中，根据法律、合同规定及惯例，对不应由自己承担责任的情况造成损失，向合同的另一方当事人提出给予补偿或赔偿要求的行为。发生在工程建设的各个阶段的索赔，统称工程索赔。工程索赔是一种正常的现象，一般在施工阶段索赔发生较多。

一、概念

(1) 施工索赔　施工索赔是在施工过程中，承包商根据合同和法律的规定，对并非由于自己的过错所造成的损失，或承担了合同规定之外的工作所付的额外支出，向业主提出在经济或时间上要求补偿或赔偿的权利。

（2）施工反索赔　施工反索赔是在施工过程中，业主根据合同和法律的规定，对并非由于自己的过错所造成的损失，向承包商提出在经济或工期上要求赔偿的权利。

施工索赔是双方面的，既包括承包商向业主的索赔，也包括业主向承包商的索赔。索赔属于经济补偿行为，而不是惩罚；是合法的权利，而不是无理争利。而承包商向业主的索赔则是索赔管理的重点和难点。

二、施工索赔分类

1. 按照索赔目的分

1）工期索赔。指由于非承包人责任的原因而导致施工进程延误，要求批准顺延合同工期的索赔行为。

2）费用索赔。费用索赔的目的是要求经济补偿。当施工的客观条件改变导致承包人增加开支，承包人要求对超出计划成本的附加开支给予补偿，以挽回不应由他承担的经济损失。

2. 按照索赔事件的性质分

1）工程延误索赔。主要表现在由于业主的原因不能按原定计划的时间进行施工所引起的索赔。业主未能按合同规定提供施工条件，如未及时交付图样、技术资料、场地、道路等；承包商因业主指令停止工程实施；其他不可抗力因素作用等原因，造成工程中断，或工程进度放慢，使工期拖延。承包人对此提出索赔。

2）工程变更索赔。由于业主或工程师指令修改设计、增加或减少工程量、增加或删除部分工程、修改实施计划、变更施工次序等，造成工期延长和费用增加，承包人对此提出索赔。

3）合同被迫终止索赔。由于发包人或承包人违约以及不可抗力事件等原因造成合同非正常终止，无责任的一方因其蒙受经济损失而向对方提出索赔。

4）施工加速索赔。施工加速索赔经常是工程延误或工程变更索赔的结果，有时也被称为“赶工索赔”。而施工加速索赔与劳动生产率的降低关系极大，因此，又称为劳动生产率损失索赔。

如果业主要求承包商比合同规定的工期提前，或者因工程前段的工程拖期，要求后一阶段工程弥补已经损失的工期，使整个工程按期完工。这样，承包商可以因施工加速成本超过原计划的成本而提出索赔，其索赔的费用一般应考虑加班工资、雇用额外劳动力、采用额外设备、改变施工方法、提供额外监督管理人员和由于拥挤、干扰加班引起疲劳的劳动生产率损失所引起的费用的增加。

5）不利现场条件索赔。不利的现场条件是指合同的图样和技术规范中所描述的条件与实际情况有实质性的不同，或合同中虽未作描述但是一个有经验的承包商无法预料的。不利现场条件索赔应归咎于确实不易预知的某个事实。如现场的地下水、地质断层、溶洞、地下障碍物等，只能根据某些地质钻孔和土样试验资料来分析和判断。

6）其他索赔。如因货币贬值，汇率变化，物价、工资上涨，政策法令变化等原因引起的索赔。

3. 按索赔处理方式和处理时间不同分

1）单项索赔。它是指在工程实施过程中，出现了干扰原合同的索赔事件，承包商为此事件提出的索赔。如业主发出设计变更指令，造成承包商成本增加，工期延长。单项索赔往往在合同中规定必须在索赔有效期内完成，如果超过规定的索赔有效期，则该索赔无效。因此对于单项索赔，必须有合同管理人员对日常的每一个合同事件进行跟踪，一旦发现问题，即应迅速研究是否对此提出索赔要求。

单项索赔由于涉及的合同事件比较简单，责任分析和索赔值计算不太复杂，金额也不会太大，双方往往容易达成协议，获得成功。

2）一揽子索赔，又称总索赔。它是指承包商在工程竣工前后，将施工过程中已提出但未解决的索赔汇总一起，向业主提出一份总索赔报告的索赔。

对于一个有索赔经验的承包商来说，一定要掌握索赔的有利时机，力争单项索赔，使索赔在施工过程中一项一项地解决。对于实在不能单项解决，需要一揽子索赔的，也应力争在施工建成移交之前完成主要的谈判与付款。

三、索赔的依据、目的

（1）索赔的依据　索赔的依据是签订的合同和有关法律、法规、规章及与此有关的证据。没有依据合同和法律提出的各种证据，索赔不能成立。

（2）施工索赔的目的　施工索赔是承包商保护自身权益、弥补工程在工期和经济上的损失、提高经济效益的重要和有效的手段，补偿索赔方在工程中的损失。

四、索赔的原因

在工程施工中引起索赔的原因很多，也很复杂，主要有以下几方面：

1. 业主违约的原因

1）没有按合同规定提供设计资料、图样，未及时下达指令、答复请示，使工程延期。

2）没有按合同规定的时期交付施工现场、道路，提供水电。

3）没有提供应由业主提供的材料和设备，使工程不能及时开工或造成工程中断。

4）未按合同规定按时支付工程款。

5）业主处于破产境地或不能再继续履行合同或业主要求采取加速措施，业主希望提前交付工程等。

6）业主要求承包商完成合同规定以外的义务或工作。

2. 合同文件缺陷的原因

1）合同条文间有矛盾，措词不当等。

2）由于合同文件复杂，对合同权利和义务的范围、界限的划定理解不一致，致使工程管理方面产生的损失。

3. 勘测、设计的原因

1）现场条件与设计图不符合，造成工程报废、返工、窝工。

2）地质条件的变化。工程地质与合同规定不一致，出现异常情况，如未标明管线、古墓或其他文物等。

4. 业主和监理工程师方面的原因

1）各承包单位技术和经济关系错综复杂，互相影响。

2）下达错误的指令，提供错误的信息。

3）业主或监理工程师指令增加，减少工程量，增加新的附加工程，提高设计、施工材料的标准，不适当决定及苛刻检查。

4）非承包商原因，业主或监理工程师指令中止工程施工。

5）在工程施工和保修期间，由于非承包商原因造成未完成和已完工程的损坏。

6）业主要求修改施工方案，打乱施工程序。

7）非承包商责任的工程拖延。

5. 不可抗力的原因

1）特别反常的气候条件或自然灾害，如超标准洪水、地下水、地震。

2）经济封锁、战争、动乱、空中飞行物坠落。

3）建筑市场和建材市场的变化。材料价格和工资大幅度上涨。

4）国家法令的修改、城建和环保部门对工程新的建议和要求或干涉。

5）货币贬值，外汇汇率变化。

6）其他非业主责任造成的爆炸、火灾等形成对工程实施的内、外部干扰。

五、索赔的证据资料

索赔的证据是在合同签订和合同实施过程中产生的用来支持其索赔成立或和索赔有关的证明文件和资料。主要有合同资料、日常的工程资料和合同双方信息沟通资料等。证据作为索赔文件的一部分，关系到索赔的成败。证据不足或没有证据，索赔不能成立。证据又是对方反索赔攻击的重点之一。

1）招标文件、合同文本及附件，其他各种签约（备忘录、修正案等），业主认可的工程实施计划，各种工程图（包括图样修改指令），技术规范等；承包商的报价文件，包括各种工程预算和其他作为报价依据的资料，如环境调查资料、标前会议和澄清会议资料等。

2）来往信件（书信、电子邮件等）。如业主的变更指令，各种认可信、通知，对承包商问题的答复信等。这里注意，商讨性的和意向性的信件通常不能作为变更指令或合同变更文件。在合同实施过程中，承包商对业主和工程师的口头指令、传真件、电子邮件等和对工程问题的处理意见要及时索取书面证据。来信的信封也要封存，信封上的邮戳记载着发信和收信的准确日期，起证明作用。

3）各种会议纪要。在标前会议和决标前的澄清会议上，业主对承包商问题的书面答复，或双方签署的会谈纪要；在合同实施过程中，业主、工程师和各承包商定期会商，研究实际情况，作出的决议或决定。它们可作为合同的补充。但会谈纪要须经各方签署才有法律效力。

4）施工进度计划和实际施工进度记录。包括总进度计划、开工后业主的工程师批准的详细的进度计划、每月进度修改计划、实际施工进度记录、月进度报表等。这不仅包括工程的施工顺序、各工序的持续时间，还包括劳动力、管理人员、施工机械设备、现场设施的安排计划和实际情况，材料的采购订货、运输、使用计划和实际情况等。

5）施工现场的工程文件，如施工记录、施工备忘录、施工日报、工长和检查员的工作日记、监理工程师填写的施工记录和各种签证等。它们应能全面反映工程施工中的各种情况，如劳动力数量与分布、设备数量与使用情况、进度、质量、特殊情况及处理。各种工程统计资料，如周报、旬报、月报。这些报表通常包括工程实际和计划进度对比、实际和计划成本对比和质量分析报告、合同履行情况评价等。

6）工程照片。如表示工程进度的照片、隐蔽工程覆盖前的照片、业主责任造成返工和工程损坏的照片等。

7）气象报告。如果遇到恶劣的天气，应作记录，并请工程师签证。

8）工程中各种检查验收报告和各种技术鉴定报告。工程水文地质勘探报告、土质分析报告、文物和化石的发现记录、地质承载力试验报告、隐蔽工程验收报告、材料试验报告、材料设备开箱验收报告、工程验收报告等，它们能证明工程质量。

9）工地的交接记录（应注明交接日期，场地平整情况，水、电、路情况等），图样和各种资料交接记录。工程中送停电、送停水、道路开通和封闭的记录和证明，它应有工程师签证。合同双方在工程中各种文件和资料的交接都应有一定的手续，要有专门的记录，防止在交接中出现漏洞和说不清楚的情况。

10）材料和设备的采购、订货、运输、进场、使用方面的记录、凭证和报表等。

11）市场行情资料，包括市场价格、官方的物价指数、工资指数、中央银行的外汇比率等公布材料。

12）各种会计核算资料。包括：工资单、工资报表、工程款账单，各种收付款原始凭证，总分类账、管理费用报表，工程成本报表等。

13）符合国家法律要求的其他证据材料和规范性政策文件。

六、施工索赔处理程序

1）索赔事件发生后28天内，承包商完成索赔事件发生原因、索赔理由分析、索赔理由评价，并向工程师发出索赔意向通知。

2）发出索赔意向通知后28天内，向工程师提出延长工期和（或）补偿经济损失的索赔报告及有关证据（工期延长或费用增加证据）资料。

3）工程师在收到承包方送交的索赔报告和有关资料后，于28天内给予答复或要求承包方进一步补充索赔理由和证据。

4）工程师在收到承包方送交的索赔报告和有关资料后28天内未予答复或未对承包方作进一步要求，视为该项索赔已经认可。

5）当该索赔事件持续进行时，承包方应当阶段性向工程师发出索赔意向，在索赔事件终了后28天内，向工程师提交索赔的有关资料和最终索赔报告。

6）索赔的解决阶段。其解决方法有：和解、调解、仲裁、诉讼。

和解即双方私了。合同双方在自愿互谅的基础上，按照合同规定自行协商，通过摆道理，弄清责任，共同商讨，互作让步，使争执得到解决。和解是解决任何争执首先采用的最基本的，也是最常见、最有效的方法。

调解是指在合同争执发生后，在第三人的参加和主持下，对双方当事人进行说服、协调和疏导工作，使双方当事人互相谅解并按照法律的规定及合同的有关约定达成解决合同争执的协议。如果合同双方经过协商谈判不能就索赔的解决达成一致，则可以邀请中间人进行调解。

仲裁是指合同双方达成仲裁协议的，向约定的仲裁委员会申请仲裁。在我国，仲裁实行一裁终局制度。裁决作出后，当事人若就同一争执再申请仲裁或向人民法院起诉，仲裁机构或法院则不再予以受理。

诉讼是指向有管辖权的人民法院起诉。

7）最终结论。

参 考 文 献

[1] 李扬. 市政给排水工程施工［M］. 北京：中国水利水电出版社，2010.

[2] 郭正. 环境工程施工与核算［M］. 北京：中国环境科学出版社，2005.

[3] 张勤. 水工程施工［M］. 北京：中国建筑工业出版社，2006.

[4] 闵小莹. 土木工程施工［M］. 大连：大连理工大学出版社，2007.

[5] “水利工程施工测量”课程建设团队. 水利工程施工测量［M］. 北京：中国水利水电出版社，2010.

[6] 陈立平. 给水排水工程施工及验收规范实施手册［M］. 北京：化学工业出版社，2010.

[7] 尹士君. 水工程施工手册［M］. 北京：化学工业出版社，2010.

[8] 侯君伟. 建筑工程施工常用资料手册［M］. 北京：机械工业出版社，2010.

[9] 孔进. 市政管道施工技术［M］. 北京：化学工业出版社，2010.

[10] 唐祥胜. 泵站设计与施工［M］. 北京：中国水利水电出版社，2010.

[11] 闫波. 环境工程土建施工［M］. 北京：化学工业出版社，2010.

[12] 王立信. 给水排水管道工程施工与质量验收手册［M］. 北京：中国建筑工业出版社，2010.

[13] 丁云飞. 建筑设备工程施工技术与管理［M］. 北京：中国建筑工业出版社，2009.

[14] 石四军. 污水处理厂施工技术［M］. 北京：中国电力出版社，2010.

[15] 李春亭，李燕. 工程招投标与合同管理［M］. 北京：中国建筑工业出版社，2009.

[16] 钟汉华，李志. 建筑工程项目管理［M］. 北京：人民交通出版社，2010.

[17] 肖作义. 建筑安装工程造价［M］. 北京：冶金工业出版社，2012.

[18] 张怡. 建筑设备工程造价［M］. 重庆：重庆大学出版社，2007.

[19] 郝吉明，马广大，王书肖. 大气污染控制工程［M］. 北京：高等教育出版社，2011.

[20] 姜凤有. 工业除尘设备设计、制作、安装与管理［M］. 北京：冶金工业出版社，2007.

信息反馈表

尊敬的老师：

您好！感谢您多年来对机械工业出版社的支持和厚爱！为了进一步提高我社教材的出版质量，更好地为我国高等教育发展服务，欢迎您对我社的教材多提宝贵意见和建议。另外，如果您在教学中选用了《环境工程施工技术与管理》（于玲红　主编），欢迎您提出修改建议和意见。索取课件的授课教师，请填写下面的信息，发送邮件即可。

一、基本信息

姓名：__________　性别：__________　职称：__________　职务：__________

邮编：__________　地址：____

学校：________________________　院系：______________　任课专业：__________

任教课程：____________________　手机：____________________　电话：__________

电子邮件：____________________　QQ：____________________

二、您对本书的意见和建议

（欢迎您指出本书的疏误之处）

三、您对我们的其他意见和建议

请与我们联系：

100037 机械工业出版社·高等教育分社

Tel：010－8837 9542（O）刘编辑

E-mail：ltao929@163.com

http：//www.cmpedu.com（机械工业出版社·教育服务网）

http：//www.cmpbook.com（机械工业出版社·门户网）